Naturwissenschaftliche Plaudereien.

Naturwissenschaftliche Plaudereien

von

Dr. E. Budde.

Dritte Auflage.

Berlin
Druck und Verlag von Georg Reimer
1906.

Vorwort zur ersten Auflage.

Seit etwa zwanzig Jahren habe ich in der Kölnischen Zeitung „naturwissenschaftliche Plaudereien" erscheinen lassen und mich jetzt auf vielfache Anfragen hin entschlossen, eine Anzahl derselben zu sammeln. Die im vorliegenden Bändchen ausgewählten Artikel sind zum großen Teil biologischen Inhalts; sie liefern teils eigene Gedanken und Beobachtungen eines Naturfreundes, die zur Erholung zwischen strengere Studien eingeschaltet wurden, teils zusammengestelltes Material verschiedenen Ursprungs, welches für gewöhnlich in Fachschriften vereinzelt bleibt und doch wohl wert ist, im Zusammenhang vorgeführt oder in Buchform dem Publikum zugänglich gemacht zu werden. Der Charakter des Blattes, in welchem die „Plaudereien" zuerst erschienen, brachte es mit sich, daß bei ihrer Abfassung jedes eingehende Berühren sexueller Beziehungen vermieden werden mußte; dies ist in der Buchausgabe beibehalten worden. Fachmännische Leser bitte ich, das zu berücksichtigen, wenn sie bemerken, daß einzelne Verhältnisse, wie z. B. die Vermehrung der Metazoen in Nr. 28, nur unvollständig angedeutet sind.

E. Budde.

Inhalt.

1.

Von des Regenwurms ehrbarem Lebenswandel.

Dezember 1877.

Wenn man des Morgens nach einer feuchtwarmen Nacht in den Garten tritt und etwa eine lehmige Wegstelle ansieht, so wird man auf derselben meist einige kleine Erdhäufchen wahrnehmen, bis $1^1/_2$ cm hoch und wurstartig gewunden. Hebt man eines derselben auf, so findet man unter ihm ein in die Erde führendes Loch von Federkieldicke. Auf bewachsenen Landflächen findet man ähnliche Löcher, zum Teil mit ähnlicher Bedeckung; häufiger aber ragt aus dem Loch eine kleine Sammlung von abgefallenen und angefaulten Pflanzenteilen hervor, Grashälmchen, Blätter, selbst kleine Zweige. Die Blätter sind zusammengerollt und stecken fast regelmäßig mit der Spitze im Boden. In jenen Löchern wohnt der Regenwurm, ein Biedermann, wenn auch nicht mit glänzenden Saloneigenschaften ausgerüstet; die Pflanzenteilchen sind seine Futtervorräte, welche er sich des Nachts betriebsam nach Hause holt. Zu dem Ende steigt er aus seinem Loch, aber nicht ganz — das tut er nur, wenn er in schöner Frühlingszeit mit der Regenwurmin Mondscheinspaziergänge macht —, sondern nur mit dem vordern Körperteil. Das Schwanzende bleibt im Loch stecken und dient als feste Achse; um diese sich drehend sucht er den Boden im Kreise ab und zieht an sich, was er genießbar findet. Seine Nahrungsmittel sind, wie oben gesagt, sehr bescheiden, hauptsächlich abgefallene Blatteile, und selbst die sind ihm in frischem Zustande noch zu hart, aber in der feuchten Atmosphäre der kleinen Höhle werden sie rasch faulig und weich, und dann nagt er sie behaglich ab. Die Ernte einer Nacht dient ihm für mehrere Tage, er zieht sie nur tiefer in seine Wohnung hinab.

Der Regenwurm bohrt sich, wie man täglich sehen kann, mit merkwürdiger Leichtigkeit in der Erde fort. Streicht man einige Male mit dem Finger an ihm vorbei, so fühlt man bald, was ihm diese Fähigkeit gibt. Er ist, besonders auf der Bauchseite, mit sehr kleinen, aber steifen Rauhigkeiten besetzt, die alle nach hinten gerichtet sind: vom Kopf nach dem Schwanz gestrichen fühlt er sich ganz glatt an, vom Schwanz nach dem Kopf rauh, wie eine Feile. Will er nun vorwärts kriechen, so zieht er sich erst zusammen und streckt sich dann lang aus. Das könnte auf zweierlei Weise geschehen: 1. das Kopfende bewegt sich nach vorn, 2. das Schwanzende geht nach hinten. Das letztere lassen aber die Rauhigkeiten nicht zu; sie geben also dem Schwanzende einen festen Stützpunkt, und von diesem aus drückt der Regenwurm seinen zugespitzten Kopf leicht und glatt in die Erde ein.

Wie die von ihm gefertigten Wurmröhren beschaffen sind, das läßt sich in bröckliger Ackererde schwer erkennen. In Sand gehen sie 3, 4 bis 6 Fuß nahe senkrecht abwärts und endigen dort blind, zum Teil mit, zum Teil ohne horizontale Umbiegung. Am Ende sitzt der Wurm, mit dem Kopf aufwärts; rings um ihn sind die Wände mit kleinen Steinen tapeziert. An der Röhrenwand entlang findet man kleine schwärzliche Hervorragungen; diese sind die letzten Endresultate seiner Verdauung. In einem halb landwirtschaftlichen Artikel, wie dieser ist, darf man wohl von Dünger reden; wir wollen die schwarzen Massen den Humus des Wurmes nennen, denn wie Humus, wie fette, schwärzliche Ackererde sehen sie allerdings aus und sind fruchtbar wie diese. Alte, verlassene Wurmröhren sind damit ziemlich regelmäßig tapeziert oder angefüllt. Bei Versuchen von Hensen wurden Würmer in ein Glasgefäß von 1½ Fuß Durchmesser gesetzt, welches bis 1½ Fuß Höhe mit Sand gefüllt und darüber mit einer Schicht abgefallener Blätter bedeckt war. Die Würmer machten sich schnell ans Werk; nach 1½ Monaten waren viele Blätter bis 8 cm tief in den Sand hineingezogen; an der Oberfläche lag eine Humusschicht von 1 cm Höhe und im Sande waren zahlreiche Wurmröhren, teils frisch, teils mit einem innern Humusüberzug von 3 mm Dicke bekleidet, teils ganz mit Humus gefüllt.

Wenn nun Pflanzen auf einem von Würmern durchzogenen Boden wachsen, so finden sich in den etwas älteren Röhren Wurzeln derselben, üppig entwickelt, bis zum Ende der Röhren kriechend, mit zahlreichen Saughaaren, welche den Humus der Wände aufsaugen. In der Tat müssen solche Röhren dem Wachstum der Wurzeln äußerst günstig sein; sie finden daselbst Raum in der Richtung senkrecht abwärts, Feuchtigkeit und Nahrung. Es scheint sogar, daß die meisten Wurzeln, namentlich die dünnen, biegsamen Saugwurzeln, nur da in den Untergrund hinabdringen können, wo die Würmer ihnen den Pfad vorgezeichnet haben.

Um von der Massenhaftigkeit der Wurmtätigkeit eine Vorstellung zu bekommen, hat Hensen die Wurmlöcher in einem Garten überschlagsweise gezählt. Er fand auf den Hektar etwa 133000 Würmer, die zusammen das respektable Gewicht von 800 Pfund haben und in 24 Stunden etwa 133 Pfund Humus produzieren.

Im ganzen also besteht die Tätigkeit des Regenwurms darin, daß er die Verwandlung der pflanzlichen Abfallstoffe in Dünger beschleunigt, daß er den Untergrund auflockert, daß er den Wurzeln Wege in diesem eröffnet und sie zugleich auf diesen Wegen mit Nahrung versorgt. Sogar was er selbst den Pflanzenresten an Nahrung für sein Dasein entnimmt, das liefert er getreulich wieder ab; während des Lebens atmet er es als Kohlensäure aus und setzt es als Schleim ab — beides Dinge, welche die Pflanzen zu ihrem Wachstum verwerten —, nach seinem Tode dient sein verwesender Körper selbst als Dünger. Daß er Wurzeln anfresse, ist pure Verleumdung; nie findet man Reste frischer Wurzeln in seinem Magen; der Arme müßte verhungern, wenn er vor so hartes Futter gestellt würde.

Nun die Moral: Bis vor dreißig Jahren schlug man die Maulwürfe und die Regenwürmer tot, weil sie Feinde des Landmannes seien. Dann lernte man die Maulwürfe schonen, weil sie die Würmer fressen. Jetzt zeigt sich, daß der Wurm eine brave Kreatur ist, welche in bescheidener Verborgenheit stille Dienste leistet, die kein anderer ersetzen kann. Der Landmann soll ihn also als einen seiner besten Freunde betrachten, und wenn wir alte Ägypter oder Indier wären, so müßten einige alte Damen ganz unbedingt eine fromme Stiftung machen, um in einem Tempel ein Dutzend heiliger

Regenwürmer zu öffentlicher Verehrung ernähren zu lassen. Aber kritisch ist die andere Frage: soll man die Maulwürfe nun wieder totschlagen oder nicht? Ich denke, im allgemeinen nein; wenigstens nicht, wo es viele Engerlinge und ähnliches Ungeziefer gibt; denn gegen diese ist der Maulwurf unersetzbar, und wenn er auch Regenwürmer wegfrißt, so werden die sich durch Nachproduktion schon selbst helfen.

2.

Familienväter im Reiche der Fische.

Januar 1876.

Der Darwinismus hat die Teleologie in die Mode gebracht. Seit er ein Mittel gegeben, die zweckmäßigen Einrichtungen und Instinkte der belebten Wesen wenigstens einigermaßen zu begreifen und ihre Herkunft natürlich zu erklären, hat die Wissenschaft sich mit erneuertem Eifer darauf verlegt, die Organismen in ihren physiologischen Eigentümlichkeiten zu studieren, ihr Leben, ihre Ein- und Vorrichtungen in der Freiheit zu beobachten und sich über die Zweckmäßigkeit der letzteren klar zu werden. Sie entdeckt täglich neue Wunder; das Leben ist eine unerschöpfliche Fundgrube von Tatsachen, von deren vollständiger Erklärung wir noch so weit entfernt sind, daß wir sie vorläufig nur mit dem banalen Wort „merkwürdig" bezeichnen können. Zu dem Merkwürdigsten, was existiert, gehören die Instinkte, Einrichtungen der tierischen Seele, vermöge deren ein Tier einzelne zweckmäßige Handlungen vornimmt, die für seine übrigen geistigen Fähigkeiten oft unverhältnismäßig kompliziert sind. Sie hängen stets mit entsprechenden Einrichtungen seines Körpers zusammen und sie bilden im Verein mit ihnen die Wunder, welche wir anstaunen. Und sie finden sich an Stellen, wo der Alltagsmensch sie nie vermuten würde.

Wir wollen im folgenden zwei Züge aus dem Leben von Fischen mitteilen. Man denkt gewöhnlich an die

Fische nur als schleimige, glotzäugige Gesellen, die im Dunkel der Wassertiefe ein ungeschicktes Leben führen, hin- und herschießen, Würmer fressen und gelegentlich einen Angelhaken mit verschlucken. Der Leser wird ihnen Abbitte tun, wenn er hört, was für Künste einige von ihnen, vielleicht viele, treiben.

Es gibt manche Fische, die Nester bauen; ein Beispiel ist der in unseren Gewässern lebende Stichling. Im Gangesgebiet lebt einer der schönsten kleinen Fische, der sich wie unsere Gründlinge in Teichen und Gräben umhertreibt. Er ist kaum 1½ Zoll lang, und an seinem kleinen Körper hat die Natur eine solche Menge von glänzenden Farben verschwendet, daß man ihn in seinem Vaterlande den Regenbogenfisch nennt. Zur Paarungszeit bewirbt sich das Männchen gleißend und flunkernd um seine Gefährtin, und wenn die Einigkeit des künftigen Haushalts hergestellt ist, verlegt es sich auf den Nestbau. Der kleine Künstler nimmt mit dem Maul einige Algen (die grünen, schleimigen Fäden, welche man in allen stagnierenden Gewässern findet) und bringt sie an die Oberfläche des Wassers. Da die Algen schwerer sind als das Wasser, würden sie sofort wieder sinken; er aber atmet einige kleine Luftblasen aus und verteilt sie unter die Algenbündel so, daß sie als Schwimmer dienen und die Pflanzenfäden an der Oberfläche halten. Dieses Geschäft wiederholt er und bringt so in einem Tage eine schwimmende grüne Insel von etwas über 2 Zoll Durchmesser zustande; dieselbe ist durchaus von den kleinen Luftbläschen unterstützt, deren der Arbeiter eine große Zahl von sich gibt. Am folgenden Tage begibt er sich unter die Mitte seines Gebäudes und haucht dort eine verhältnismäßig große Luftmenge aus. Diese hebt den zentralen Teil der Algenmasse kuppelförmig in die Höhe, so daß die Kuppel über die Wasserfläche hervorragt. Nachdem so das Nest in seinem Hauptteil gefertigt ist, baut er einen Sicherheitsring um dasselbe. Er holt neue Algen, sondert neue Luftblasen ab und konstruiert damit einen zollbreiten, dicken Ring um das Nest. Dieses nimmt infolgedessen die Gestalt eines breitrandigen Filzhutes an, dessen Kuppel sich bis 1 1/2 Zoll über das Wasser erhebt. Es schwimmt fest und sicher. Endlich glättet er das Innere: er kriecht und drückt an den Wänden, stößt mit der Brust und mit der Schnauze die hervorragenden Teile zurecht. Ragt ein Algenbündel zu weit hervor, so rennt er mit dem Kopf dagegen, oder er reißt es aus und wirft es beiseite. Dann erst holt er das Weibchen. Dies spielt nicht die vorteilhafteste Rolle: es legt seine Eier und verschwindet auf Nimmerwiedersehen; das emanzipierte Wesen überläßt dem Gemahl die ganze Sorge für das Fortkommen der gemeinschaftlichen Sprößlinge. Die Eier sind leicht und steigen von selbst in die Höhe; der Papa aber begnügt sich nicht mit dieser halben Sicherheit: er nimmt jedes versprengte Ei und trägt es in die Mitte des Nestes; dort legt er sie ordentlich nebeneinander, und wenn sie an einer Stelle zu gehäuft sind, stößt er sie auseinander, bis sie alle wohlbehalten unter der Kuppel des Hutes schwimmen. Dann bleibt er drei Tage in der Nähe seines Nestes, beschaut es von Zeit zu Zeit, und wo ihm eine Stelle der Stütze bedürftig erscheint, da bringt er neue Luftblasen an.

Die Eier schwimmen, wie man aus dem Obigen sieht, in Berührung mit der unter der Kuppel enthaltenen Luft. Nach drei Tagen sind in dieser Lage die jungen Fischchen dem Ausschlüpfen nahe. Dann begibt der Alte sich unter das Nest und mit einem kräftigen Stoß aufwärts durchbohrt er die Kuppel; die in ihr enthaltene Luft entweicht und der Hut sinkt zusammen; die Fischchen sind im Wasser. Der Papa geht nun zunächst an den Rand des Hutes, zerreißt und zerfasert ihn, sodaß zahlreiche Fransen nach allen Seiten herabhängen; diese bilden ein Gitter, welches den Kleinen das Durchschlüpfen verwehrt, sie sind in ihrem Nest gefangen. Er aber bleibt in dem abgeschlossenen Raum, und wenn die Kleinen Versuche machen, nach der Seite zu entweichen, holt er sie wieder und bringt sie immer wieder in die Mitte des Nestes. Auch diejenigen, welche nach unten auswandern wollen, werden abgefaßt und dem Kreis ihrer Familie mit Zwangspaß wiedergegeben. So dauert dies Leben etwa acht Tage; dann sind die Jungen stark genug, um auf eigene Faust existieren zu können — er entläßt sie mit seinem väterlichen Segen. Dann ist zu vermuten, daß er sich eine Erholung gönnt.

Der zweite unserer Helden hat wegen seiner tugendsamen Eigenschaften den wissenschaftlichen Zunamen „pater familias“ erhalten. In der Nähe des alten Kapernaum fließt eine Anzahl von warmen Quellen, die sich in den See von Tiberias ergießen. In dem Wasser derselben wohnt der Familienvater, der so wie seine Gemahlin in Olivengrün mit blauen Streifen gekleidet ist. Wenn die Eier in eine Vertiefung des sandigen Bodens oder zwischen die Binsen gelegt sind, geht der Papa hin, öffnet seinen Mund und — verschluckt sie. Aber nicht etwa, um seinen Magen in einer Weise zu füllen, die allen göttlichen und menschlichen Gesetzen Hohn spricht; sondern er preßt sie durch eine eigentümliche Atembewegung in die Kiemenhöhle. Hier verteilen sie sich zwischen die Blättchen, aus denen die Kiemen bestehen, und der elastische Druck der Kiemenblättchen hält sie fest. In dieser, wie man denken sollte, für beide Teile nicht gerade bequemen Lage werden die Eier ausgebrütet; die Jungen schlüpfen aus, wachsen rasch und fühlen sich bald einigermaßen beengt in ihrer Behausung. Dann wandern sie aus, aber nicht etwa unter den Kiemendeckeln hervor nach außen, sondern sie schlagen ihren neuen Wohnsitz im Munde ihres Herrn Vaters auf. Einige wenige bleiben in der Kiemenhöhle, aber auch sie gehen nicht nach außen, sondern halten ihre Blicke auf die Mundhöhle gerichtet. In dieser lebt nun dicht gedrängt die bei weitem größte Mehrzahl der Kleinen. Sie drücken einander wie die Kerne eines Granatapfels, alle mit dem Kopf nach der Mundöffnung gekehrt, aber keiner geht hinaus. Sie sitzen ziemlich fest an ihrem Platze; wodurch sie sich halten, ist ein Rätsel. Der alte Bursche ist vermutlich während dieser Periode so glücklich, wie nur eine Mutter sein kann, aber er sieht höchst grotesk aus. Mit weitaufgesperrtem Maule steht er im Wasser; die Fülle seiner Brut dehnt die Mundhöhle aus, so daß die Kinnladen absolut nicht zur Berührung gebracht werden können, seine Wangen sind dick geschwollen. Und dabei gelingt es ihm, sich auch in dieser Verfassung des Kindesmordes durch unwillkürliche Verschluckung zu enthalten; wie er das einrichtet, ist unbekannt. Auch weiß man noch nicht, wann und wie er endlich die Kleinen in Freiheit setzt. Die „Familienmutter", leider müssen wir das auch hier konstatieren, ergibt sich während der ganzen Prozedur einem leichtfertigen Lebenswandel, ohne sich im mindesten um die Sorgen und Freuden zu kümmern, welche ihrem getreuen Gemahl aus der Erfüllung seiner Ammenpflichten erwachsen.

3.

Notizen über den Sperling.

September 1888.

Ein Strolch und ein Gassenjunge, dem die Natur selber eine Jacke angezogen hat, als ob er eben aus der Besserungsanstalt käme — zweite Garnitur, verschossenes Grau mit verschossenem Braun, und bei den Männlein noch ein verunglückter Versuch von schäbiger Eleganz, dargestellt durch eine schwarze Krawatte — aber welch ein gemütlicher, lebenslustiger, schlauer Strolch! Wie schmecken ihm die gestohlenen Bröckchen, wie tapfer schlägt er sich durch die harte Zeit des Regens und des Schnees! Wie pfiffig blickt er aus seinen Äuglein und wie trefflich weiß er Vorsicht mit Frechheit zu verbinden, wenn es sich darum handelt, sein Brot zu finden und zugleich seine Person in Sicherheit zu halten!

Drüben unter dem Dach zwischen den Vorsprüngen der Friesverzierung sitzt eben die ganze Familie, der Papa dick und breit, die Mama etwas schmächtig, die drei Jungen ruppig und freßgierig; sie drehen die Köpfchen und blinzeln herüber, denn vor meinem Fenster liegen die Krümchen, welche sie haben sollen. Ja, wenn ich allein wäre, dann würden sie längst beim Futter sitzen; hat der Papa mir doch eben zugeschaut, wie ich es streute, und hat seine Billigung durch leises Piepen zu erkennen gegeben. Aber hinter dem Fenster lauschen zwei runde Kinderköpfe, und das weiß der erfahrene Schlingel ganz genau, daß kleine Menschen für ihn und seine Brut viel gefährlicher sind als erwachsene. Bin ich allein, so schießt er in demselben Augenblick heran, wo ich ihm den Rücken wende; läßt sich ein Kind in der Nähe sehen, flugs hat die Zutraulichkeit ein Ende; jetzt wagt sich eins von den Jungen auf die Fensterbank, aber der Alte stößt sofort ein schmetterndes Warnungsgeschrei aus, der Junge läßt sich einschüchtern und kehrt, ohne etwas genossen zu haben, auf seinen Beobachtungsposten zurück.

Die Kinder werden in einiger Entfernung vom Fenster aufgestellt und dann schießt die Spatzengesellschaft heran. Zunächst gibt es eine kleine Erziehungsszene. Die Jungen sind nämlich eben erst selbständig geworden und möchten gern nach alter Gewohnheit von ihren Eltern gefüttert werden. Mit herabhängenden Flügeln, denen sie eine leise zitternde Bewegung erteilen, und mit halb aufgesperrtem Schnabel hüpfen sie vor den Alten herum und stoßen ein bittendes Piepen aus; aber Papa hat Grundsätze, auch er senkt die Flügel, bläht sein Gefieder auf, um sich ein gefährlicheres Ansehen zu geben, beißt nach den Jungen und schimpft gewaltig: „Freßt selber, ihr seid groß genug dazu"; und da die Kleinen sehen, daß er sich nicht erweichen läßt, schicken sie sich darein, ihre Krümchen selbst aufzupicken; bald schmeckt es allen vortrefflich. Da wird nebenan ein Fenster geöffnet; augenblicklich gibt der Alte sein Warnungssignal und die Familie befindet sich auf dem Rückzuge.

Man hat den Sperlingen ihr Gekreisch oft als pöbelhafte Gewohnheit angerechnet; ein guter Teil desselben ist nichts als wohlgemeinte Warnung für andere ihresgleichen. Namentlich die alten Männchen warnen ihre Genossen mit großer Treue: tritt man etwa auf einen Balkon und hört über sich plötzlich ein solches Tierchen heftig in kurz abgebrochenen, rasch aufeinanderfolgenden Lauten zetern, so kann man fast sicher sein, daß gleich darauf ein anderer Sperling aus nächster Nähe davonfliegt, und zwar von einer Stelle aus, die man direkt nicht sehen kann. Der zweite Spatz konnte also auch den ankommenden Menschen nicht sehen, darum hat ihn der erste gewarnt, und jener folgt seinem Freunde fast ausnahmslos.

Wenn die Spatzen sich zanken, klingt ihr Geschrei anders, als wenn sie Schreck- und Warnungszeichen geben; der einzelne Ton ist dann ein mehr langgezogenes „tschiep" und der Vokal „i" in demselben ist deutlicher entwickelt. Im Sommer kann man oft sehen, wie die Alten ihre Jungen mittels derartiger Zanklaute entwöhnen, im Frühjahr hört man sie bei Gelegenheit der Courmacherei; was aber im Spatzenstaat eigentlich los ist, wenn ihrer vier, fünf oder noch mehr in einander verwickelt mit lautem Geschrei in die Hecken purzeln und in heller Wut sich bis vor die Füße der Menschen beißen, ohne der gewohnten Vorsicht zu gedenken, das zu ergründen ist mir bis jetzt nicht gelungen. Um des Futters willen zanken sie sich nicht leicht, wohl wegen der Materialien zum Nestbau, aber das machen sie meist kurz und praktisch ab: der eine stiehlt dem andern, wenn er kann, seine Strohhalme, der andere ruft seine Frau zu Hülfe und verjagt den ersten. Ich habe einmal einem solchen Streit zugeschaut, der sehr komisch aussah: Spatz A fand einen sehr langen Halm, trug ihn in sein Mauerloch und begann, ihn seinem Neste einzuverleiben. Der Halm war etwa fünf Fuß lang, so daß drei bis vier Fuß desselben aus dem Loch herabhingen. Dies ersah Spatz B, der nebenan in einem zweiten Loche wohnte; er beäugelte ihn eine Weile, fand ihn passend, erschnappte sein unteres Ende und trug dies in sein Loch. Es dauerte nicht lange, bis A merkte, daß seine Bemühungen, den Halm ganz hereinzuziehen, einen Widerstand fanden; er erschien also auf der Schwelle seines Loches und besah sich die Sachlage. Kaum hatte er den Zusammenhang erkannt, so faßte er den Halm vorn an der Lochmündung mit dem Schnabel und begann mächtig zu ziehen; augenblicklich erschien auch B an seiner Tür und tat das gleiche; und so zogen die beiden Burschen mehrere Minuten gegeneinander an, bis endlich der Halm zerbrach, worauf jeder seinen Anteil ruhig verarbeitete; der Streit wurde nachher nicht fortgesetzt.

Unter den klugen Tieren, die in der Nachbarschaft des Menschen leben, ist der Sperling bekanntlich eins von denen, die am schwersten zu zähmen sind. Das mag gerade daran liegen, daß sein Schmarotzerverhältnis zum Menschen ihn in diesem einen Nachbar, der kein Freund ist, erkennen läßt, daß ihm also ein Instinkt des besonderen Mißtrauens gegen uns seit langen Jahrhunderten angeerbt ist. Hat man ihn aber einmal zahm gemacht, so gibt es außer dem Jagdfalken wohl keinen Vogel, der sich so vollständig und freundlich dem Menschen anschließt, wie gerade unser Graukittel; er kennt seinen Herrn auf hundert Schritt, fliegt ihm entgegen, läßt sich auf dem Finger über die Straße und durch den Wald tragen und wird schließlich sogar frech gegen fremde Leute, die sich seinem Beschützer nähern.

Seine Klugheit äußert sich für gewöhnlich in der spitzbubenmäßig pfiffigen Art, wie er seine Bröckchen vor den Augen oder hinter dem Rücken des Menschen zu erschnappen weiß, ohne diesen je zu nahe an sich herankommen zu lassen; ferner, wie schon erwähnt, darin, daß er Kinder ganz wohl von Erwachsenen unterscheidet, und daß er die Seinigen mit richtiger Beurteilung der Verhältnisse warnt. Die Flinte fürchtet der Stadtspatz nicht, der ländliche lernt sie kennen, wenn man ihn öfter damit verfolgt hat; der letztere nimmt dann die Gewohnheit an, größere Distanzen zwischen sich und den Menschen zu bringen. Ein merkwürdiges Beispiel von seiner Intelligenz hat jüngst ein französischer Beobachter in der „Revue Scientifique" veröffentlicht. Derselbe erzählt:

„Die Vögel in meinem Garten werden gut behandelt und sind infolgedessen sehr zutraulich. Die Sperlinge sind sogar, wie überall, wo man ihnen nichts tut, von hervorragender Frechheit, wollen alles haben, zanken sich mit den andern Vögeln, treiben die Schwalben aus ihren Nestern und bauen ihre eigenen Wohnungen überall, wo ein Winkel oder ein Loch zu finden ist. Ich lasse sie im allgemeinen ungestört machen, was sie wollen, jedoch mit einer Ausnahme: oben an der Fassade meines Hauses befinden sich nebeneinander zwei Voluten, die beide hohl sind und demgemäß sehr bequeme Taschen zur Anlage von Nestern bilden; gerade an dieser Stelle aber dulde ich keine Nester, weil sonst der Inhalt derselben beim Regen herausgeschwemmt wird und das Haus verunreinigt.

In den vorangehenden Jahren hatte ich mich darüber schon mehrere Male mit meinen Spatzen auseinandergesetzt, und ich muß ihnen nachsagen, daß sie immer schnell Vernunft annahmen; ich warf einige Steine nach ihnen oder bedrohte sie mit einer langen Stange, die übrigens nicht bis an die Voluten heranreichte, dann zeigten sie sich nicht eigensinnig, sondern legten ihr Haus anderswo an, wobei sie die Baustoffe, welche schon in den Voluten angesammelt waren, regelmäßig wieder forttrugen, um dieselben beim zweiten Bau zu benutzen.

Am 1. Juni d. J. bemerkte ich früh morgens, daß gleichzeitig zwei Sperlingspaare angefangen hatten, ihre Nester (vermutlich für eine zweite Brut) an den beiden Voluten anzulegen. Ich griff, wie gewöhnlich, zu Steinwürfen und zur Stange, hatte aber diesmal keinen Erfolg. Sobald ich den Rücken drehte, setzten die vier Frechen ihre Arbeit fort. Es wurde Nachmittag, ohne daß sie sich stören ließen; da griff ich gegen 2 Uhr zum äußersten Mittel: während das Weibchen des einen Paares im Innern der Volute am Nest arbeitete, erschoß ich das nebenan sitzende Männchen mit einem Salonkarabiner. Das Männchen blieb tot neben dem Nest liegen, während das Weibchen erschreckt davonflog.

Dann mußte ich ausgehen und kam erst abends gegen 6 Uhr wieder. Mein erster Blick fiel auf die Voluten und ich sah folgendes: das Nest zur Linken, aus welchem das Männchen getötet war, befand sich noch genau in dem Zustande, in dem ich es verlassen hatte; das zur Rechten dagegen, dessen Erbauern direkt nichts geschehen war, war vollständig verschwunden: die Tiere hatten es auf die andere Seite des Hauses getragen und hinter einem Wasserleitungsrohr neu aufgebaut.

Am 2. Juni habe ich die Voluten in der Frühe nicht angesehen, weil ich dachte, es werde nichts Neues geschehen sein. Um 11 Uhr aber bemerkte ich zu meiner großen Überraschung, daß das übriggebliebene Nest auf der linken Volute bedeutend gewachsen war, es war beinahe fertig. Zehn Minuten lang beobachtete ich es, aber kein Vogel kam. Da faßte ich den Gedanken, mich zu verbergen, ging in das Haus zurück, verließ es durch eine Hintertür und schlich mich, durch Buschwerk gedeckt, soweit heran, daß ich das Nest beobachten konnte. Da kam das weibliche Tier, die Witwe von gestern, in Begleitung eines neuen Gatten; sie flogen sehr vorsichtig heran, schauten sich erst um und fingen dann an zu arbeiten.

Dieser Frechheit gegenüber trat ich aus meinem Versteck heraus, holte meinen Karabiner und stellte mich ohne jede Vorsichtsmaßregel auf, in dem Gedanken, die Tiere würden ihre Arbeit fortsetzen. Wer aber nicht wiederkam, das waren die Spatzen; ich wartete vergeblich 40 Minuten lang, worauf ich ausging. Als ich wieder gegen 6 Uhr abends zurückkehrte, war die linke Volute leer, das zweite Pärchen war gleichfalls ausgewandert und hatte die Niststoffe bis auf das letzte Hälmchen mitgenommen. Ihr neues Nest haben sie so gut versteckt, daß ich es bis jetzt nicht habe finden können."

Soweit die Erzählung des Berichterstatters. Man bemerkt, daß eine seiner Voraussetzungen zwar nicht unwahrscheinlich, aber doch nicht bewiesen ist; es steht nicht fest, daß das zweite Pärchen, welches an der Volute arbeitete, wirklich aus der Witwe des Getöteten und einem fremden Männchen bestand; diese beiden Sperlinge können möglicherweise auch zwei Fremde gewesen sein, welche sich den Nestanfang des gestörten Paares zunutze machen wollten. Jedenfalls aber folgt aus der Beobachtung: 1. daß die vier Spatzen im Anfang die Unschädlichkeit der Steinwürfe und der Bedrohung mit einer Stange ganz wohl erkannt hatten; 2. daß das Paar zur Rechten die Gefährlichkeit der Lage sofort nach dem ersten Flintenschuß richtig beurteilte und aus dem Tode eines Nachbars die Lehre entnahm, es sei da oben nicht geheuer; 3. daß das neue Paar die bedrohlichen Absichten des Menschen alsbald erkannte, nachdem dieser ihm offen auflauerte, und ohne Verzug Abhülfe durch Auswanderung schaffte.

Deutlicher kann die auf Erfahrung gegründete Überlegung bei einem Tiere nicht leicht hervortreten.

4.

Peterchen in der Fremde.

Februar 1891.

Die Regierung der Vereinigten Staaten, Abteilung für ökonomische Zoologie der Säugetiere und Vögel, hat soeben eine recht interessante Monographie veröffentlicht, welche den Titel führt „Der englische Sperling in Nordamerika, besonders in seinen Beziehungen zum Ackerbau." Das Buch ist über vierhundert Seiten stark und enthält eine erschöpfende Darstellung von dem Leben und besonders von den Schandtaten unserer Spatzen in den Vereinigten Staaten.

Um das Jahr 1850 empfanden einige Direktoren des Brooklyn Institute das Bedürfnis, die Tierwelt ihrer Heimat zu vervollständigen. Sie glaubten eines neuen Gehülfen in der Vertilgung der schädlichen Insekten zu bedürfen und warfen ihr Auge auf den europäischen Straßenjungen, den Sperling. Also bauten sie einen schönen Käfig und holten 16 Spätzlein von England herüber. Der erste Versuch mißlang; obgleich man die kleinen Wichte während des Winters sorgfältig verpflegte, gingen sie bald zugrunde. Die Herren aber ließen sich nicht beirren; es machte ihnen auch keinen Eindruck, daß erfahrene englische Landbesitzer öffentlich erklärten, von dem Sperling sei für Amerika weniger Nutzen als Schaden zu erwarten, denn er fresse mehr Körner als

Insekten. Im Jahre 1852 traten sie wieder zusammen und beschlossen, zweihundert Dollars an die Sache zu wenden; sie bestellten in Liverpool eine neue Ladung; diesmal kamen 100 Stück herüber, und der Versuch gelang; die Pärchen hielten sich im Freien. Später sind noch einige Nachschübe gemacht worden, im ganzen sind etwa 1500 Sperlinge von Europa nach Amerika gelangt.

So war denn Peterchen in der Fremde einquartiert und man machte ihm das Leben süß; im Winter fütterte man ihn, im Sommer schoß man die Katzen und Falken ab, die ihm hätten nachstellen können, im Frühjahr wies man ihm passende Nistplätze an, eine Gemeinde beneidete die andere um seine Anwesenheit, ließ ihn kommen und empfing ihn mit weißgekleideten Jungfrauen. Und Peterchen war ganz der Strolch dazu, von dieser Gelegenheit ausgiebigen Gebrauch zu machen. Er fand ein Paradies voll Mais und Weizen nebst guten Gemütern, die von ihm nichts weiter verlangten, als daß er sich stärken und vermehren sollte. Er stärkte sich und entwickelte eine standesamtliche Tätigkeit, wie sie nie zuvor erhört worden war. Zwei oder drei Bruten im Jahre genügten ihm nicht, er lieferte deren sechs, jede von vier bis sieben Jungen. Ja, an einzelnen Stellen hat er eine bis jetzt einzig dastehende Eigenschaft angenommen: er ist „dauerbrütig" geworden. Die Sperlingsmutter legt vier bis fünf Eier und bebrütet sie; aber während sie das tut, legt sie wieder neue Eier; wenn die ersten Jungen ausschlüpfen, halten sie diese nachgelegten Eier warm und helfen sie ausbrüten usw.; das Nest wird überhaupt nicht mehr leer, sondern den ganzen Sommer hindurch wachsen neue kleine Spatzen heran, während die ältern ausfliegen. Bei dieser Fruchtbarkeit ging seine Vermehrung natürlich in geometrischer Progression vorwärts; von 1870 bis 1875 dehnte er sich über 500 (englische) Quadratmeilen aus, von 1875 bis 1880 über 16000, von da bis 1885 über 500000, und jetzt hat er etwa die Hälfte der Vereinigten Staaten, die nordöstliche, eingenommen.

Als er nun soweit gediehen war, da machten die Amerikaner ihre Augen auf und besahen sich den Gast etwas näher. Zunächst war leicht festzustellen, daß er sich nicht da aufhielt, wo man ihn eigentlich haben wollte, auf dem Lande und beim Insektenfraß. Er zeigte vielmehr eine ausgesprochene Vorliebe für städtische Einkommensteuern, an deren Erhebung er sich lebhaft beteiligte, indem er auf Bahnhöfen, Märkten und Gassen alle möglichen Körner stahl. Von den Städten ging er in die Städtchen und von da in die Dörfer, aber das zwischenliegende Feld verschmähte er anfangs. Als echter Menschenfreund und Sohn des Jahrhunderts reiste er am liebsten mit der Eisenbahn von Städtchen zu Städtchen. Hier und da sind Sperlinge zufällig in einen mit Korn gefüllten Eisenbahnwagen eingeschlossen worden, sind auf diese Weise Hunderte von Meilen weit gefahren und haben sich am Orte der Ankunft munter ausgebreitet. Häufiger geschieht es, daß einer von den zahllosen Fruchtwagen, welche auf den amerikanischen Strecken fahren, überwegs einen kleinen Teil seiner Ladung verstreut; die Spätzlein folgen der Spur, picken das Getreide auf und arbeiten sich stillvergnügt von einer Station zur andern. Seit ihre Zahl überhand genommen hat, greifen sie natürlich auch allmählich direkt von einer Ansiedlung zur nächsten über. Immer aber sind die großen Städte ihre Lieblingsmittelpunkte, sie folgen in erster Linie dem Menschen und treiben sich mit besonderer Vorliebe auf belebten Plätzen herum. Nur im Spätsommer, wo der Rentner aufs Land zieht, da gehen auch sie aufs Feld und interessieren sich lebhaft für die Körnerernte des Farmers. Finden sie dort eine Ansiedlung, wo mehrere Gebäude zusammenstehen, so paßt ihnen die Lage und sie wandern ein — wo vor zehn Jahren noch nie ein Sperling gesehen worden war, da zählt man jetzt zwanzig Nester auf einem einzigen Baum.

Nachdem die Amerikaner erfahren hatten, daß bei der äußeren Beobachtung ihres Freundes wenig Erfreuliches wahrzunehmen sei, fingen sie an, sich ihn von innen zu besehen. Sie schnitten ihm den Magen auf und untersuchten, was er gespeist hatte. Von 522 Exemplaren, die Riley anatomierte, enthielten 92 Insekten, aber zur guten Hälfte ganz unschädliche Käfer und bienenartige Kerfe; als Insektenfresser hat der Spatz also wenig oder gar keinen Wert. Doch wollen wir gebührend hervorheben, daß er sich in der allerjüngsten Zeit auch einmal nachweislich nützlich gemacht hat. Ein kleiner Fleck in den Südstaaten ist im laufenden Sommer von einer Insektenplage betroffen worden, welche von den Farmern der „Heerwurm" genannt wird. Dieser amerikanische Heerwurm ist mit dem deutschen (unschädlichen) nicht zu verwechseln; Millionen von schwärzlichen Käferlarven fressen die Felder kahl. Man hat bemerkt, daß der Sperling sich bei der Ausrottung derselben, wenn auch mit Maß, beteiligt. Im allgemeinen aber nährt er sich mehr vegetarianisch: er frißt erstens Knospen jeder Art, von der feinen jungen Blüte bis zur frischen Blattknospe ist ihm alles recht. Ja, er greift die Pfirsichblüten an, indem er den Fruchtknoten herauspickt: nach dem Zeugnis eines Beobachters hat ein einziger Spatz in anderthalb Minuten neunzehn Pfirsichblüten zerstört. Ebenso verfährt er mit Blüten des Apfelbaums, des Weinstocks und fast aller Fruchtbäume. Zweitens schmecken ihm die reifen Früchte jeder Art. An den Trauben z. B. tut er großen Schaden; er liebt das süße Fleisch, pickt viele Beeren an, um zu sehen, ob sie gut sind, frißt die schmackhaftesten und läßt die andern stehen. Über die einmal angepickten Beeren aber machen sich später die Wespen usw. her und verderben sie vollständig, so daß der indirekte Schaden noch größer ist als der direkte. Drittens lebt er von Körnern, holt, wie bei uns, die jungen Erbsen und die frisch gesäten Grassamen aus der Erde, nascht an den zarten grünen Maiskolben, stiehlt das Getreide nach der Aussaat aus dem Boden und bei beginnender Reife vom Halm. Zur Erntezeit widerhallt halb Nordamerika von „profanity“ über seine Missetaten; ein Bauer berichtet, daß er 54 Spatzen mit einem Flintenschuß aus seinem Felde geholt hat, ein anderer hat 35 erlegt.

Er begnügt sich indessen nicht mit diesen Schandtaten, sondern fügt eine andere hinzu, die vielleicht die schlimmste ist: er vertreibt die nützlicheren Vögel. Daß er ein Krakehler ist, wissen wir alle; drüben liegt er mit der ganzen Vogelwelt im Krieg. Vom Zaunkönig bis zur Schwalbe, ja, bis zur Taube und zum Huhn hinauf macht er allen ihren Platz in der Welt streitig. Den kleinen Vögeln nimmt er ihre Nester weg, wirft ihre Eier und ihre Jungen hinaus, wenn's erforderlich ist, und setzt sich breit an ihre Stelle. Er schlägt sich aus reiner Streitsucht mit ihnen, schreit hinter ihnen her, beißt sie und raubt ihnen das Futter aus dem Schnabel — und dabei ist er meistens der stärkere, weil er in Herden zusammenhält. Als besondere Fälle werden derartige Schlägereien angeführt, wo die Spatzen ein Huhn mit seinen jungen Hühnchen, ein Eichhörnchen und einmal sogar eine Katze mit Halloh in die Flucht geschlagen haben. Durch dieses Verfahren haben die Sperlinge da, wo sie die Oberhand besitzen, eine Menge von anderen Vögeln vertrieben oder ausgerottet; die Schwalben, die Rotkehlchen, die Zaunkönige, verschiedene Drosseln verschwinden vor ihnen. Diese Tierchen sind aber gerade die nützlichsten Freunde des Menschen im Kampfe mit den Insekten und deshalb ist ihre Verdrängung ein schwerer Schaden.

Noch ist zu erwähnen, daß die Sperlinge sich an manchen Stellen in solcher Menge ansammeln, daß ihre Dejektionen den Pflanzenwuchs unter ihren Wohnplätzen vernichten. Sie haben sogar die Unverschämtheit gehabt, sich zu 60 Familien mit 990 Jungen an der altehrwürdigen Smithsonian Institution anzusiedeln und einen großen Epheustock derselben in Grund und Boden zu — sagen wir verhunzen. Dieses Verbrechen allein würde genügen, das Herz eines guten Bürgers wider sie zu verhärten.

Man sieht, Peterchen hat sich in der Fremde nicht verbessert; er hat von seinen etwaigen guten Eigenschaften wenig Gebrauch gemacht, dafür aber die schlechten zu einer bei uns kaum hergebrachten Vollkommenheit entwickelt. Er ist ein Schelm und ein Spitzbube geblieben und hat drüben, im Lande des reichsten Pflanzenwuchses, die Kraft gewonnen, seine Streiche mit doppeltem Erfolge auszuführen. Jetzt stehen die Amerikaner vor einer Sperlingsfrage, die beinahe ebenso wichtig und so lästig ist, wie etwa die der jährlichen Überschüsse im Staatsschatz; es ist zu vermuten, daß man diese noch leichter loswerden kann als jene. Was soll geschehen? Der Sperling hat wenig natürliche Feinde; die paar Raubvögel kommen gegen seine Vermehrungsfähigkeit nicht in Betracht, für die Katzen ist er zu schlau, unter Umständen sogar für den Menschen. Die Farmer stellen eifrig Garne, aber sie berichten, daß ein einmal gefangener Sperling nicht zum zweiten Male ins Netz geht und daß er außerdem seine Genossen durch gewaltiges Geschrei warnt, wenn sie sich der gefährlichen Stelle nähern. Der Mensch wird aber wohl die Vernichtung in erster Linie selbst in die Hand nehmen müssen. Von Zeit zu Zeit helfen ihm atmosphärische Ereignisse, wie Gewitter und Hagelschläge — der berüchtigte Blizzard vom März 1888 hat ihrer eine große Menge getötet. Doch sind das Ausnahmefälle, die auf die Dauer der Vermehrung keinen großen Eintrag tun. Der Ausschuß, welcher die Untersuchung leitet, schlägt vor: 1. alle Schutzgesetze für den Sperling aufzuheben und die Zerstörung der Sperlingsnester in jeder Jahreszeit zu gestatten; 2. das Füttern und Hegen der Sperlinge als Vergehen zu bestrafen; 3. den von ihnen verdrängten nützlicheren Vögeln einen besonderen Schutz angedeihen zu lassen. Es wird von Interesse sein, zuzusehen, wieweit die Vereinigten Staaten mit den Hülfsmitteln der privaten Verfolgung des Ungeziefers Herr werden.

5.

Das Ende der amerikanischen Büffel.

August 1890.

Wir wollen eine betrübliche Geschichte erzählen: den Untergang einer großen, starken, harmlosen Rasse.

Der amerikanische Bison, den wir alle unter dem Namen „Büffel" kennen, weil es den Jägern der Prairie gefallen hat, ihn so zu heißen, ist ein naher Verwandter nicht der wirklichen Büffel vom Kap und aus Indien, sondern des europäischen Auerochsen. Exemplare beider Arten sind in den meisten zoologischen Gärten vorhanden, und da kann sich der Beschauer leicht überzeugen, daß „Büffel" und Ur einander sehr ähnlich sehen. Kraftvolle, gedrungene Gesellen von mächtiger Schulterbreite, struppig bemähnt, mit dicken Klotzköpfen, sehen sie aus, als könnten sie zu Boden trampeln, was immer ihnen widerstehen will.

Und sie haben in der Tat die Herrschaft über ganze Kontinente geführt, die Auerochsen vor dreitausend Jahren, die Bisonten noch vor einem Jahrhundert. Es ist keiner von uns, der nicht als Knabe in Indianer- und Trappergeschichten die Schilderungen von den unermeßlichen Büffelherden gelesen hat, welche die amerikanischen Prairien bevölkerten. Wie endlose Ströme zogen sie vorbei, einen alten Stier an der Spitze, in breiter und breiter werdenden Massen, Tage und Nächte lang, daß die Millionen kein Ende nahmen; sie schwammen über Ströme, sie bahnten ihre Straßen durch Wald oder Gras, und kilometerbreite „Büffelwege" bezeichneten die Bahnen, auf denen sie vor der Winterkälte nach Süden oder vor der Sommerdürre nach Norden wanderten.

Ursprünglich hatten sie nur zwei Feinde, den Indianer mit der Lanze und den grauen Bären, und was die beiden ihren Herden entnahmen, das zählte nicht gegenüber der Reproduktionskraft der Masse. Die nachfolgende Kartenskizze ist einer neueren Monographie der Büffelherden von Hornaday entnommen.

Sie umfaßt den größten Teil von Nordamerika, und zur Orientierung sind die großen Seen nebst dem Lauf des Mississippi eingezeichnet. Die ausgezogene, mit 1830

bezeichnete Linie begrenzt den Bezirk, in welchem die Büffel zur Zeit ihrer größten Blüte wanderten. Derselbe erstreckt sich, wie man sieht, im Süden bis nach Neu-Mexiko, im Norden bis über den Sklavensee hinaus in die Breite der Hudsonbai und reicht in seinem mittleren Teil fast quer über den ganzen Kontinent, im Westen durch das Felsengebirge und das Wüstenbecken abgeschlossen. Er umfaßt mehr als ein Drittel von ganz Nordamerika.

Die Schilderungen von der Dichtigkeit, in welcher die Tiere dort auftraten, sind nicht übertrieben; noch im Jahre 1871 ritt der Oberst Dodge durch die „große Arkansasherde", schätzte die Zahl der Individuen pro Morgen auf 15 bis 20 und den von ihnen eingenommenen Flächenraum auf 1250 Quadratmeilen. Es müssen ihrer danach über vier Millionen vorhanden gewesen sein. Und dabei war das die letzte der großen Herden. Fünfzehn Jahre später mußte die Smithsonian Institution schon eine wissenschaftliche Expedition aussenden, um die letzten lebenden Büffel für den Bedarf der zoologischen Gärten bezw. des Nationalparks zu retten!

Es ist der Mühe wert, der Geschichte dieser unglaublich schnellen Ausrottung nachzugehen, und Hornaday hat es mit Sorgfalt getan. In erster Linie steht dabei natürlich das Eindringen der Zivilisation; wo Eisenbahnen und Fabriken auftreten, da ist die Zeit des Büffels vorbei; sein Gebiet engte sich allmählich ein, und schon dadurch wurden die Nachstellungen wirksamer. Seit etwa 1830 beteiligten sich die weißen Männer nicht mehr bloß gelegentlich und um des Sports willen an der Büffeljagd, sondern gewerbsmäßig, und mit der

Vervollkommnung der Feuerwaffen begann eine heillose Schlächterei. Die hülflose Dummheit der Tiere kam ihren Feinden zustatten, die Büffeljagd war trotz der Kraft des Wildes verhältnismäßig ungefährlich. Der alte Büffel wußte nichts anderes zu tun als vor dem Verfolger geradeaus zu laufen oder, wenn er zornig wurde, ihm mit gesenkten Hörnern entgegenzugehen; die jungen Kühe verstanden es freilich, sich im Laufe schnell zu drehen und einen wegen seiner Plötzlichkeit bedenklichen Angriff zu machen, aber Pferd und Reiter waren darauf eingeübt und ermüdeten das Tier, bis sie schuß- oder stichgerecht neben ihm waren. Beim „Still Hunt", der geräuschlosen Jagd, schlich sich der Schlächter in die Herde und tötete den Leitstier durch einen Messerstich; die andern kamen dumm mit dampfenden Nüstern heran, um ihn zu beriechen, und so wurden sie einer nach dem andern abgestochen. Oder man schnitt einen ganzen Herdenteil ab, umringte ihn und schoß die einzelnen Glieder zusammen. So wurde in rücksichtslosester Weise darauf losgeschlachtet; die Regierung verabsäumte es, ein schützendes Gesetz zu erlassen, und die Nachfrage nach Büffelhäuten war dabei in stetigem Wachsen. Man hat Tausende getötet, nur um die Haut und die Zunge zu erlangen; das Fleisch verkam unter freiem Himmel, und der Umstand, daß die Kühe bevorzugt wurden, trug dazu bei, die Erneuerung des Herdenbestandes zu schwächen.

Trotz alledem, trotz des ungehinderten Wütens, zählten die Büffel noch im Jahre 1869 nach Millionen. Da kam das Ereignis, welches ihnen den letzten Stoß versetzte, der Bau der Pacificbahn. Anfangs haben die zottigen Gesellen sich an den Telegraphenpfählen der

Eisenbahn gemütlich das Fell gerieben und dabei zum Ärger der Beamten manchen Pfahl umgeworfen; aber schließlich ließen sie sich imponieren und trennten sich in zwei gesonderte Herden, eine nördliche und eine südliche, welche die Bahnlinie nicht mehr überschritten. Die Bezirke derselben sind auf der obigen Skizze punktiert eingetragen und mit der Jahreszahl 1870 versehen.

Die Trennung war ihr Verderben. Die Kansas-Eisenbahn, welche 1871 erbaut wurde, führte mitten durch den Bezirk der südlichen Herde und gab den Anstoß zu ihrer Vernichtung. Dieselbe wurde so verschwenderisch betrieben, daß jede auf den Markt gekommene Haut etwa vier Büffel repräsentiert haben soll. Man bleibt, schreibt Hornaday, sicherlich hinter der Wahrheit zurück, wenn man annimmt, daß wenigstens 50000 Büffel geschlachtet worden sind, von denen nichts weiter benutzt wurde als die Zunge. 1874 fing man an, Besorgnisse über die Verminderung der Tiere zu äußern und im folgenden Jahre waren von vier Millionen noch etwa zehntausend übrig. Diese flüchteten nach Texas, wo sie vereinzelt und aufgerieben wurden. Zwei oder drei ganz kleine Herden sollen noch von ihnen übrig sein; die gewerbsmäßige Büffeljagd im südlichen Gebiet hat seit 1880 ein Ende.

Die nördliche Herde wurde um 1870 auf anderthalb Millionen Köpfe geschätzt; bei geringerer Stärke hatte sie ein größeres Verbreitungsgebiet als die südliche und hielt sich infolgedessen etwas länger. Aber die Indianer waren schon mit Hinterladern versehen und dezimierten gewaltig; 1880 trat, weil die südliche Herde vernichtet war, eine Preiserhöhung in Büffelhäuten ein, und nun warf sich die Schlächterei auf die nördliche. Die Grenze des Bezirks, in welchem diese sich 1880 bewegte, ist oben in der Skizze punktiert-gestrichelt angegeben. Binnen drei Jahren war auch sie ausgerottet; es blieben nur einige tausend Köpfe in zerstreuten Trupps übrig. Man glaubte eine Zeitlang, daß ein namhafter Teil der Herde auf kanadisch-britisches Gebiet übergetreten sei, aber die Nachforschung lehrte die Irrigkeit dieser Meinung. Es ist merkwürdig, daß in Amerika niemand praktische Einsicht genug gehabt hat, um dem unsinnigen Vernichtungskrieg entgegenzutreten, fast noch merkwürdiger, daß die Jäger selbst in ihrem Eifer nicht wußten, was sie angerichtet hatten. Noch im Herbst 1883 wurden kostspielige Expeditionen für die geschäftsmäßige Büffeljagd im Norden ausgerüstet; sie zogen aus und mußten umkehren mit dem Bescheid, daß es nichts mehr zu jagen gebe.

Etwa 300 Büffel hatten den guten Einfall, sich in den Yellowstone-Park zu retten. Dort, im Zentralpark der Vereinigten Staaten, waren und sind sie geschützt; aber, wie der Direktor desselben erklärt, wird jedes Tier, welches sich über die Grenzen des Parkgebiets hinauswagt, unfehlbar abgeschossen. Jetzt sind ihrer noch etwa 200, von denen ungefähr ein Drittel im Park selbst zur Welt gekommen ist; man hegt sie ein und hofft, daß sie sich wieder einigermaßen vermehren werden. Außer ihnen gab es am 1. Januar 1889 noch 256 Bisonten reiner Rasse, die als Haustiere gehalten und somit gesichert waren. Den ganzen Bestand der Vereinigten Staaten an nicht geschützten wilden Tieren aus der nördlichen Herde schätzt man gleichzeitig auf 85 Exemplare, die zerstreut ein kümmerliches Dasein führen und ohne Zweifel in wenigen Jahren vollständig verschwunden sein werden. Auf britischem Gebiete soll noch eine Herde von über 150 Köpfen liegen, der dasselbe Schicksal bevorsteht, wenn nicht etwa die Regierung von Kanada sie aus wissenschaftlichem Interesse unter ihren Schutz nimmt.

So sind die amerikanischen Büffel zu demselben Ende gekommen wie ihre europäischen Vettern; hier in Bialystok, dort im Yellowstone-Park beschließen sie ihr Dasein als halbe Fossilien, im Zwangsschutze der Menschen, welche ihrer Herrlichkeit ein Ende gemacht haben. Es hätte so kommen müssen, auch wenn die Amerikaner nicht so schnell und rücksichtslos verfahren wären; etwas später wohl, aber darum nicht minder sicher, würde die fortschreitende Zivilisation sie eingeengt und erdrückt haben; denn die klotzigen Burschen passen nicht zwischen Eisenbahnen und Mais- oder Baumwollfelder.

6.

Spinnen.

Dezember 1890.

Alle Spinnen sind grimmige und giftige Räuber. Am giftigsten sind im ganzen diejenigen, welche als sogenannte Jagdspinnen ihre Beute laufend und springend erhaschen. Zu diesen gehört die Tarantel, deren Gefährlichkeit indessen, wie bekannt, von der Volkssage erheblich überschätzt wird, die amerikanische Faustspinne, deren Biß zwar nicht tödlich, aber doch sehr schmerzhaft ist, und eine größere Anzahl von südlichen Arten, die in ihrer Heimat nicht bloß von Menschen, sondern auch von Tieren entsprechend gefürchtet werden. Wir haben auch an den Grenzen des europäischen Gebiets eine Art, deren Biß einen Menschen in etwa einer halben Stunde unter furchtbaren Schmerzen töten kann; im südspanisch-afrikanischen Bereich wird sie mit dem romanischen Namen Malmignatte, im kaukasischen Rußland mit dem türkischen Wort Karakurt (schwarzes Gewürm) bezeichnet. Im südöstlichen Rußland sind diese Tiere so häufig, daß die Leute aus Furcht vor ihnen oft nicht auf dem Felde arbeiten wollen. Die nähere Untersuchung hat die merkwürdige Tatsache ergeben, daß ihr ganzer Körper aus giftiger Eiweißmasse besteht; jeder Teil ihres Leibes, in eine frische Wunde gebracht, erregt heftigen Schmerz, und, je nach der Menge, mehr oder weniger gefährliche

Begleiterscheinungen. Unsere Kreuzspinnen haben, solange sie jung sind, dieselbe Eigenschaft. Glücklicherweise sind ihre Fänge nicht stark genug, um die Haut eines Menschen zu durchbohren, sonst würden auch sie sehr unangenehme Nachbarn sein; im Alter verliert sich ihre Giftigkeit.

Ein großer Teil der Spinnen fängt seine Beute bekanntlich nicht, indem er ihr nachspringt, sondern mit Hilfe selbstgesponnener Gewebe. Den Stoff zu ihren Fäden liefern Spinndrüsen am hintern Körperende; bei alten Exemplaren verdorren dieselben mehr oder weniger, sodaß alte Kreuzspinnen z. B. kein ganzes Netz mehr verfertigen können; sie besetzen fremde Netze und ihre Mittel reichen nur noch dazu aus, dieselben zu reparieren. Vielleicht hängt mit dem verhältnismäßig bedeutenden Säfteverbrauch, den das Spinnen erfordert, ihre Durstigkeit zusammen; alle Spinnen trinken gern Wasser, eine alte Kreuzspinne nimmt einen zwei Zoll langen Strohhalm, an dem sich ein Wassertropfen befindet, wie einen Zahnstocher zwischen die Fänge, um ihn abzusaugen.

Die Spinnfäden sind sehr elastisch, und die Netze besitzen, obgleich der einzelne Faden schwach ist, eine recht bedeutende Tragkraft. Das Netz der gewöhnlichen Hausspinne, der Feindin aller Frauen, trägt ganz wohl einen ruhenden oder toten Maikäfer; ja, vor einiger Zeit lief durch die naturwissenschaftlichen Zeitschriften die Abbildung eines Hausspinnennetzes amerikanischer Herkunft, in dem sich eine junge Maus gefangen hatte. Das Netz war fast bis auf den Erdboden herabgezogen, hatte aber gehalten, das Mäuschen war zugrunde gegangen. Die größten Baukünstler bei uns sind die sogenannten geometrischen Spinnen, deren Netze in senkrechter Ebene stehen, und zu denen die Kreuzspinne gehört.

Solch ein Kreuzspinnengewebe ist eine verhältnismäßig recht bedeutende, auf sehr gesunden Baugrundsätzen beruhende Leistung. Zwei lange Fäden laufen schräg von einem Baumstamm zum andern, der oft vier bis sechs Meter vom ersten entfernt ist. Der eine Faden ist links oben und rechts unten, der andere links unten und rechts oben befestigt, sodaß sie zusammen ein schiefes Kreuz bilden; sie sind die Strebepfeiler, welche den ganzen Bau halten. In der Mitte ist der eine um den andern geschlungen und von der Mitte aus legt das Tier sein Netz an, indem es einen Faden spiralförmig immer weiter herumzieht, bis er in vielen Windungen eine Fläche von 20 bis 25 cm Durchmesser deckt. Es ist nicht uninteressant, einen der Tragfäden zu zerreißen und dann zuzuschauen, wie die kleine Arbeiterin den Schaden ausbessert. Augenblicklich, sowie der Riß angebracht ist, merkt sie, daß ihr Haus nicht mehr fest hängt, und kommt aus der Mitte, wo sie ihren Sitz hatte, hervor, um zu untersuchen. In wenigen Sekunden hat sie gefunden, welcher Faden beschädigt ist, und sie läßt sich zunächst an diesem Faden herab, bis sie sein Ende erreicht hat. Dann klettert sie an ihm in die Höhe, wickelt aber dabei den Faden zwischen ihren Vorderfüßen zusammen und trägt ihn in Gestalt eines kleinen lockern Knäuelchens mit sich empor. Oben angelangt geht sie auf den Faden, der auf der beschädigten Seite noch gesund ist, und läuft an diesem entlang zu dem betreffenden Baume. Dabei haspelt sie ihr Knäuelchen ab, soweit es reicht, und wenn es zu Ende geht, flickt sie einen frischen Faden aus ihren Spinndrüsen an, den sie nun, weiterkriechend, ausspinnt. Mit dem geht sie an den Baum, läuft am Baum entlang zu der Stelle, wo der zerrissene Faden gesessen hat, klebt dort ihren frischen Faden wieder an, turnt an ihm nestwärts und sitzt nun wieder in der Mitte ihrer ausgebesserten Wohnung. Die ganze Operation dauert kaum drei Minuten.

Die Spinnen sind, was ihr geistiges Leben angeht, merkwürdig wegen der engen Spezialisierung ihrer Fähigkeiten. Ihre Sinne sind mit Ausnahme des Gefühls ziemlich schlecht, und ihr Vermögen, sich in eine vom gewöhnlichen abweichende Lage zu finden, scheint sehr gering zu sein. Sie sehen schlecht, trotz ihrer acht (im Dunkeln leuchtenden) Augen. Die Jagdspinnen sehen wenigstens soviel, daß sie ihre Beute auf einige Zentimeter Entfernung wahrnehmen können, scheinen sich aber mehr an die Bewegung zu halten, als daß sie die Form der vorbeilaufenden Tiere erkännten. Eine derselben, Lycosa saccata, die Sackspinne, bei uns im Sommer nicht selten, trägt ihre Eier in einem erbsengroßen Säckchen mit sich herum, welches sie eigens zu diesem Zweck spinnt. Nimmt man ihr den Sack ab, so wird sie sehr unruhig und sucht ihn mit augenscheinlicher Sorge. Sie sieht ihn aber nicht, wenn man ihn ihr auf einen Zentimeter Entfernung vor die Nase legt, und findet ihn erst, wenn sie ihn fast berührt; dann ergreift sie ihn mit großer Hast. Die Hausspinne findet einen toten Käfer nicht eher, als bis sie über ihn stolpert.

Ihr Geschmack ist stumpf; sie fressen in Petroleum ertrunkene Fliegen. Doch zeigen sie wenigstens gegen Alkohol, selbst wenn er stark verdünnt ist, eine ausgesprochene Abneigung. Der Geruch hält sie nicht ab, ihn zu versuchen, aber nachher reiben sie ihre Mundwerkzeuge, wie um eine widrige Empfindung los zu werden; villeeicht brennt er sie. In Telegraphenbatterien und Akkumulatoren findet man auffallend viel ertrunkene Spinnen; die Vermutung mag nicht unberechtigt sein, daß die Tiere ihren ewigen Durst an den sauren Flüssigkeiten gelöscht und sich damit vergiftet haben.

Was Überlegung und Fähigkeit etwas zu lernen angeht, so kann man einer Spinne ein und dasselbe Kork- oder Gummistückchen zehnmal nacheinander ins Netz werfen, sie nimmt es immer wieder an und versucht vergeblich, ihm eine schmackhafte Seite abzugewinnen. Die Sackspinnen kennen ihren persönlichen Sack nicht, sondern nehmen den einer anderen Artgenossin ebenso gern an, wie den eigenen. Ja, wenn man ihnen den Sack abnimmt, ihn entleert und mit Schrot füllt, so akzeptieren sie ihn dankbar und schleppen ihn mühsam mit sich herum, ohne die bedeutende Gewichtsvermehrung zu beachten.

Im Gegensatz zu der sonstigen Stumpfheit ihrer Erkennungsmittel steht nun aber die feine Ausbildung des Gefühlssinnes, der namentlich bei den webenden Spinnen in innige Beziehung zu der Benutzung des Fangapparats gesetzt ist. Die Spinne empfindet sofort die leiseste Berührung eines Netzfadens und wendet sich nach der Richtung, von wo das Erzittern des Fadens kam. Hat sich ein summendes Insekt gefangen, so erkennt sie, welche Fäden am stärksten schwingen; diesen geht sie nach, findet die Beute, lähmt sie durch einen giftigen Biß und spinnt sie ein, um sie dann in Ruhe auszusaugen. Einzelne Fliegen und Käfer stellen sich tot, wenn sie gefangen sind; man kann das leicht künstlich nachmachen, indem man einen frisch getöteten Käfer in das Netz wirft. Die Spinne fühlt dann einen Stoß und nichts weiter. Aber manche, z. B. die Kreuzspinnen, wissen sich auch in diesem Falle sehr geschickt zu helfen.

Sie klimpern mit den Vorderbeinen an allen Fäden ihres Netzes und fühlen an der Schwingung, ob der Faden frei oder durch einen schweren Gegenstand belastet ist. Wo sie das letztere wahrnehmen, dahin gehen sie und finden das Gesuchte.

Durch ihre feine Empfindlichkeit für summende Schwingungen sind die Spinnen in den Ruf gekommen, musikalisch zu sein. Man hat oft bemerkt, daß sie durch Töne angezogen werden. Es handelt sich aber dabei, wie neuere Beobachtungen gelehrt haben, nicht um ästhetisches Vergnügen, und in den meisten Fällen nicht einmal um das Hören der Schwingungen, sondern um das Fühlen und um Verwechslung künstlicher Töne mit natürlichem Summen. Auf eine Stimmgabel (eine gewöhnliche Gabel mit etwas langen Zinken genügt übrigens vollkommen für den Versuch) reagieren sie in zweierlei Weise: 1. Hält man den Fuß der angeschlagenen Gabel an eine Stelle des Netzes oder auch nur an den Ast, an welchem das Netz befestigt ist, so glaubt die Spinne offenbar, es sei ein summendes Insekt da; sie eilt herzu und versucht in die Gabel zu beißen. Zuweilen setzt sie diese Versuche einige Zeit fort, in andern Fällen fürchtet sie sich und zieht sich zurück. 2. Rückt man ihr aber mit einer stark angeschlagenen Gabel dicht auf den Leib, sodaß die Luftschwingungen, welche von der Gabel ausgehen, ihr direkt fühlbar werden, so reagieren namentlich die geometrischen Spninen auf eine ganz eigentümliche Art. Die kleinen lassen sich, wie sie da sitzen, senkrecht herabfallen und verschwinden am Boden, die großen Kreuzspinnen aber schlagen die vier Vorderbeine über dem Nacken in die Höhe und schlagen mit ihnen nach der Gabel, und das so kräftig, daß der

Mensch das Aufprallen ihrer Beine auf den Stahl hören kann. Diese beiden Manöver beziehen sich wahrscheinlich darauf, daß die Spinne die ganz nahe gebrachte Stimmgabel für eine Wespe nimmt. Die kleinen lassen sich fallen, um dem vermeintlichen Räuber zu entgehen, die großen schlagen die Vorderbeine in die Höhe, um sich zur Wehr zu setzen. Manche Wespen kennen das Verfahren übrigens; einige fliegen wenn sie eine Spinne fangen wollen, mit einem plötzlichen Stoß an sie heran, sodaß sie nicht Zeit hat, sich fallen zu lassen, andere senken sich auf den Boden, folgen der Spur der Spinne wie ein Jagdhund und erwischen sie, wenn sie nicht rechtzeitig ein Versteck gefunden hat.

Boys, der diese Beobachtungen kürzlich beschrieb, konnte eine Anzahl von Spinnen auch durch einen hohen Schrei in Schrecken setzen; wenn derselbe ertönte, ließen die kleinen sich fallen und die großen schlugen die Beine in die Höhe. Einige von den kleinen gewöhnten sich indessen an den Schrei und gaben es auf, sich fallen zu lassen, lieferten also damit den Beweis, daß auch eine Spinne zuweilen etwas lernen kann. Einzelne Spinnen schwingen sich, wenn man sie plötzlich anbläst, blitzschnell im Kreise herum, so daß man statt der Spinne einen größeren verwaschenen Fleck sieht; auch dies Manöver ist augenscheinlich darauf berechnet, einem vermuteten Feinde zu imponieren.

Es ist wohl denkbar, daß die scharfe Ausbildung der Instinkte bei geringer Allgemeinintelligenz mit dem hohen Alter der Familie zusammenhängt; gehören doch die Spinnen und die nahe verwandten Skorpione zu den ältesten Versteinerungen, die man kennt.

7.

Die Seeschlange.

November 1879.

Alljährlich, wenn die holde Zeit der sauren Gurken naht, hebt sie ihr struppiges Haupt aus den Wogen des Meeres und wälzt sich majestätisch durch die Druckerschwärze der europäischen Presse. Lange Jahre hindurch hatte der „Constitutionnel“ das Vorrecht, ihr Dasein ans Licht zu bringen, dann die „Allgemeine Zeitung“, auch die „Kölnische Zeitung“ hat einige Male bei ihr Pate gestanden. Hat das Tier ein Recht dazu, existiert es in Fleisch und Bein oder ist es ein Fabelwesen, welches seine Entstehung bloß der Dürre des Sommers verdankt?

Die Sage von der Seeschlange ist sehr alt; sie wächst vermutlich im Dunkel der Vergangenheit mit den Erzählungen vom Kraken zusammen. In den Annalen der Kopenhagener Akademie steht schon ums Jahr 1670 ein gehelmtes, schlangenartiges Ungeheuer abgezeichnet, welches an der westafrikanischen Küste gesehen worden sein soll. Später liefen mannigfache Berichte über ähnliche Tiere um. Die Wissenschaft aber, welche ihren Aufschwung gerade der Einführung kritischer Methoden verdankte, wurde allmählich immer mißtrauischer gegen alle Erzählungen, aus denen die Phantasie ungeübter Beobachter hervorlauschte, und vom Anfang dieses Jahrhunderts ab wurde die Seeschlange ziemlich allgemein zu ihrem Ahnen, dem Kraken, ins Fabelreich verwiesen. In neuerer Zeit aber haben sich die Zeugnisse für die Existenz großer, unbekannter Seetiere so gehäuft, daß der Unglaube zu weichen beginnt. Es ist allmählich schwer geworden, nicht mehr an die Seeschlange zu glauben. Fast alljährlich kommen Seeleute aus den südlichen Meeren, welche bestimmt erklären, das erblickt zu haben, was sie „die Seeschlange" nennen. Und mag auch die Wüste des Wassers geeignet sein, Träume und Märchen auszubrüten, es ist doch nicht anzunehmen, daß alle diese Leute, Kapitän und Steuermann mit eingeschlossen, Gespenster gesehen haben.

Unter den Beobachtungen sind einige, welche von meilenlangen, kilometerbreiten, dunklen Schlangengestalten reden, die sich in einiger Entfernung unter dem Wasser gezeigt haben sollen. Diese Erscheinung hält man mit gutem Grund für etwas den eigentlichen Seeschlangen fernstehendes: es dürften riesige Züge von kleinen Fischen gewesen sein, die sich zu der länglichen Schlangenform eng aneinandergedrängt haben. Es ist ein Fall bekannt, wo ein Schiffskapitän im südlichen Atlantischen Ozean eine Schlange von 4 Meilen Länge sah, die sich beim Hinfahren in eine Sammlung von Fischchen auflöste.

Andere Berichte aber sprechen von Schlangenhälsen, die aus dem Wasser hervorragen, sie haben die Windungen der Tiere gesehen, welche deren Rücken über die Wellen herausheben, sie wollen eine Schlange zweimal um einen Walfisch gewickelt gefunden haben, und ähnliches. Auch da ist noch von riesigen Größenverhältnissen die Rede — ein herausstehender Hals mit Kopf wird auf 20 m Länge angegeben, was bei Schlangenform eine Gesamtlänge von wenigstens 130 m voraussetzen läßt —, aber es handelt sich um Beobachtungen, welche keine Verwechslung eines Einzeltieres mit einem Aggregat von kleineren Wesen zulassen; ein völliger Irrtum ist nicht wohl möglich, der Bericht muß direkt erlogen oder im wesentlichen richtig sein.

Das erstere aber für alle Fälle anzunehmen hat man keine hinreichenden Gründe. Unter den Zeugen sind ganz glaubwürdige Leute, und es ist keine Ursache bekannt, welche das Dasein unterseeischer Ungeheuer ausschlösse. Im Gegenteil, es ist a priori durchaus wahrscheinlich, daß das Meer in seinen Tiefen noch manche Wunder birgt, welche nur selten an die Oberfläche kommen. Es können wirkliche Schlangen, übergroße Fische, oder vielleicht gar überlebende Nachkömmlinge fossiler Saurier sein, die als Seeschlange sichtbar werden. Die Aussagen der Beobachter weichen, was die Form der Tiere angeht, mehrfach voneinander ab; man wird daraus wohl eher auf das Dasein verschiedener Arten von „Seeschlangen" als auf schlechte Beschreibung schließen müssen. Das Meer bietet Futter und Lebensbedingungen in solcher Mannigfaltigkeit, daß riesige Spezies von ganz verschiedener Art ganz wohl in ihm Platz finden können. Von luftatmenden Tieren, z. B. von eigentlichen Schlangen, sollte man freilich erwarten, daß sie öfter an die Oberfläche kämen, also öfter sichtbar würden, als die Seeschlangen es tun. Aber selbst ein Tier, dessen nächste Verwandte auf dem Lande wohnen, kann für den Wasseraufenthalt so modifiziert sein, daß es sich nur selten der Entdeckung auszusetzen braucht — haben wir doch Fische, die aufs Land klettern, da mag es auch Reptilien oder Amphibien geben, die viele Stunden lang unter Wasser bleiben können. Über die Art der fraglichen Tiere läßt sich also nichts vermuten. Ein Kopf mit helmartiger Bedeckung, der am ersten auf ein Reptil zu deuten wäre, spukt öfter in den älteren Erzählungen.

Damit lassen wir die Vermutungen und Erwägungen und wenden uns zu der letzten, wohlbeglaubigten Beobachtung. Sie stammt von Reverend Brown, Pfarrer in Busselton an der Geographenbai, Westaustralien. Derselbe ist seit 27 Jahren im Lande und wird von dem Arzt der Provinzialhauptstadt Freemantle als ein gebildeter, durchaus achtungswerter Herr bezeichnet; sein Bericht enthält nichts, was sichtlich auf Übertreibung deutet. Wir bemerken noch, daß die Geographenbai meist ruhiges Wasser und einen Strand von festem Sande hat, der als Verbindungsweg zwischen Busselton und dem in der Nähe gelegenen Lockville dient, und geben dann dem Geistlichen das Wort.

„Am Sonntag, den 30. März (1879), schreibt Herr Brown, verließ ich Lockville bei Sonnenuntergang, um über den Strand nach Hause zu reiten. Der Nachmittag war drückend heiß gewesen, ohne Windhauch, und die See war glatt wie Glas. Ich begegnete C. Mac Guire, der mit seiner Frau nach Lockville wanderte. Bald darauf — dem Pfad zu Richardsons Hause gegenüber — erblickte ich im Wasser vor mir etwas, das wie ein schwarzer Baumklotz aussah, einen Steinwurf weit vom Ufer, ziemlich genau mit dem Ende auf mich zugekehrt und anscheinend mit diesem Ende höher hervorragend. Näherkommend bemerkte ich, daß es anscheinend nach Lockville zu trieb, und bald entdeckte ich, daß es sich bewegte, wobei es eine sehr lange, schmale Spur auf dem glatten Wasser zurückließ. Hierauf drehte ich mein Pferd um und blieb, im Schritt reitend, immer neben dem Tier, bis ich dem Mac Guire hinreichend nahe gekommen war, um ihn anzurufen. Ich hallohte einmal, er wandte sich und kam zurück, mir entgegen; aber als mein Halloh erscholl, schoß der Fisch [das Wort fish wird im Englischen für alle möglichen Wassertiere gebraucht] von dannen, seewärts und mir aus dem Gesicht (unter Wasser); dann aber kehrte er um und kam wieder auf das Ufer los, so schnell, daß die Spur der Bewegung nach außen zugleich mit der der Bewegung nach innen sichtbar blieb, in Gestalt eines breiten V mit scharfer Ecke. Es gab mir die Vorstellung von zwei Fischen, davon einer hinausfuhr, während der andere seine Spur landwärts kreuzte. Da ich nicht wußte, wo das Tier wieder auftauchen würde, aber wohl wußte, daß es landwärts geschwommen war, versuchte ich Mac Guires Aufmerksamkeit auf die See zu lenken, indem ich mit der Hand dorthin zeigte. Gerade als ich mit ihm zusammentraf, kam der Fisch wieder an die Oberfläche und zeigte allmählich mehr von seiner Länge, bis, da er fast in Ruhe und, so viel ich bemerken konnte, seine ganze Gestalt sichtbar war, ich seine volle Länge auf 18 m schätzte, gerade und krumme Strecken mit eingerechnet, wobei das dicke Ende, Kopf und Schultergegend, deutlich aus dem Wasser hervorragte. Vom Kopf kann ich nur sagen, daß er aussah wie ein Holzklotz, plump, gegen zwei Fuß im Durchmesser; auf dem Rücken zeigten sich, deutlich über das Wasser hervorragend, mehrere viereckig abgestumpfte Flossen. Es wurde bald zu dunkel, um Einzelheiten deutlich zu sehen. Der Fisch bewegte sich nach Lockville zu und ich kehrte nach Hause zurück. Mac Guire sagte, er wolle nach dem Hafendamm gehen und nach ihm ausschauen. Ob er den Fisch wieder gesehen hat, weiß ich nicht, aber der Fischer Mac Mullan erzählte mir am nächsten Morgen, daß er ihn, etwa 50 m vom Damm entfernt, erblickt habe, und daß er ihn auf ungefähr 6 m Länge schätzte. Dieselbe Größe schien er mir anfangs zu haben, solange er in Bewegung war; erst als er zur Ruhe kam, zeigte er seine ganze Länge. Mit welchen Mitteln er sich vorwärts bewegte, kann ich nicht sagen; ich sah keine Seitenflossen und keinen Fischschwanz. Als er beim Klang meiner Stimme davonschoß, war seine Bewegung schnell wie die eines Hechtes oder eines Schwertfisches; der dicke, plumpe Kopf aber hatte keine Ähnlichkeit mit dem einer Schlange. Dicht beim Ufer war an demselben Nachmittag eine ungewöhnliche Menge von Fischen, aber als ich den Fremdling sah, waren bestimmt keine Fische vorhanden, die er hätte verfolgen können."

Man sieht, die Seeschlange nimmt hier mäßige Größe, aber eine ziemlich rätselhafte Gestalt an.

8.

Festländische Kollegen der Seeschlange.

November 1879.

Der hochgeachtete Zoologe Fritz Müller in Otajahy, Südbrasilien, schrieb im vorigen Jahre einen merkwürdigen Bericht über die vermutliche Existenz eines riesenmäßigen, wurmförmigen Tieres in den Südprovinzen von Brasilien, wo dasselbe vom Volke der Minhocao genannt wird. Die Geschichten, welche man von ihm erzählt, sagt Müller, klingen zum größten Teil so unglaublich, daß man in Versuchung geführt wird, sie für Fabeln zu halten. Wer würde nicht lächeln, wenn er von einem Wurm hört, der 50 m lang und 5 m breit sein soll, der einen Knochenpanzer trägt, mächtige Fichtenbäume umwühlt, als wären es Grashalme, Flußläufe in neue Kanäle leitet und trockenes Land in bodenlosen Morast verwandelt?

Vor etwa acht Jahren erschien ein Minhocao in der Nachbarschaft von Lages. Francisco de Amaral Varella sah etwa 10 km von der genannten Stadt entfernt ein seltsames Tier von ungeheurer Größe, nahe 1 m dick, nicht sehr lang, mit einer Schnauze wie ein Schwein; er kann aber nicht sagen, ob es Beine hatte. Er wagte nicht, es allein anzugreifen, aber während er seine Nachbarn zu Hülfe rief, verschwand es, indessen nicht ohne deutliche Spuren in Gestalt eines Einschnittes in die

Erde zu hinterlassen. Eine Woche später wurde eine ähnliche Vertiefung, welche vielleicht von demselben Tiere herrühren mochte, auf der andern Seite von Lages gefunden. Man folgte der Spur, die von der ersterwähnten etwa 6 km entfernt war; sie führte schließlich unter die Wurzeln einer Tanne und verlor sich dann im sumpfigen Terrain. Ein Deutscher, Herr F. Kelling, hat sie selbst gesehen. Ein anderer fand in sumpfigem Boden zahlreiche Spuren ähnlicher Art, tiefe Einschnitte, die sich immer im Fluß verloren, und hielt sie für die Arbeit der Minhocaos.

Vor etwa 14 Jahren im Januar fand A. J. Branco, der mit seiner ganzen Familie acht Tage lang von Hause abwesend war (er wohnt an einem Nebenflusse des Rio dos Cachorros), den Weg unterwühlt, große Erdhaufen aufgeworfen und einschnittförmige Spuren, welche 3 m breit, 700—1000 m lang waren und in einem Sumpf endigten. Sie waren tief genug, um einen Bach aus seinem früheren Lauf abzulenken. Der Weg des hypothetischen Tieres lag meistens unter der Erde und ging unter dem Bachbette her; verschiedene Bäume waren da, wo er vorüberging, umgeworfen. Einer der Bäume mit abgeschundener Rinde war noch 1877 zu sehen. Hunderte von Leuten kamen aus Curiti banos und andern Städten, um das Werk des Minhocao zu beschauen, und sie glauben, daß das Tier noch immer in dem sumpfigen Pfuhl lebt, weil dessen Wasser sich von Zeit zu Zeit plötzlich und auf unerklärliche Weise trübt. In stillen Nächten hat man einen dröhnenden Laut gehört und Bewegungen der Gebäude verspürt. Zeugen sind zwei Insassen der zuerst betroffenen Wohnung, der Sohn des A. J. Branco und ein Stiefsohn.

In der Nachbarschaft des Rio dos Papagaios, Provinz Parana, wurden eines Abends im Jahre 1849 nach langem Regenwetter Töne gehört, als ob Regen fiele. Joao de Deos schaute aus, sah aber Sterne am Himmel. Am folgenden Morgen fand sich ein großes Feld jenseits eines kleinen Hügels vollständig unterwühlt, zahlreiche tiefe Furchen führten aufwärts zu einem steinigen Plateau; von dort gaben aufgewühlte Erdhaufen den Weg an, welchen das Tier nach dem Flusse zu genommen hatte. Drei Jahre später besuchte den Platz ein Gutsbesitzer Lebino dos Santos, sah noch die Spuren und schloß aus ihnen auf zwei Tiere von 2—3 m Dicke.

In derselben Provinz fand eine Negerin eines Morgens, als sie Wasser holen wollte, die Lache gänzlich zerwühlt und sah ein Tier, „groß wie ein Haus", welches über den Boden davonkroch. Die herbeigerufenen Nachbarn kamen zu spät, um das Wesen zu sehen, fanden aber die Spuren des Ungeheuers, welches dem Anscheine nach über einen Felsen hinweg in tiefes Wasser getaucht war. Ein junger Mann sah eine große Kiefer plötzlich ohne sichtbare Ursache umfallen. Er eilte hinzu, fand den Boden in Bewegung und ein riesiges wurmförmiges Tier von 25 m Länge, mit zwei Hörnern am Kopfe, darin herumwühlen.

Demselben Senhor Lebino erzählte man bei Arapehy in Uruguay, einige Meilen von da sei ein toter Minhocao zu sehen, der in einem Felsenspalt stecken geblieben und verendet wäre. Seine Haut soll dicker als die Rinde einer Kiefer sein und harte Schuppen haben wie ein Armadill. (Warum ist der Mann nicht selbst hingeritten?)

In der Gaceta de Nicaragua vom 10. März 1866 berichtet Polino Montenegro umständlich über ein Tier, welches mit dem Minhocao einerlei zu sein scheint. Der Brief ist aus Zimotega datiert. Schreiber hat auf der

Reise nach Concordia im Februar gehört, daß eine riesige „Schlange“ ihren Wohnsitz an einem Platze, genannt La Cuchilla, aufgeschlagen habe. Er ging mit mehreren Freunden hin und fand Spuren, welche nach seiner Ansicht das Dasein eines großen Tieres unleugbar beweisen. Man hatte schon früher, vor fünf Jahren, bemerkt, daß sich aus unbekannten Ursachen am Fuße eines Hügels eine Art von erdiger Platform bildete, und ein nichtsahnender Bauer pflanzte Obstbäume hinein. Um 1863 aber sah man, daß der Grund sich senkte, ein daran liegender Felsen wurde von Erde entblößt, und doch war kein Wasser da, dem man die Wirkung hätte zuschreiben können. Dann fingen die Bäume an, sich zu bewegen, mächtige Eichen wurden umgeworfen, und große Felsblöcke so bewegt, daß sie im Dezember die Straße von Chichiguas nach San Rafael del Norte zerstörten. Der Boden zeigte Spalten, sank ein und war augenscheinlich unterwühlt. Die letzten Spuren dieser unterirdischen Arbeit waren drei Tage alt, als Montenegro hinkam, und er sagt, daß sie auf zwei Tiere deuteten. Der Boden, in dem sie hausten, war loser Grund. Man sah, daß sie beim Vorwärtsdringen eine Eiche umgeworfen hatten, und dann waren sie, vermutlich von dem Krachen des Baumes erschreckt, abgezogen; denn von da führten zwei große Spuren, die kleinere direkt nach dem Teiche hin, die andere, größere, erst über steiniges Land und Acker, wo sie sich 1,30 m tief eindrückte, dann senkrecht hinab in denselben Teich. Baumwurzeln auf dem Wege waren angeschabt und Felsen von mehr als 1500 kg Gewicht vom Platze geschoben. Der ganze Grund ist unregelmäßig zerwühlt und aufgebrochen. Die Tiere scheinen Schuppen zu tragen, deren Abdrücke im Lehm zu sehen waren. Ihre Länge wird auf wenigstens 12 m, die Höhe auf 3, die Dicke auf 1 1/2 m geschätzt. Die Tradition des Ortes erzählt seit undenklichen Zeiten von solchen Tieren und nennt sie Sierpe, Schlange.

Endlich wäre noch zu erwähnen, daß die Spur eines Minhocao in der Nähe von Ypauema einen Sumpf trockengelegt hat, indem sie ihm Abfluß verschaffte.

Aus alledem scheint hervorzugehen, daß in den hohen Quellengegenden des Uruguay und des Parana sich Aushöhlungen und einschnittartige Spuren finden, die das Werk eines großen lebenden Tieres sind. Sie erscheinen, wie die Zeugen berichten, meist nach Regenwetter und endigen oder beginnen ausnahmslos im Wasser oder Sumpf. Die Berichte über die Größe und namentlich über die Gestalt des Tieres sind sehr unsicher. Da kein Beobachter von Fußspuren spricht, wird man annehmen müssen, daß es sich wurmartig kriechend bewegt; seine Schuppen würden ihm als Ansatzpunkte zum unterirdischen Bohren dienen. Die Schweineschnauze und die Hörner auf dem Kopf erinnern, wenn man sich auf diese Angaben verlassen kann, an gewisse niedere Reptilien, die ein ähnliches Leben führen wie das, welches man dem Minhocao zuschreibt. Doch kann man auch an gigantische Gürteltiere denken; ist ja doch der Urwald die Heimat der kolossalen fossilen Faultiere, zu deren nahen Verwandten die Gürteltiere gehören. Es wäre schon möglich, daß die Minhocaos solche Reste aus früheren Erdzeiten wären, die ihr unterirdisches Leben vor Zerstörung geschützt hat. Man wird suchen müssen, sie zu erwischen; das würde eine hübsche Erwerbung für einen zoologischen Garten sein.

9.

Hundeverstand.

Juli 1887.

„So ein Tier hat sechs Männer Verstand", sagt der alte Bauer in Scheffels Ekkehard und bezeichnet damit ganz richtig die altdeutsche Auffassung vom Tierwesen. Unsere Vorfahren waren nicht bloß liebevolle, sondern auch achtungsvolle Beobachter der Tierwelt; im Reinecke Fuchs blickt neben der humoristischen, die menschlichen Zustände parodierenden Auffassung ganz deutlich auch eine heimliche Gleichstellung von Mensch und Tier hervor, eine Art von scheuer Hochachtung, welche sich sagt, daß für die Schlauheit unseres braunen Freundes keine bestimmte Grenze angegeben werden kann; man weiß nicht, wieweit sie geht, man weiß auch nicht, was für Listen und Gedanken der Bär, der Wolf und andere Einwohner des Waldes in ihrem verborgenen Leben anwenden; was der Jäger und Bauer von ihnen sieht, ist oft staunenswert, noch mehr mag im Rückstande sein; diese dunklen, nicht ganz zu übersehenden Geisteskräfte haben für den naiven Beobachter etwas Dämonisches; er scheut sich, über sie abzusprechen, und er fühlt, wenn er sie betrachtet, mehr seine Verwandtschaft mit ihnen als seine Überlegenheit über dieselben.

Diese Auffassung ist die natürliche für Menschen, welche von Hause aus geneigt sind, andere Lebewesen teilnahmsvoll anzuschauen, wie z. B. sämtliche Germanen, auch Russen und Türken. Man findet ihre Spuren auch noch heute bei Jägern und in den Abenderzählungen des Volkes; aber sie ist zur Zeit bei uns überwuchert durch romanische Einflüsse.

Die südlichen Völker stehen den Tieren als reine Egoisten, wenn nicht als Quäler gegenüber. Der Italiener bestreicht kleine Hunde mit Petroleum, zündet sie an, spricht dazu „non sono cristiani" und ist von seiner Tat befriedigt; der Spanier läßt die Pferde beim Stiergefecht auf ihren eigenen Gedärmen herumtreten und denkt nichts dabei; der Grieche brennt Hunde und Katzen mit glühenden Eisen, um sich zu unterhalten, steinigt Eulen oder Raben, deren er habhaft wird, und wenn wir Einspruch dagegen erheben, so begreift er uns einfach nicht. Bei uns treibt auch wohl ein böser Junge derartigen Unfug, aber wenn man ihn dabei ertappt, so wird er geprügelt; bei jenen Völkern geschieht die Quälerei öffentlich und niemand findet etwas darin. Bestand doch noch vor wenigen Jahren in Neapel ein eingefriedigter Platz, auf den man die alten, unbrauchbar gewordenen Esel trieb, um sie dort — verhungern zu lassen, weil man es nicht der Mühe wert hielt, ihnen einen leichteren Tod zu verschaffen.

Auf den tiefsten Grund des Gegensatzes zwischen der altgermanischen und der romanischen Auffassung des Tierlebens weist ganz unverkennbar die italienische Formel „non sono cristiani" hin, wenn sie ihn auch nicht vollständig ausspricht. Jede bevorzugte Klasse wird von ihrer Selbstsucht getrieben, das, was sie vor andern auszeichnet, für wichtiger zu halten als das, was sie mit jenen gemein hat. Dem Adeligen liegt die Versuchung nahe, seinen Adel, der ihn von der übrigen Menschheit scheidet, höher zu schätzen als seine Menschlichkeit, die ihn mit jener verbindet. Dem Freien, der Sklaven hält, geschieht es nur zu leicht, daß er ihr Menschentum vergißt, um nur an ihre Unfreiheit im Gegensatz zu seiner eigenen Herrschaft zu denken. Kein Volk hat dieser Klassenselbstsucht mit so hoher Rücksichtslosigkeit gekrönt wie die alten Römer: Patres gegen Plebejer, Freie gegen Sklaven, Heiden gegen Märtyrer, Bürger gegen Barbaren, Populus gegen Gladiatoren, gegen Christen und Tiere im Zirkus. In all diesen Beziehungen sehen wir die Selbstsucht des Überlegenen sich so entfalten, daß er von den Rechten des Schwächeren nichts anerkennt. Und diese Geistesrichtung hat sich von den Römern auf ihre Erben fortgepflanzt. Es gibt aber auf unserm Planeten keine höher bevorzugte Stellung als die, welche der Mensch den Tieren gegenüber einnimmt. Also liegt auch nirgendwie die Versuchung so nahe, das, was den Menschen auszeichnet, zu übertreiben, wie bei diesem Verhältnis. Die menschliche Selbstsucht will sich nicht damit begnügen, daß ihr Träger höher steht als die Tiere; sie will von diesen gänzlich getrennt sein, die Kluft zwischen dem Menschen und den andern Bewohnern der Erde muß so groß gemacht werden, daß sie nicht zu überbrücken ist. Das ist es, was die Erben der römischen Klassenselbstsucht mit ihrem „non sono cristiani“ ausdrücken.

Wir Deutsche aber haben unser Christentum und die Grundlagen unserer Bildung von den Romanen bekommen und haben damit auch einen Satz teilweise übernommen, der eigentlich gar nicht zum Christentum, sondern zum Romanismus gehört: den Satz nämlich, daß die geistigen Eigenschaften der Tiere denen des Menschen nicht vergleichbar sind. Wäre uns dieser fremde Satz nicht aufgezwungen, so würde ganz gewiß bei uns nicht soviel über die Frage vom Verstand der Tiere gefaselt werden; man würde der unbefangenen Beobachtung ruhig folgen und da, wo man unverkennbare Proben von Verstand sieht, auch das Dasein dieser Geistesfähigkeit nicht leugnen wollen. Man würde das Pferd, welches seinen gänzlich betrunkenen Reiter nach Hause bringt und mit dem Huf an die Hoftür klopft, um die Öffnung zu erzwingen (ich habe einen alten Schimmel gewußt, der das mehr als einmal besorgte), für zeitweilig „klüger" als seinen Besitzer erklären; man würde dem begabten Hund, der eine kleine Dummheit gemacht hat, eine Standrede halten, wie man das auch jetzt schon tut, aber wenn er sich dann schämt, so würde man nicht von seinem „Instinkt" reden, sondern von seinem „Verstand"; man würde, ehe man den Instinkt anruft, erst einmal genau feststellen, wo denn der Instinkt aufhört und der Verstand anfängt und wie viel Instinktmäßiges in der menschlichen Geistestätigkeit selbst enthalten ist, und da würde man wohl zu der Erkenntnis kommen, daß Instinkte überhaupt nur da arbeiten können, wo Verstand vorhanden ist.

Doch — alles dieses näher auszuführen und zu begründen, dazu fehlt mir hier der Raum. Es seien nur als vorläufige Proben einige Tatsachen hingestellt, welche die geistigen Eigenschaften des Hundes in interessanten Fällen hervortreten lassen. Ich wähle den Hund, weil er als das klügste und zahmste der europäischen Tiere immer am nächsten zur Hand ist, wenn es sich um Beobachtungen wie die folgenden handelt. Ich hätte auch eigentlich nicht sagen sollen „des Hundes", sondern „einiger Hunde"; denn das Hundegeschlecht teilt, wie alle begabteren Tiergattungen, mit dem Menschengeschlecht die Eigenschaft, daß die einzelnen Individuen desselben sehr verschieden begabt sind; nicht der Mensch hat die Fähigkeit, den elektrischen Telegraphen zu erfinden, sondern einzelne Menschen haben sie; nicht der Hund lernt lesen, sondern einzelne Hunde lernen es, wie wir unten sehen werden. Damit komme ich zu den Tatsachen.

Nr. 1. Ort der Beobachtung: Rösberg auf dem „Vorgebirge" zwischen Bonn und Köln. Im Jahre 1861 stand ich während des Monats Juni mehreremal früh auf, um vor Sonnenaufgang eine Beobachtung am gestirnten Himmel zu machen. Auf dem Gute, wo ich wohnte, war ein brauner Rattenpintscher, der Felix hieß und mir als sehr intelligent bekannt war. Als ich zum ersten Male gegen 4 Uhr morgens in den Hof trat, bemerkte ich, wie Freund Felix sich nicht ohne Mühe durch das Gittertor desselben zwängte und dann feldeinwärts lief. Am folgenden Tage um dieselbe Zeit geschah das nämliche: der braune Felix zwängte sich wieder durch das Gitter und lief in derselben Richtung wie gestern von dannen. Neugierig gemacht, schlich ich ihm nach und sah folgendes: Felix lief erst nord-, dann ostwärts, bis er einen mir wohlbekannten Aussichtspunkt am östlichen Rande des Plateaus, welches Vorgebirge genannt wird, erreicht hatte.

Wer auf diesem Punkte steht, hat das ganze Rheintal und die Berge, welche dasselbe im Osten begrenzen, von Siegburg bis gegen Bensberg frei vor sich. Dort also setzte sich der Hund ruhig nieder, mit dem Gesicht gen Osten, wartete den Aufgang der Sonne ab, heulte dieselbe weidlich an und kehrte dann gegen 5 Uhr nach Hause zurück. Erstaunend beobachtete ich ihn weiter und konnte feststellen, daß er fünf Tage lang jeden Morgen dasselbe ausführte: er lief zu dem einzigen Platze, der seiner kleinen Statur freie Aussicht nach Osten über den Rhein hin darbot, heulte die aufgehende Sonne an und kehrte hierauf nach Hause zurück, ohne irgend etwas anderes unterwegs zu betreiben. Wenn das nicht durch die Annahme zu erklären ist, daß der Hund vom Sonnenaufgang ästhetisch berührt wurde, und zwar in ähnlicher Weise wie ein „gefühlvoller" Mensch, so weiß ich nicht, wie es überhaupt erklärt werden soll. Nach fünf Tagen trat Regenwetter ein und ich habe die Beobachtung von da ab nicht weiter fortgesetzt.

Nr. 2. Ort der Beobachtung die Stadt Mayen im Regierungsbezirk Koblenz; Zeit Frühjahr 1867. Meiner Wohnung gegenüber lag der Hund eines Bierwirts, ich will ihn Boxer nennen, häufig auf der Straße und sonnte sich. Boxer war ein ungeschlacht aussehendes Vieh, von dem ich nichts kannte, als die Kraft seiner Zähne; die Lastträger, welche bei seinem Herrn verkehrten, belustigten sich öfter damit, ihn in einen vorgehaltenen Strick beißen zu lassen und ihn dann an diesem herumzutragen, was er beliebig lange aushielt. Eines Tages kam ein fremder, kleiner, schwarzer Hund durch das Stadttor gelaufen, und wie das zu geschehen pflegt, er wurde sofort von den kleinen Kötern, denen er in den Weg lief, angebellt. Bald stellten sie ihn; gerade unter meinem Fenster blieb das schwarze Tierchen ängstlich stehen, und um ihn bildete sich ein Kreis, bestehend aus allen kleinen Hunden der Nachbarschaft, die ihn feindselig anklässten und berochen. Er war augenscheinlich in großer Not, und schon wollte ich mit einem Wurfgeschoß zu seinen Gunsten einschreiten; da erhob sich Boxer, der auf der anderen Seite der Straße lag, aus seiner faul behaglichen Ruhe, schritt herzu, durchbrach den Kreis der Kläffer und stellte sich breitbeinig mitten über den kleinen schwarzen Hund! Boxer sagte nichts dazu, aber er warf einen Blick rings um sich, solch einen Zirkularblick, wie ihn kein tragischer Schauspieler beredter und verächtlicher loslassen kann! Die würdige Haltung stand seiner ziemlich gemeinen Physiognomie außerordentlich komisch an, aber sie wirkte unübertrefflich; in wenigen Sekunden war die Meute der Angreifer nach allen Richtungen zerstoben und Boxer blieb mit seinem Schützling allein. Einige Augenblicke ließ er diesen noch unter sich stehen, dann zog er schwerfällig sein rechtes Vorderbein über dessen Rücken weg, wandte sich und suchte, ohne umzuschauen, sein früheres Lager wieder auf. Der kleine Schwarze aber lief fröhlich davon.

Nr. 3. Mehr eine allgemeine Bemerkung als eine einzelne Tatsache. Kluge Hunde tun oft etwas, was man nicht wohl anders als „lügen" nennen kann; sie üben Handlungen aus, die darauf berechnet sind, vorangegangene Handlungen zu verdecken und den Menschen planmäßig in die Irre zu führen. Ich besaß von 1869 bis 72 einen rauhhaarigen Hund, Pintsch genannt, der in ausgezeichnetem Grade log. Pintsch vertrieb sich die Zeit sehr gern mit „Bummeln", wußte auch sehr wohl, daß er das nicht durfte, und kam infolgedessen nicht offen von seinen Spaziergängen nach Hause, sondern schlich sich heimlich ein. Dann aber, wenn er im Hause war, ging er meist nicht direkt zu den Menschen, sondern machte folgendes Manöver: er stieg, immer noch heimlich, auf den Speicher oder an eine andere versteckte Stelle, wartete, bis er unten im Hause jemanden sprechen hörte, und kam dann, tapp, tapp, mit unschuldiger Miene die Treppe herab. Sein späterer Besitzer bestätigte mir diese Beobachtung, ohne von mir darauf aufmerksam gemacht worden zu sein; so auffallend war die List, womit er seinem Herrn weiszumachen strebte, daß er den ganzen Tag im Hause verschlafen habe.

Nr. 4. Sir John Lubbock, der bekannte englische Biologe, schreibt in der „Nature“ vom 3. Januar 1884, er habe sich allen Ernstes an die Aufgabe gemacht, Tieren die Fähigkeit des Verkehrs durch Wortzeichen beizubringen. Er verfährt dabei mit seinen Zöglingen ähnlich wie man mit Taubstummen umgeht, und anscheinend mit ähnlichem Erfolg. Nachdem ich, schreibt er, einen Terrier, der zu den ersten Versuchen diente, verloren hatte, begann ich einen schwarzen Pudel namens Van abzurichten. Ich gab ihm zunächst Futter in einem Topf, über den eine Karte gelegt wurde, auf welcher in großen Buchstaben das Wort „Futter“ geschrieben stand. Nebenan stand ein leerer Topf, bedeckt mit einer leeren Karte. Van lernte bald beide Karten voneinander unterscheiden, also den richtigen Topf aufdecken; dann brachte ich ihm bei, mir die Karte zu bringen. Das tut er jetzt, und wenn er es tut, gebe ich ihm etwas zu fressen, einen Knochen usw. Zuweilen, aber selten, irrt er sich und bringt eine falsche Karte; dann zeige ich ihm seinen Irrtum, er verbessert denselben und holt die richtige Karte. „Niemand, der ihn sieht, kann daran zweifeln, daß er, wenn er die Karte mit der Aufschrift „Futter“ bringt, damit den Wunsch nach etwas Eßbarem ausdrücken will, und daß er zwischen der beschriebenen und andern, nicht beschriebenen unterscheidet.“

Nach späteren Berichten Lubbocks hat derselbe Hund im Laufe weniger Monate gelernt, verschiedene Aufschriften auf gleichgeformten Karten zu unterscheiden und seine Bedürfnisse dadurch kundzugeben, daß er die

Karte mit dem entsprechenden Wort heranschleppt. Er bringt das Wort „drink", wenn er Durst hat, „out", wenn er will, daß man ihm die Tür öffne, „food", wenn er hungrig ist, usw. Irrt er sich, was zuweilen, aber nicht häufig, vorkommt, so verbessert er seinen Irrtum, wenn er gesehen hat, daß er ein andres Ergebnis als das gewünschte erzielt; er trägt dann die falsche Karte fort und holt die richtige. Er kann dabei nicht durch den Geruch geleitet sein, denn alle Karten werden von Lubbock angefaßt, haben also sehr nahe den gleichen Geruch; auch sind zu jedem Wort 8—10 Karten vorhanden, zwischen denen gewechselt wird, und es ist geradezu undenkbar, daß acht Karten mit der Aufschrift „drink" sich alle acht durch die gleiche Geruchsnuance von acht andern mit der Aufschrift „food" unterscheiden sollten. Es bleibt also nur die Annahme übrig, daß der Hund die Zeichen food, drink, out usw. voneinander unterscheidet und mit jedem derselben die Vorstellung von einer bestimmten Sache verbindet; er weiß ferner, daß das Herbeischleppen jener Zeichen für seinen Herrn eine Aufforderung ist, die vorgestellten Gegenstände zu liefern. Das ist eine Fähigkeit, die sich nicht mehr wesentlich von den Elementen der Sprechfähigkeit unterscheidet: bestimmte Kategorien von Gegenständen werden durch konventionelle Zeichen ausgedrückt. Wie der Haken a für uns den Laut „a" bedeutet, so bedeutet der Haken drink für Lubbocks Hund ein Näpfchen voll Wasser. Und der kluge Pudel Van eröffnet uns damit, wie sein Herr ganz richtig sagt, die Anfänge einer Möglichkeit, mit den Tieren zu korrespondieren, wenn auch vorläufig nur durch eine Silbenschrift für die einfachsten, ihrer Vorstellung immer gegenwärtigen Begriffe.

10.

Woran erkennt der Hund die Spur seines Herrn?

Mai 1890.

Hunde mit guter Nase besitzen bekanntlich eine auffallend stark entwickelte Fähigkeit, der Spur eines Menschen, der ihr Interesse erregt, nachzugehen, und es kann ihrem ganzen Gebaren nach kein Zweifel darüber bestehen, daß der Geruchssinn sie dabei leitet. Was aber riecht der Hund, was bezeichnet für ihn die Spur? Riecht er, daß an der bestimmten Stelle der ganze Mensch vorbeigegangen ist, oder riecht er bloß den Fuß bezw. das Schuhwerk?

Romanes hat über diese Frage eine Anzahl von interessanten Versuchen angestellt, die wir hier im Auszug wiedergeben. Das Tier, um welches es sich handelt, war eine ihm gehörige Jagdhündin, die ihren Herrn jahrelang auf der Jagd begleitet hatte, ihm besonders zugetan war und nie verfehlte, ihm oder seiner Spur zu folgen, sobald sich Gelegenheit darbot. Die Hündin wurde bei allen Versuchen mit dem Winde an eine vorher verabredete Stelle geführt, die wir mit A bezeichnen wollen, und die Versuchsperson trug Sorge, mit dem Winde zu gehen, sodaß der Hund nicht direkte Witterung von ihr bekam. Die Versuche waren nun folgende:

1. Der Besitzer geht von der Stelle A etwa eine Meile weit in seinen gewöhnlichen Jagdstiefeln. Als der Hund auf die Stelle A gebracht wurde, nahm er sofort die Spur auf und lief im schärfsten Schritt hinter seinem Herrn her, den er in wenigen Minuten erreichte.

2. Ein beliebiger Fremder geht von A aus; der Hund zeigt keine Neigung, seiner Spur zu folgen.

3. Der Hund wird ins Flintenzimmer geführt und sieht, wie sein Herr sich zur Jagd vorbereitet. Dann versteckt sich der Herr und schickt statt seiner den Wildhüter aus. Der Hund wird auf die Spur des Wildhüters gebracht, folgt ihr einige Schritte weit, findet aber, daß sein Herr nicht dabei ist, und steht alsbald von der Verfolgung ab.

4. Zwölf Mann, der Hausherr voran, gehen von einem Punkt A im Gänsemarsch aus, und zwar so, daß jeder in die Fußstapfen seines Vordermannes tritt. Nachdem sie 200 Schritt gegangen sind, teilt sich die Prozession in zwei Teile; fünf Mann folgen dem Besitzer und biegen rechts ab, die sechs andern, darunter der Wildhüter, den der Hund natürlich kennt, biegen links ab. Somit war die Spur des Herrn anfangs von elf, später von fünf andern Spuren überdeckt. Der Hund folgte der gemeinsamen Spur schnell, schoß an der Trennungsstelle über die Spuren hinaus, besann sich aber augenblicklich und lief ohne Zögern seinem Herrn nach.

5. Ein Fremder wurde ersucht, die Jagdstiefel des Herrn Romanes anzuziehen und von einem Punkt A aus in ihnen zu gehen. Der nach A gebrachte Hund folgte ihm ebenso eifrig wie sonst seinem Herrn.

6. Romanes zog nun seinerseits die Stiefel des Fremden an; die Hündin ging seiner Spur nicht nach.

7. Der Fremde machte eine Strecke auf bloßen Füßen; der Hund konnte nicht dahin gebracht werden, seine Spur anzunehmen.

8. Romanes selbst legte eine Strecke auf bloßen Füßen zurück. Der Hund folgte seiner Spur, aber nicht in der gewöhnlichen Art, sondern viel langsamer und unsicherer, als ob er im Zweifel über die Richtigkeit seines Weges wäre.

9. Romanes legte eine Strecke in nagelneuen, bis dahin nie getragenen Stiefeln zurück; der Hund weigerte sich durchaus, der Spur zu folgen.

10. Der Herr geht in seinen gewöhnlichen Jagdstiefeln spazieren, hat aber vorher unter die Sohlen und um die Seiten der Stiefel eine Lage von braunem Papier geklebt. Der Hund kümmert sich nicht merklich um seine Spur, bis er an einen Ort kommt, wo sich ein Stück des braunen Papiers abgelöst hatte. Von da ab hatte die lederne Stiefelsohle den Boden berührt, und von da ab folgte jener eifrig.

11. Der Herr marschiert in Strümpfen, erst in frischen, dann in schon getragenen; beide Spuren machen auf den Hund keinen Eindruck; er kümmert sich nicht um sie.

12. Der Herr geht eine kleine Strecke in seinen gewöhnlichen Stiefeln, zieht sie aber nach fünfzig Schritten aus und geht dreihundert Schritt auf den Strümpfen, dann zieht er diese aus und geht noch hundert Schritt auf bloßen Füßen. Der Hund folgt eifrig über alle 450 Schritt und seine Schnelligkeit vermindert sich während des ganzen Weges nicht.

13. Der Herr fährt mit einem Fremden, welchen der Hund nie gesehen hatte, im Wagen, geht einmal 50 Schritt neben dem Wagen her, steigt darauf wieder

ein und der Fremde steigt nunmehr aus, um die angefangene Spur noch 200 Schritt weit fortzuführen. Der Hund läuft sämtliche 250 Schritt mit dem gleichen Eifer ab.

14. Spaziergang in den gewöhnlichen Jagdstiefeln, die aber vorher mit Anisöl getränkt waren. Obgleich der Geruch des Anisöls so stark war, daß ein Mensch die Spur noch nach einer Stunde mit der Nase finden konnte, ließ sich der Hund nicht beirren; er untersuchte die ersten drei oder vier Schritte des Weges sorgfältig und rannte dann flink nach.

Ein paar andere Experimente zeigten noch, daß, sowie der Hund beim Spurverfolgen direkte Witterung von seinem Herrn bekam, er alsbald die Spur verließ und in gerader Linie auf jenen loslief; ferner, daß er bei ganz windstillem Wetter die direkte Witterung eines Menschen auf zweihundert Schritt wahrzunehmen imstande war; beides Tatsachen, die jedem Jäger schon bekannt sind.

Weniger bekannt dürfte sein, was aus der obigen Beschreibung tatsächlich hervorgeht, daß nämlich der Hund ganz deutlich dem Geruch des Stiefels und nicht dem der Person folgt. Es kann übrigens kaum anders sein; denn es ist eben der Stiefel, der in der Regel mit dem Boden in Berührung kommt, und der Hund kennt die Spur, welche eben dieser Stiefel zurückläßt. Geht der Herr ausnahmsweise auf Strümpfen oder auf bloßen Füßen, so bleibt eine Spur zurück, die das Tier nicht gewöhnt ist als diejenige seines Herrn anzusehen; sie mag ihm bekannt vorkommen und er verfolgt sie in einzelnen Fällen, aber mit Mißtrauen, denn es ist nicht das, was den Pfad seines Herrn für gewöhnlich bezeichnet. Marschiert aber der Herr erst in Stiefeln und zieht sie nachher aus, so ist der Hund klug genug, zu erkennen, daß es sich hier um eine Fortsetzung des von demselben Individuum beschriebenen Weges handelt; und demgemäß läßt er sich auch anführen, wenn ein Fremder den Weg seines Herrn fortsetzt. Es ergiebt sich nebenbei, daß der Hund jedesmal ein neues „Signalement" lernen muß, wenn sein Besitzer sich ein Paar neue Stiefel kauft. Unzweifelhaft bekommen die Stiefel ihre volle Kenntlichkeit für seine Nase erst dadurch, daß die Füße sich darin aufhalten, aber was er sich merken muß, das ist eben die Verbindung der persönlichen Eigentümlichkeiten mit dem allgemeinen Ledergeruch. (Bei Personen, die immer barfuß gehen, hat er es natürlich bequemer.)

Dabei ist recht bemerkenswert, wie genau das Tier diese Kombination noch unterscheidet, auch wenn sie mit andern vermischt wird. Die Überdeckung mit elf frischen Fußspuren hindert es nicht, ebensowenig ein Kartoffelfeld, auf dem 40 Menschen den ganzen Tag gegraben und ihre Spuren in tausendfacher Wiederholung zurückgelassen haben. Da kommt eben die bewundernswerte Feinheit seiner Geruchsanlage zur Geltung. Weniger beweist der Versuch mit dem Anisöl; Hunde haben wenig Sinn für ätherische Gerüche. Hält man ihnen eine Flasche mit Schwefeläther oder mit kölnischem Wasser unter die Nase, so zeigen sie meistens deutlich, daß sie den Duft abscheulich finden; wenn aber der Geruch dieser Stoffe für uns ein ganzes Zimmer füllt, machen sie sich nichts daraus; sie empfinden derartiges vielleicht erheblich weniger als wir; ihre ungeheure Überlegenheit erstreckt sich mehr auf Gerüche, die für ihren ursprünglichen Raubtierberuf von Interesse waren.

11.

Können die Tiere zählen?

Januar 1890.

Wenn man bedenkt, daß die niedrigst stehenden Wilden kaum bis fünf zählen können, daß z. B. in sämtlichen australischen Sprachen das Zahlwort fünf fehlt, so leuchtet ein, daß man von den Tieren im Punkt des Zählens nicht allzuviel erwarten darf. Doch wäre daraus, daß die Fähigkeit des Zählens bei einzelnen Menschen so schlecht entwickelt ist, noch nicht zu schließen, daß sie bei den Tieren noch weniger entwickelt sein muß; denn die Natur schafft — auch innerhalb des Menschengeschlechts — mit Vorliebe Spezialtalente, Individuen und Klassen, deren Begabung nach einer bestimmten Richtung vorwiegend ausgeprägt ist, und es könnte ganz wohl sein, daß die Begabung für das Zählen besonders entwickelt ist bei Wesen, die im übrigen weit unter dem Polynesier stehen. Auch kann beim Wilden die Sprache geradezu ein Hindernis der Entwicklung werden: unsere Kinder dehnen ihren Zahlenkreis aus, ohne es zu merken, weil ihnen von Jugend auf bis zehn, bis zwanzig und darüber vorgezählt wird; wenn aber ein Kind nie anders zählen hört als: „eins, zwei, drei, viele", so gewöhnt es sich von früh auf daran, zu glauben, daß jenseit der drei das Übermäßige anfange und das eigentliche Zählen überhaupt aufhöre; die geistige Trägheit, welche ihm damit angezüchtet wird, versperrt ihm den Weg zu der Erkenntnis, daß man auch noch weiter kommen kann. Das Tier hat auch seine Überlieferung, die Jungen lernen von den Alten; aber sie ist, weil sie nicht sprachlich formuliert wird, nicht so scharf beschränkt wie beim Menschen, und es kann ganz wohl sein, daß der naive Kopf eines Tieres sich gelegentlich „offener" erweist als der vernagelte eines durch die Überlieferung seiner Geistesfreiheit beraubten Menschen.

Wie es um das Zählen der Tiere bestellt ist, darüber kann nur die vorurteilsfrei gedeutete Erfahrung Auskunft geben. Die ist aber recht schwer zu erwerben; denn gerade bei den klügsten Tieren läuft manches mit unter, was geeignet ist, die Beobachtung unsicher zu machen. Bekannt ist das Beispiel, welches der Astrophysiker Huggins von seinem Hunde anführt. Sein Herr hieß ihn sich setzen und hielt ihm ein Stück Kuchen vor. Dann zog der Hund Quadratwurzeln aus und beantwortete Fragen, wie die folgende: „Wieviel ist $\frac{7+13-5}{3}$" regelmäßig richtig, indem er so oft bellte, wie das Beispiel es verlangte. Oder man legte ihm Karten vor, auf welchen bis zehn Punkte gemalt waren, und wenn man auf eine der Karten zeigte, so bellte er so oft wie die Karte angab. Huggins bemerkt dazu: „Es soll niemand glauben, daß ich dem Hund absichtlich ein Zeichen gegeben hätte. Im Gegenteil, das wurde vermieden. Wir glauben, daß er es seinem Herrn am Gesicht ansieht, wenn er die richtige Zahl gebellt hat; sicher ist, daß er die Augen nicht von meinem Gesicht wendet, solange die Lektion dauert." Gewiß ist die Erklärung von Huggins die richtige, und man sieht daraus, wie leicht es für einen unvorsichtigen Beobachter werden kann, den psychologischen Scharfblick eines klugen Tieres mit wirklicher selbständiger Leistungsfähigkeit zu verwechseln.

Es ist nicht eben selten, daß erfahrene Pferde und Hunde die Wochentage zu zählen scheinen. Pferde z. B. schlafen während der Woche stehend, aber am Samstag Abend legen sie sich zum Schlafen, offenbar, weil sie auf einen ruhigen Morgen rechnen. Doch kann man da nicht wissen, ob die Tiere wirklich die Zeit in Rechnung ziehen oder ob sie an andern Kennzeichen, am Wegräumen des Ackergeräts u. dergl. merken, daß ein Ruhetag bevorsteht. Eher wäre ich geneigt, in dem folgenden, von mir selbst beobachteten Fall an wirkliche Messung der Zeit, also an Zählung der Wochentage oder eine nahe verwandte Operation zu glauben. Ich besaß einen kleinen, sehr klugen Hund, den ich im Frühjahr allsonntäglich zu einem längeren Spaziergang mit hinausnahm. Pickel war für gewöhnlich ein Langschläfer, der morgens, wenn ich aufstand, auf mein Bett sprang und sich noch eine Stunde lang behaglich im Schlummer dehnte; dann kam er an, mich zu begrüßen, und überlegte, ob es ihm gefällig sei, ein Restchen Futter zu sich zu nehmen. Nachdem er dreimal den Sonntagsspaziergang mitgemacht hatte, änderte sich das Bild am vierten Sonntag in überraschender Weise: lustig sprang er aus dem Bett, sobald ich mich rührte, fraß sein ganzes Fleisch auf und umtanzte mich in Erwartung des Marschvergnügens, ehe ich angezogen war. Und dasselbe tat er allwöchentlich, bis die Ungunst des Wetters den Spaziergängen ein Ende machte; an den Werktagen war er faul, an den Sonntagen stand er munter auf und verproviantierte sich für den Marsch. Daß der Hund den Sonntag genau kannte und sich demgemäß auf das erwartete Vergnügen vorbereitete, daran habe ich nicht den mindesten Zweifel; wie er ihn aber gekannt haben soll, wenn nicht durch Zählen, das weiß ich nicht; denn andere Anhaltspunkte gab es bei mir nicht; ich stand genau um dieselbe Stunde auf, wie an andern Tagen, und zog denselben Anzug an; übrigens war er längst am Fressen, ehe ich mit dem Ankleiden recht begonnen hatte.

Direkte Versuche, und zwar mit entschiedenem Erfolg, hat der englische Biologe Romanes an einem weiblichen Schimpanse aus der Menagerie der Londoner zoologischen Gesellschaft angestellt. Er leitete den Wärter des Tiers dazu an, von dem Affen zu verlangen, daß er einen, zwei oder drei Strohhalme aus dem Stroh seines Lagers heraussuchen und apportieren sollte. Brachte der Affe die richtige Zahl, so wurde er mit einem Stück Obst belohnt, brachte er die verkehrte, so wurde seine Gabe zurückgewiesen. So lernte das Tier sehr bald nicht bloß bis drei zählen, sondern auch den Begriff der Zahl mit ihrem Namen zu verbinden. Wenn zwei oder drei Halme verlangt wurden, steckte er den ersten oder die beiden ersten in den Mund und verwahrte sie, bis er die gewünschte Summe zusammen hatte; so konnte man sicher sein, daß der Affe wirklich zählte und sich nicht etwa, wie es beim Überbringen einzelner Halme möglich gewesen wäre, nach dem zustimmenden oder erwartenden Gesichtsausdruck seines Wärters richtete. Man ging dann von drei zu vier, von vier zu fünf und schließlich zu noch höheren Zahlen über, und zwar mit dem Ergebnis, daß der Schimpanse sicher bis sechs, ziemlich sicher bis sieben, von acht bis zehn aber nur unvollkommen zählen lernte. Wenn acht, neun oder zehn Strohhalme von ihm verlangt werden, bringt er bald die richtige, bald eine unrichtige Anzahl, aber nie weniger wie sieben, sodaß man sieht, er weiß, daß mehr als sieben gemeint sind, aber bezüglich des Nähern verlegt er sich aufs Raten. Gerade diese Begrenztheit seines Vermögens liefert den Nachweis, daß es sich bei ihm unterhalb der Zahl sieben um wirkliches Zählen handelt. Er versucht auch manchmal zu „mogeln"; er zählt nämlich die Enden seiner Halme und zuweilen biegt er einen Halm so zusammen, daß beide Enden nebeneinander liegen; dann versucht er ihn für zwei gelten zu lassen, verbessert sich aber, wenn man ihn auf die Ungebührlichkeit aufmerksam macht. Das Heraussuchen der Halme und ihre Zusammenstellung mit Hilfe des Verwahrens im Munde ist ein ziemlich langwieriger Vorgang, und Romanes glaubt, daß die erwähnten Versuche, falsch zu zählen, darin ihre Erklärung finden; dem ungeduldig spiellustigen Tier geht, wenn es sich um mehr als sieben Strohhalme handelt, nicht die Fähigkeit, wohl aber die Geduld zum Zählen aus. Wenn es seine Halme zusammensucht, schaut es nicht auf den Wärter, sondern bloß auf das Stroh, sodaß man der Selbständigkeit seiner Operationen ganz sicher ist.

Derselbe Wärter hat einen Seehund seiner Menagerie angeblich bis fünf zählen gelehrt. Er wirft ihm Fische vor und befiehlt ihm, den zweiten, vierten usw. liegen zu lassen. Der Seehund führt das richtig aus, doch ist der Versuch unsicher. Möglicherweise merkt das Tier an unabsichtlichen kleinen Änderungen der Art zu werfen, welche Fische es nicht anrühren soll.

Bei Tieren, welche eine größere Zahl von Jungen zu verpflegen haben, ist a priori wahrscheinlich, daß sie dieselben zählen können. Brehm berichtet von einer

Maus, der man ihre sechs Jungen fortnahm und die, als man ihr die Kleinen einzeln wieder aushändigte, nach dem ersten noch fünfmal wiederkam, um die übrigen zu holen, dann aber ausblieb. Bei insektenfressenden Vögeln hat man mehrfach beobachtet, daß Vater und Mutter zusammen auf einmal so viele Räupchen ans Nest bringen, wie Junge vorhanden sind. Wer als Knabe eine Eiersammlung gehabt hat, der weiß, daß man aus einem Nest mit vier bis sechs Eiern wohl ein Ei fortnehmen darf, aber nicht zwei, wenn die Alten das Nest nicht verlassen sollen. Doch ist das letztere eine sehr unsichere Probe; erstens bilden zwei Eier schon eine ganz andere Figur als vier, sodaß sich der Raub auch ohne eigentliches Zählen würde merken lassen, zweitens kommt es bei der Sache nicht bloß darauf an, ob die Alten die Zahl ihrer Eier kennen, sondern auch darauf, ob sie sich durch den erkannten Verlust hinreichend bedroht fühlen, um ihren Wohnplatz aufzugeben.

Von dem alten Forscher Leroy rührt die Erzählung von einer Krähe her, die von einer Hütte aus geschossen werden sollte, die aber, wenn drei oder vier Mann in die Hütte gegangen waren, nicht eher herankam, als bis die drei oder vier sich sämtlich wieder entfernt hatten. Erst als fünf Mann in die Hütte gingen, ließ sie sich übertölpeln und kam, ehe der letzte das Versteck verlassen hatte. Sie hat also bis vier richtig gezählt.

Merkwürdige Zählfähigkeiten finden sich bei Bienen und Wespen. Viele von diesen Tieren sind grausame Räuber, die ihre Jungen bezw. das gelegte Ei mit Raupen, Spinnen usw. als Futter versorgen. Einige töten diese Raupen; sie sind dann genötigt, von Zeit zu Zeit frisches Futter zu bringen, weil die tote Raupe verfault. Andere töten sie nicht, sondern betäuben und lähmen ihre Opfer durch passend angebrachte Stiche. Die Raupen leben dann in einer Art von Lethargie weiter, bis die Reihe des Gefressenwerdens an sie kommt; dies hat für die Wespe den Vorteil, daß das Futter ihrer Jungen nicht verdirbt: sie kann also die zur Ernährung erforderliche Zahl von Raupen ein- für allemal neben dem Ei niederlegen und braucht sich später nicht mehr darum zu kümmern. Von den Raubbienen und Wespen, welche dieses Verfahren ausgebildet haben, deponieren einige eine einzige große Raupe neben ihrem Ei, andere aber nehmen mehrere kleine, und die letzteren zählen sehr genau. Ein Eumenes z. B. gibt dem Ei, aus welchem ein (kleineres) Männchen werden soll, regelmäßig fünf Räupchen mit, demjenigen aber, aus dem ein (größeres) Weibchen schlüpfen wird, zehn. Ein anderer liefert immer fünfzehn, noch ein anderer gar vierundzwanzig Raupen. Diese Wespen zählen also sehr genau und unter Umständen sehr weit; doch muß man billig in Frage stellen, ob dabei an wirkliches Zählen zu denken sei. Die ganze merkwürdige Art der Versorgung ist nicht derart, daß ein Tier sie rationell vom andern lernen könnte; denn die junge Wespe bekommt ja ihre Mutter nie zu sehen; es handelt sich dabei vielmehr um etwas Angeerbtes, Instinktmäßiges. Man wird sich zu denken haben, daß dem Tiere dabei ungefähr so zu Mut ist wie einem Menschen, der eine alte Melodie halb unbewußt vor sich hinsummt; der zählt auch nicht die Takte, und doch liefert er ihre richtige Anzahl. So kann dem Eumenes auch wohl das Raupenholen wie eine angeborene Melodie angezwungen sein; er weiß, wann sie zu Ende ist, ohne gerade Bewußtsein von der Zahl ihrer einzelnen Schritte zu haben.

12.

Ein verloren gegangenes Haustier.

August 1889.

Unsere Hauskatzen stammen bekanntlich aus Ägypten; wenigstens sind die Ägypter das erste Kulturvolk gewesen, welches die Katzen als Haustiere züchtete und sie den übrigen Völkern übermittelte. Schon um 2500 vor Christus erscheint das miauende Geschlecht auf Denkmälern des Pharaonenreichs, und schon um jene Zeit wird die religiöse Stellung, die „Heiligkeit" der Katzen ausgebildet gewesen sein. Das merkwürdige Volk vom Nil verstand es ja, wie außer ihm nur noch die Indier, das Nützliche zum Heiligen zu erheben und dann unter Umständen auch die Folgen der Heiligkeit soweit zu treiben, daß die Wohltat zur Plage wurde. Wer in Ägypten eine Katze, wenn auch unfreiwillig, tötete, wurde gelyncht, und wenn ein Ägypter eine Katzenleiche erblickte, so lief er weinend und zürnend zum Oberpriester, um ihm Meldung zu machen, worauf dann die Einwohner der Stadt in feierlichem Aufzuge antraten, um das verunglückte Vieh einzubalsamieren und zu bestatten.

Die große Verehrung, deren sich die Katzen am Nil erfreuten, läßt immerhin darauf schließen, daß ihre Einführung als eine erhebliche Wohltat empfunden wurde, mit andern Worten, daß die Ägypter vorher viel von Mäusen, eidechsen- und schlangenartigem Ungeziefer (denn auch gegen das letztere wurde die Katze gebraucht) gelitten haben. Dem entspricht, daß die Ägypter ihre heiligen Tiere sorgfältig für sich behielten; dieselben erscheinen erst spät bei benachbarten Völkern. Im alten Testament, wo so viel von allen möglichen Tieren die Rede ist, kommt wahrscheinlich keine Katze vor. Die Speisevorschriften bei Moses (drittes Buch, 11. Kapitel) zählen alle eßbaren und nicht eßbaren Tiere auf, aber die Katze ist nicht darunter; und sie würde doch sicherlich nicht gefehlt haben, wenn sie als Haustier eine Rolle gespielt hätte, zumal die Versuchung, Katzen zu verspeisen, dem Menschen gar nicht fernliegt, wie sich aus der näheren Besichtigung des einen oder andern modernen Hasenbratens ergibt. Freilich waren die Juden in Ägypten, ehe sie nach Palästina kamen, aber bei der gedrückten Stellung, aus der sie durch Moses befreit wurden, ist es nur wahrscheinlich, daß sie dort nicht in den Besitz der hochverehrten Tiere kamen. An andern Stellen der Bibel werden Tiere erwähnt, von denen man nicht recht weiß, was ihre Namen bedeuten; in dem Fluch z. B., den Jesaias über Babel spricht, heißt es (Jes., Kap. 13): „Die Araber sollen daselbst keine Hütten machen und die Hirten keine Hürden bauen; sondern Zihim werden sich da lagern und ihre Häuser voll Ohim sein und Strauße werden da wohnen, und Feldgeister werden da hüpfen.“ Ähnliche Namen kommen in ähnlichem Zusammenhang mehrmals in der Bibel vor; sie beziehen sich aber augenscheinlich auf Ungeziefer, dessen Anwesenheit dem Platz den Charakter der Verwilderung gibt, also nicht auf Katzen, die in der damaligen Zeit das Gegenteil bedeutet hätten. Daß die Katze späterhin bei den Semiten geschätzt wurde, beweisen u. a. die Erzählungen der Araber von der Katzenliebhaberei Mohammeds. Ein Rest der uralten Verehrung für die Katzen ist auch bei uns noch erhalten; er steckt in dem Aberglauben, der die Katze als Lieblingsgestalt hexender Weiber erscheinen läßt.

Wer hat nun aber die Mäusejagd für die Menschheit besorgt, als sie noch keine Katze hatte? Antwort: das Wieselchen. In den obenerwähnten mosaischen Speisevorschriften kommt das Wiesel als nicht eßbares Tier vor; im übrigen wird seiner in der Bibel nicht in dem Sinn Erwähnung getan, daß eine nähere Beziehung zum Menschen hervorgehoben würde. Aber die Talmudisten ergänzen diese Lücke; sie sprechen von Züchtung des Wiesels, „weil es dazu dient, das Haus zu reinigen"; Rabbi (im zweiten Jahrhundert) trug seiner Magd auf, ein gefundenes Wieselnest zu schonen; im dritten oder vierten Jahrhundert kommt das Wiesel noch neben der Katze vor; das Sprichwort sagt: „Wiesel und Katze leben in steter Feindschaft".

Bei den Griechen war das Wiesel beliebt und führte neben seinem eigentlichen Namen γαλῆ noch die kosende Bezeichnung νυμφίτα, Bräutchen, wie es denn auch bei den heutigen Italienern noch Donnola, Frauchen heißt. In der alten Homer-Parodie, dem Kampf der Mäuse und der Frösche, beklagen sich die Mäuse über das Wiesel als ihren grimmigsten Feind; in den Fabeln des Phädrus ruft ein vom Menschen gefangenes Wiesel: „O schone mein, daß ich dir dein Haus von Mäusen reinige"; auch Aristophanes hat eine Geschichte von Wiesel und Maus.

Wie zu erwarten, heften sich auch Mythen an das Tierchen, und zwar hauptsächlich solche, in denen seine

Gewandtheit hervorgehoben wird. Die Griechen erzählten: Als Herakles geboren werden sollte, verhinderten die Parzen die Geburt; aber das Weib Galinthias überlistete sie und machte, daß der Held zur Welt kam; zur Strafe wurde sie in ein Wiesel verwandelt. Da erscheint also schon die Entstehung des ersten Wiesels als Ergebnis einer Überlistung. Im Babrius kommt eine Fabel vor, wo ein Wiesel in eine schöne Frau verwandelt wird, sich aber bei der Hochzeit durch eifriges Haschen nach einer Maus verrät. Da spielt also das Wiesel eine ähnliche Rolle wie die Katze im deutschen Hexenglauben.

Ein sehr nahes Verhältnis zwischen Mensch und Wiesel, eine vollständige Zähmung des letztern, ist übrigens aus den angeführten Stellen nicht zu entnehmen. Man wird sich zu denken haben, daß das Wieselchen nur ein halbes Haustier war, daß man es als Mäusevertilger schätzte, seine Ansiedlung in Scheuer und Wohnung förderte, und daß es im übrigen sich selber überlassen wurde. Die Katze war dem Tierchen in mehreren Beziehungen überlegen, erstens durch ihre größere Stärke, dann durch ihre vollständigere Zähmung und durch die geringere Vielseitigkeit ihrer Raubsucht; wurde sie einigermaßen gut gehalten und beaufsichtigt, so beschränkte sie sich auf Mäuse und Ratten, während das Wieselchen sich nicht leicht abhalten ließ, auch Eier und junge Hühner zu stehlen. Doch hat das Wiesel auch einen Vorzug vor der Katze: sein geschmeidiger Leib kann den Nagern in ihre Höhle folgen und sein Blutdurst verbürgt die gründliche Ausrottung jedes Mäusenestes, in welches es einmal hineingelangt ist. Infolgedessen ist es neuerdings wieder zu Ehren gekommen; die englischen

Farmer begünstigen seine Ansiedlung in Scheunen und Ställen, die nicht zu nahe am Hühnerstall liegen, überhaupt an Plätzen, wo keine Schädigung des Federviehs von ihm zu erwarten ist. Auch für Deutschland dürfte sich dieses Verfahren empfehlen.

Es ist übrigens nicht schwer, jung gefangene Wieselchen vollständig zu zähmen. Ich selbst habe zwei Exemplare besessen, das eine nur kurze Zeit, das andere ein Vierteljahr lang. Beide waren liebenswürdige Tierchen, das zweite war so zahm, daß es sich in der Rocktasche spazierentragen ließ, draußen, wenn ich Halt machte, umherlief und auf einen Pfiff wieder zu mir kam. Anfangs war ihm der Mensch offenbar zu groß; es kannte meine Füße, kletterte auf die hingehaltene Hand, aber es konnte sich noch nicht dareinfinden, daß Füße, Hände und der ganze große Körper nur ein Individuum bildeten; wenn ich es mit der Hand in die Nähe meines Gesichtes brachte, erschrack es und fauchte mich an, als wäre mein Kopf ein besonderes Wesen, vor dem es sich fürchtete; nachher lernte es die Sachlage beurteilen und kletterte zutraulich an mir umher. Sein Lieblingsplatz war die vordere Öffnung des Rockärmels; dahinein setzte es sich und lugte klug in die Welt hinaus. Auf dem Rücken haben die Wiesel eine Drüse, welche einen moschusartigen, unangenehmen Riechstoff absondert. Von dieser Vorrichtung hat mein Tierchen nur einmal Gebrauch gemacht, und zwar in höchster Angst, als sich jemand auf es setzte; sonst war es geruchlos. Es fraß Eier und Fleisch jeder Art, beides auch gekocht, und entwickelte nach den Mahlzeiten starken Durst. Als ich zum erstenmal auf dieses Bedürfnis aufmerksam wurde, sprang es in seiner Gier direkt in die vorgehaltene

Wasserflasche, sodaß ich es vor dem Tode des Ertrinkens retten mußte. Die Zähmung war so leicht, daß ich mich ihrer Einzelheiten kaum erinnere; es fraß vom ersten Tage an aus der Hand, ließ sich ohne Schwierigkeiten einfangen, wenn es gefüttert werden sollte, und kam nach wenigen Tagen von selbst zu mir, um sich seine Nahrung geben zu lassen. Da ich von vornherein nicht die Absicht hatte, es lebenslänglich zu behalten, gab ich ihm mehr und mehr lebende Mäuse zu fressen und setzte es schließlich am Fuße einer Kornwieme aus. Es verschwand im Stroh, ich hörte sofort das Piepsen einer ergriffenen Maus, und das ist das letzte, was ich von ihm vernommen habe.

Ob es möglich sein würde, ein Wiesel so zu zähmen, daß es wie eine Hauskatze nach eigenem Gutdünken die Mäusejagd frei übt und doch immer wieder zum Herrn zurückkehrt, das ist eine Frage, die durch bloße Zähmungsversuche im Zimmer nicht entschieden werden kann. Wahrscheinlich wäre damit auch wenig gewonnen; aber als zufälliger Gehülfe des Menschen im Kampfe mit dem Ungeziefer mag es etwas mehr Beachtung verdienen, als ihm in der Gegenwart meistens zuteil wird.

13.

Die Intelligenz der Ameisen.

Juni 1880.

Seit die alten Naturforscher Swammerdam, Huber u. a. die Aufmerksamkeit auf das wunderbare Staatenleben der Ameisen gerichtet haben, hat man sich mit Vorliebe von ihrem Treiben, ihren Kriegen, ihren Gästen erzählt, aber erst in neuerer Zeit hat namentlich Sir John Lubbock sich damit befaßt, durch rationelle Versuche die Art ihrer Intelligenz näher kennen zu lernen. Wir entnehmen das Folgende zum großen Teil seinen „Scientific lectures“, einem Buche, welches wir hiermit auch dem deutschen Publikum bestens empfehlen.

Alles Denken wird erst durch Erfahrungen geweckt und alle Erfahrung beruht auf sinnlicher Wahrnehmung. Die erste Frage ist also die, wie die Sinnesorgane der Ameisen beschaffen sind. Daß sie Tastsinn besitzen, ist selbstverständlich, denn ohne den wäre ja kein zweckmäßiges Anfassen möglich; wo tierisches Leben ist, da ist auch Empfindlichkeit für Schmerz vorhanden, und die Ameisen zeigen, wie andere Wesen, durch verständliche Gebärden an, daß sie die Pein einer Wunde fühlen. Geschmack werden sie auch haben, darauf deutet ihre Vorliebe für süße Nahrungsmittel. Ihr Geruch ist vortrefflich; nähert man einer hin- und herlaufenden Ameise ein Pinselchen mit einer riechenden Substanz, so stutzt sie sofort. Mit fast allen Insekten teilen sie die Abneigung gegen ätherische Gerüche; sie fliehen vor solchen, wie übrigens auch manche Säugetiere, z. B. Hunde. Mit den Menschen haben sie manche Antipathien gemein: setzt man eine Wanze in einen Ameisenhaufen, so machen sich, wie immer, wenn sie etwas Fremdes wittern, ein halbes Dutzend der Tierchen heran, um den Eindringling anzugreifen; aber wenn sie bei ihm angekommen sind, machen sie plötzlich Kehrt und laufen mit allen Zeichen der Bestürzung von dannen. Wir haben eine Baumwanze quer über einen großen Ameisenhaufen marschieren lassen und sie unbeschädigt an der Grenze anlangen sehen, während die gegen sie ausgesandte Heeresmacht in Scharen zum Rückzuge gezwungen wurde — Gestank ist zuweilen eine vorzügliche Waffe, vergleiche manche Kaplansblätter.

Mit dem Gehörorgan der Ameise scheint es dagegen schlecht bestellt, soweit Töne, welche von Menschen vernommen werden können, in Betracht kommen. Einerseits kann man auch durch den lautesten und schrillsten Lärm keine Ameise zu irgend einer Äußerung des Anteils oder der Furcht bewegen; anderteils kann der Mensch mit dem Mikrophon keine anderen Laute, die sie hervorbringen, erkennen, als den Klang ihrer Schritte. Doch ist aus alledem noch nicht zu schließen, daß sie absolut taub sind: es kann ganz wohl sein, daß sie auf Töne eingerichtet sind, die jenseits der Höhe liegen, in welcher das menschliche Ohr noch etwas unterscheidet. Man hat an den Fühlern einiger Arten Organe erkannt, die sich als Hörrohre deuten lassen, und andererseits besitzen sie an den Bauchringen Rauhigkeiten, die, aneinander gerieben, einen Ton hervorbringen können, ähnlich wie ihn soviele knirschende und zirpsende Käfer hören lassen, nur höher. Es mag also der Fall sein, daß sie ihre eigene, uns unzugängliche Musik besitzen.

Augen haben sie, und zwar, wie alle Insekten, solche, die aus Facetten, bis zu mehr als 1000, zusammengesetzt sind. Gut ist aber der Gesichtssinn der Ameisen nicht, und sie benutzen ihn wenig oder gar nicht, um sich zu orientieren. Lubbock pflanzte auf einem Brett einen Bleistift auf und setzte an dessen Fuß oder auf seine Spitze ein Gefäß mit Honig. Dann nahm er Ameisen aus einem benachbarten Nest und setzte sie an den Vorrat. Sie taten, was sie bei solchen Gelegenheiten immer tun, fraßen, trugen eine Ladung Futter nach Hause, kamen wieder, holten neues und kannten in kurzer Zeit den Weg, sodaß sie in gerader Linie von ihrer Wohnung nach dem Bleistift hin- und zurückliefen. Dann wurde der Stift mit dem Honig sechs Zoll weit abgerückt; die Ameisen gingen an die alte Stelle, suchten, liefen herum, waren augenscheinlich völlig verwirrt, kehrten auf ihrem Wege um, kamen aufs neue wieder und fanden den Stift erst nach langem Umhertappen. Auf menschliche Größenverhältnisse übertragen, ist dieses Verhalten ähnlich, als ob ein Mann einen Kirchturm von 250 Fuß Höhe nicht wiederfinden könnte, wenn man denselben hundert Schritt weit aus dem Wege rückte.

Ein anderes Mal stellte ihnen Lubbock Futter an das Ende eines Brettes und bezeichnete den Weg dahin durch Holzstäbe und einen kleinen Tunnel von Papier. Nachdem die Ameisen den Weg kennen gelernt, liefen sie in gerader Linie durch den Tunnel und die Allee von Hölzern. Nun aber wurde das Futter beiseite geschoben und der Tunnel mit den Hölzern entsprechend schräg über das Brett geführt, sodaß die Allee nach wie vor in gerader Linie zu dem Futter leitete. Keine einzige Ameise folgte der neuen Stellung des Weges; sie liefen alle der früheren Spur nach und waren verwirrt, als sie, am Rande des Brettes angelangt, das Futter nicht mehr vorfanden. Alles dies zeigt mit Sicherheit, daß die Ameisen sich ihre Wege nicht vermittelst des Gesichtssinnes merken, sondern daß sie dem Geruch ihrer Spur nachgehen.

Bis zu einer sehr auffallenden Sicherheit der Wahrnehmung bringen sie es in der Erkenntnis ihrer Staatsangehörigen. Bekanntlich ist bei den Ameisen der Lokalpatriotismus sehr entwickelt. Angehörige verschiedener Nester leben fast immer in tödlicher Feindschaft miteinander, und wenn eine Ameise sich in ein fremdes Nest, auch ihrer eigenen Art, wagt, so wird sie umgebracht. Schon Huber erzählt, daß einzelne Ameisen nach vier Monate langer Trennung von ihren Angehörigen wiedererkannt worden seien. Lubbock hat die Sache weiter untersucht und gefunden, daß das Unterscheidungsvermögen der Tierchen noch viel weiter geht. Trennt man einzelne Ameisen von einem Nest ab und setzt sie nach vier bis acht Monaten wieder hinein, so sind sie unter ihren Angehörigen sofort zu Hause, werden geputzt, arbeiten mit usw.; eine gleichzeitig eingesetzte Ameise derselben Art aber aus einem andern Nest wird sofort angegriffen. Hatte die Abwesenheit fünfviertel Jahre gedauert, so schienen einzelne der Angehörigen im Zweifel über die Nationalität der Ankömmlinge zu sein, und diese wurden hier und da angefaßt; aber die Lokalpolizei erkannte ihren Irrtum alsbald, ließ sie mit Ehren frei und leckte ihnen die Farbe ab, mit welcher der Experimentator sie angestrichen hatte, um sie kenntlich zu machen. Fremde Exemplare wurden zu gleicher Zeit so schlecht wie jemals behandelt, an den Beinen gezerrt und gebissen; sie zeigen auch durch ihr unruhiges Umherlaufen, daß sie sich in Gefahr wissen, und entwischen ins Freie, sobald sie können.

Worauf beruht nun eine so genaue und so nachhaltige Unterscheidung? Daß die oft nach Millionen zählenden Ameisen eines Nestes sich alle gegenseitig persönlich kennen sollten, ist nicht zu glauben, zumal bei ihren schlechten Augen. Daß der besondere Geruch einer Kolonie an ihren entfernten Angehörigen jahrelang haften soll, ist auch nicht eben wahrscheinlich. Man hat gedacht, sie besäßen vielleicht ein Feldgeschrei oder ein dem entsprechendes, von einer Kolonie zur andern veränderliches Kennzeichen. Lubbock hat darüber Versuche angestellt, und zwar in folgender Weise: er nimmt Puppen aus einem Nest A und gibt sie zur Wartung an abgesonderte Arbeiter, die aus einem andern Nest B stammen. Die jungen Ameisen von A erblicken also das Licht der Welt unter der Leitung der B-Ammen, und wenn ein Feldgeschrei existiert, so können sie es nur von den B lernen. Sie müßten also, wenn man sie nachher in die Nester bringt, bei den B freundlich aufgenommen und bei den A als Fremde behandelt werden. Es ist aber das Gegenteil der Fall: bei den B werden sie angegriffen und bei den A in 90 pCt. der Fälle als Brüder des Hauses anerkannt. Die Kennzeichen der Staatsangehörigkeit sind also nicht willkürlich festgesetzt und durch Unterricht fortgepflanzt, sondern sie sind schon in den unreifen Stadien der Tiere vorhanden und werden auch nach der Metamorphose noch wiedergefunden. Das ist um so merkwürdiger, als die Ameisen Puppen aus feindlichen Nestern ganz gern annehmen und deren junge Insassen, wenn man sie ihnen läßt, zu Bürgern ihres eigenen Nestes erziehen. Vorläufig muß hiernach die Frage, wie die Tierchen ihre Freunde erkennen, unentschieden gelassen werden; man kann an einen uns fremden Sinn oder auch an eine uns fremde Schärfe der Geruchsorgane denken.

Nach den Mitteln der Erkenntnis kommen die Fähigkeiten der Mitteilung in Betracht. Man denke sich in die Verhältnisse einer Ameise — die übrigens in dem Punkt von denen eines primitiven Menschen nicht weit abweichen. Was kann sie mitteilen? Anwesenheit von Futter, von Feinden, Gesuche um Hülfe, Winke für Kooperation beim Transportieren von Werkstücken oder beim Bauen; also meist Dinge, bei denen es auf die Anwesenheit anderer Individuen an einem bestimmten Orte ankommt. Manchmal sieht es aus, als ob sie auch förmliche Urteile abgäben; wenn man z. B. sieht, wie ein fleißiger Kerl mit einem schweren Balken in das Nest kriecht und eine Minute später mit demselben Balken wieder hervorkommt und ihn mühsam bei Seite trägt, dann wird man unwillkürlich an eine Kommission erinnert, welche die Leistungen der Arbeiter begutachtet und die unbrauchbaren wieder an die Luft schiebt. Doch mag solches Gebahren auch in Schwierigkeiten der Passage begründet sein, die dem einzelnen Arbeiter erst nachträglich einleuchten. In der Regel wird es sich um die Frage handeln: besitzt eine Ameise die Mittel, andere darauf aufmersam zu machen, daß sie mit ihr gehen sollen, und besitzt sie auch die Fähigkeit, ihre Freunde durch bloße Beschreibung auf den richtigen Weg zu bringen? Das erstere ist bestimmt der Fall, das letztere bei den untersuchten Arten nicht. Es ist sehr leicht zu beobachten, daß eine Ameise, der man etwas Größeres zu tun gibt, andere Kameraden herbeiholt. Handelt es es sich um Futter, so trifft man wohl auf Egoisten, welche die gefundenen Schätze längere Zeit für sich allein ausbeuten; aber z. B. wenn man ihnen ihre eigenen Jungen, also Larven oder Puppen in hinreichender Zahl bietet, so holen sie stets Hülfe, und zwar mit richtiger Abschätzung der erforderlichen Arbeiterzahl. Lubbock stellte zwei Gläser nebeneinander; in das eine warf er mehrere hundert Ameisenlarven, in das andere zwei bis drei, und die letzteren erneuerte er, sowie sie fortgetragen wurden. Dann wurde in jedes Glas eine Ameise gesetzt; beide machten sich eifrig daran, die Larven heimzutragen. Die Ameise, der man nur zwei Larven auf einmal anbot, lief zwanzigmal in der Stunde vom Glas zum Neste hin und her und brachte in der ganzen Zeit nur eine Freundin mit; die andere, welche das volle Glas vor sich hatte, brachte deren 20 mit, wobei sie 22mal hin und her lief. Dann wurden die Gläser vertauscht, sodaß die Ameise, welche früher die wenigen Larven sah, nunmehr die vielen bekam. Jetzt brachte die letztere 13 Gehülfen mit und die erstere nur einen.

Das absichtliche Herbeirufen der Genossen wird durch solche Ergebnisse außer Zweifel gestellt. Setzt man aber eine einzelne Ameise an die Arbeit, Puppen heimzutragen, wartet, bis sie mit Gehülfen aus dem Nest zurückkommt, hebt sie auf und transportiert sie mit einem Sprung an die Puppen, so stehen die zurückgelassenen Gehülfen ratlos da, laufen durcheinander und wissen den Weg nicht zu finden, auch wenn die Ameise nachher mit einer neuen Ladung heimkommt. Es scheint also nicht, daß die besagte Nr. 1 die Fähigkeit besitzt, ihren Freunden die Richtung zu zeigen, ohne daß sie selber mitzieht. Dem entspricht auch eine andere Beobachtung von Lubbock. Setzt man mehrere Exemplare der rötlichen Formica fusca in eine Kiste und weist einer von ihnen in einer Ecke einen geeigneten Platz zum Unterkriechen an, so geht sie hin, hebt eine erste Freundin vom Boden und trägt sie in die geschützte Ecke; die zweite kugelt sich zusammen und läßt sich das gefallen; dann kehren sie beide um, holen zwei andere usw., und so sammeln sie allmählich „huckepack" die ganze Gesellschaft dort an, wo sie sich niederlassen soll. Sie würden gewiß weniger demonstrativ verfahren, wenn sie ihren Genossen durch Beschreibung klarmachen könnten, was sie wollen. Doch verdient der Gegenstand noch weiter verfolgt zu werden; auf den Ameisenstraßen, die überall in Wald und Wiese von Haufen zu Bäumen und dergleichen führen, sieht man häufig die Tiere längere Unterhaltungen miteinander führen, indem sie einander mit den Fühlhörnern Zeichen geben, die doch augenscheinlich einen Sinn haben, wenn wir ihn auch noch nicht ergründen können.

Es fragt sich nun, wie die Ameisen ihre Wahrnehmungen und Mitteilungen zu verwerten wissen, und zwar zunächst, wie das einzelne Tier sich anstellt, wenn ihm eine einfache Aufgabe vorliegt. Bei dem Leben, welches sie führen, beziehen sich solche Aufgaben in der Regel wieder auf die schon früher genannten Vorkommnisse: Transporte, Abwehr, Hülfeleistungen. Beim Transport schwerer oder unbequem geformter Körper weiß sich die einzelne Ameise in der Regel recht geschickt zu benehmen, geht größeren Hindernissen aus dem Wege, beseitigt die Wirkung von Widerhaken durch Zug in passender Richtung, zieht einen Halm rückwärts in ihr Loch, wenn sie ihn vorwärtskriechend nicht lenken kann usw.; kurz, mit den Wirkungen der Schwere und der Festigkeit weiß sie zweckmäßig umzugehen. Dagegen scheint es nicht, daß sie die Fähigkeit besitzt, örtliche Verhältnisse auf Grund zweckmäßiger Überlegung abzuändern. Es liegt allerdings ein zuverlässiger Bericht von Gredler in Bozen vor, wonach ein Dutzend Ameisen ihren unten harrenden Kameraden Zucker aus einer Schale herabwarfen, den diese dann forttrugen. Aber der Fall steht ziemlich vereinzelt da, und Lubbocks Versuche sprechen wenigstens nicht für ausgedehnte Fähigkeit, sich zu helfen. Er bemerkte folgendes: Schneidet man einer Ameise den Weg durch ein fingerbreites Wasserbächlein ab und legt ihr eine Brücke von Papier hin, die sie mit leichter Mühe hinüberlegen könnte, so bleibt sie ratlos vor dem Hindernis stehen, und kommt, auch wenn sie noch so eifrig ist, nicht auf den Gedanken, die Brücke zu errichten. Auch wenn man ihr zeigt, wie es gemacht wird, wenn man sie über die Brücke gehen läßt und dann den Steg durch eine ganz kleine Verschiebung unpassierbar macht, kann sie das Hindernis nicht überwältigen. Ebensowenig fällt es ihr ein, den Bach mit Erdkörnern und Strohfaschinen zu überbrücken, wenn sie solche bei der Hand hat, obgleich die Tiere sonst geschickt zu bauen wissen. Setzt man Ameisenfutter auf ein Brettchen dicht über ein Nest und läßt die Tiere auf einem Umweg an das Futter gelangen, so machen sie stets getreulich den Umweg und kommen nicht auf den Gedanken, das Futter direkt herabzunehmen oder selbst hinabzuspringen, auch wenn die Höhe des Brettchens so gering ist, daß sie ihren Kameraden unten im Nest beinahe auf den Rücken treten.

Dies Verhalten sieht allerdings nicht intelligent aus. Um es aber richtig zu würdigen, muß man an die oben erwähnte Art der Ameisen, ihren Weg zu finden, zurückdenken. Ein Tier, welches immer nur der Spur nachläuft und sich für die Orientierung nicht auf seine Augen verlassen kann, wird nie eine richtige Vorstellung von den räumlichen Verhältnissen zwischen zwei durch keinen direkten Zugang verbundenen Punkten seines Weges erhalten. Es verhält sich ähnlich, wie ein blinder Mann, den man auf einem weiten Umweg auf das Dach seines eigenen Hauses führt. Der wird auch nicht ohne weiteres wissen, daß er nur die Treppe hinabzusteigen braucht, um seine Wohnung zu finden, sondern, wenn man ihn sich selbst überläßt, wird er versuchen, für den Rückweg dieselben Treppen und Gänge zu benutzen, die ihm gedient haben, um auf das Dach zu kommen. Wird er aber etwa zufällig von einem Insassen eines eigenen Hauses bemerkt und angerufen, dann wird ihm seine Lage klar und er wird sich des näheren Weges bedienen. Ein solcher Fall scheint bei den auf der vorigen Seite erwähnten Beobachtungen von Gredler vorgekommen zu sein. Bestände die ganze Menschheit aus blinden Leuten, so würde auch sie wohl noch nicht bis zum Brückenbau gelangt sein; es ist wahrscheinlicher, daß sie, gewarnt durch zahlreiche Fälle des Ertrinkens, die Tradition ausgebildet haben würde, am Rande eines Wassers sei unbedingt Halt zu machen.

Um ein näheres Urteil über die Fähigkeit zum Überlegen, welche unsere Tierchen etwa besitzen, zu gewinnen, müßte man ihnen andere, ihren Mitteln angemessenere Aufgaben vorlegen, die aber schwer zu finden sind.

Was aber die Abwehr angeht, so erstreckt sich die zunächst auf Schmutz; sie reinigen einander durch Ablecken. Von Ungeziefer wissen sie sich nicht immer freizuhalten: einige haben große Milben, die ihnen vermutlich sehr peinlich sind, können sich deren aber nicht entledigen, und auch die Kameraden wissen ihnen nicht zu helfen. Eine kleine Ameise, Solenopsis fugax, lebt in den Nestern der größern Arten und frißt ihnen die Larven auf. Die Räuber bauen kleine Galerien, in welche ihre größern Gattungsgenossen nicht eindringen können, so daß diese ihnen wenig anhaben und sichs gefallen lassen müssen, wenn ihre Kinder von den widerwärtigen Zwergen erwürgt werden. Mit größern zufälligen Eindringlingen werden sie meistens sehr prompt fertig. Die kleinste Ameise wirft den dicksten Mistkäfer in wenigen Sekunden vor die Tür. Sie klettert ihm auf den Rücken, von da auf den Kopf und beißt ihn in die Fühlhörner, eine Prozedur, die ihm so wenig behaglich ist, daß er schleunigst auf den Rückzug denkt und sich meist in hülflosem Schreck in die Erde vergräbt. Wie es einem unglücklichen Frosch oder andern weichhäutigen Tieren ergeht, die in einen Ameisenhaufen geraten, das weiß wohl jeder aus eigener Beobachtung.

Abwehr und Hülfeleistung sind übrigens nicht bloß Sache der Intelligenz, sondern auch des Charakters und der Verantwortlichkeit gegen die Gesellschaft. In dem Sinne ist die Frage besonders interessant, wie weit und in welchen Fällen die eine Ameise der andern, befreundeten, beisteht. Wenn sie sich untereinander schlagen, ist das nach der Art verschieden. Lubbock hat zunächst Fälle beobachtet, bei denen die Taktik nicht in Betracht kam. Der eine war zufällig: in einem seiner Nester lebte eine bräunliche Ameise, die ohne Fühlhörner auf die Welt gekommen war. Das hülflose Tier — die Fühlhörner sind die Nasen, also das wichtigste Sinnesorgan — wurde von seinen Kameraden gepflegt und verließ das Nest für gewöhnlich nicht. Eines Tages aber war sie hinausgegangen, tappte ohne Direktion umher und geriet auf einige gelbe Ameisen, welche sie sofort angriffen. Lubbock trennte die Streiter, aber die braune Ameise lag schwer verwundet am Boden. Nach einiger Zeit kam eine andere braune Ameise herzu, prüfte die Leidende sorgfältig, hob sie „zärtlich" auf und trug sie vorsichtig ins Nest.

In anderen Fällen helfen sie einander auffallend wenig. Wenn eine sich mit einer fremden Ameise beißt, kümmern sich die andern meist nicht darum, so lange keine regelmäßige Schlacht stattfindet, und wenn sie helfen, so sieht es aus, als ob ihr Einschreiten mehr den direkten Angriff gegen den Feind, als die Abwehr für den Freund zum Zweck hätte. Ebenso lassen sie ihre Kameraden meist ohne Hülfe weiterzappeln, wenn diese in einen klebrigen Stoff geraten sind.

Lubbock ertränkte eine schwarze Ameise im Wasser und legte sie, fast tot und bewegungslos, auf den Weg von andern Ameisen ihres Nestes. Sie lag eine Stunde da, ehe sie sich erholte, und von ihren zahlreichen vorbeipassierenden Freunden nahm während der ganzen Zeit kein einziger Notiz von ihr. Ebensowenig versuchten sie, eine eingegrabene oder in Flor eingesperrte Ameise zu befreien. Wurde aber eine feindliche Ameise hinter eine Florwand gesperrt, so sammelte sich das Volk um sie und versuchte stundenlang, ihr durch die Maschen des Gewebes hindurch die Beine auszureißen, ein Zeichen, daß sie die Anwesenheit der Tiere wohl erkannten.

Interessanter waren die Ergebnisse eines andern Versuchs: Lubbock nahm fünf kleine gelbe Wiesenameisen aus einem Nest A und fünf andere aus einem feindlichen Nest B, chloroformierte sie sämtlich und legte sie auf den Weg der Ameisen von A. Eine Stunde lang kamen viele der letzteren herzu, betasteten die toten Körper und ließen sie liegen. Endlich wurde eine der fünf Ameisen B gefaßt und — ins nächste Wasser geworfen. Bald darauf passierte einer der fünf A dasselbe, und binnen kurzer Zeit lagen sie alle zehn im Wasser. Wiederholung des Versuchs mit 50 Exemplaren lieferte dasselbe Ergebnis. Eine chloroformierte Ameise erholt sich nicht, die Tierchen haben also ihre nicht wieder erwachenden Kollegen mit einigem Recht als Leichname aus der Welt geschafft. Um sie auf eine härtere Probe zu stellen, machte Lubbock ihrer 60 betrunken, 30 von A und 30 von B. Es war, wie er sagt, nicht leicht, den Tieren das Laster anzugewöhnen, aber es gelang ihm doch, sie alle 60 so anzuheitern, daß sie hülflos auf dem Rücken lagen. Der Zustand schien ihren nüchternen Kollegen von A sehr bedenklich; sie hoben sie auf, trugen sie erst zwecklos umher, und wußten augenscheinlich nicht, was sie mit ihnen anfangen sollten. Schließlich aber trugen sie von ihren 30 Freunden 20 in das Nest; die kamen nicht wieder zum Vorschein und werden ihren Rausch im Innern ausgeschlafen haben; fünf dagegen wurden ins Wasser geworfen. Von den fremden aber wurden 24 sofort ins Wasser geschleppt, sechs erst in das Nest getragen; dann aber wurden vier wieder hinaus und ins Wasser befördert, bei den andern konnte der Erfolg nicht sicher beobachtet werden.

Hier sehen wir also augenscheinlich die nüchternen Ameisen zwischen bloßer Betrunkenheit und dauernder Vergiftung in der weit überwiegenden Zahl der Fälle richtig unterscheiden; wenn die Betrunkenen vielleicht noch patriotische Reden in der Ameisensprache geführt haben, so mag das die Erkennung erleichtert haben; ferner findet sich, daß der Unterschied zwischen Freund und Feind auch unter den vorliegenden Umständen auffällig gehandhabt wird.

Die vernünftige Hülfe, welche die Tierchen in einem so schwierigen, ihrer Erfahrung ganz fern liegendem Falle leisten, steht in einem gewissen Widerspruch mit ihrer Teilnahmlosigkeit in den früher berührten Fällen. Der Widerspruch ist aber vielleicht nur scheinbar: der Fall, daß ein Freund hinter mechanischen Hindernissen gefangen sitzt, mag ganz wohl außerhalb des Vorstellungskreises einer Ameise liegen, weil er in der freien Natur bei einem spurverfolgenden Tier höchst selten vorkommen wird, und wenn er einmal vorkommt, auch meist den unabwendbaren Tod im Gefolge hat. Ebenso mag im Moralkodex der Ameisen der Satz stehen: „man soll nie einen Freund aus dem Leim zu ziehen versuchen, denn man kann ihm nicht helfen und bleibt selber stecken". Wer sich das begründen will, der setze eine Ameise in Verhältnisse, wo sie in der freien Natur stecken bleibt, z. B. auf Blätter von Milchsaftflanzen, wie Chelidonium und gemeiner Salat. Der scharfe Fuß des Tierchens kratzt die Haut der Pflanze an, der Milchsaft dringt hervor, und umfaßt das Bein. Es klebt an; die Ameise sucht sich zu retten, indem sie sich auf andere Füße stützt, die dringen erst recht ein und werden angeklebt, sie wird wütend, zieht die Füße durch den Mund, beißt in die Pflanze, klebt sich auch die Freßwerkzeuge zu und geht, immer tiefer in die schmierige Milch verwickelt, elend zugrunde. Wer die Prozedur einmal angesehen hat, wird sich sagen, daß Hülfe von Artgenossen dabei vollkommen unmöglich wäre; sie würden alle stecken bleiben; es liegt also im Interesse der Gemeinschaft, keine Hülfeleistung zu versuchen. Ähnliches mag beim Streit der Fall sein; der Ameisenstaat legt mehr Wert auf Abwehr seiner Feinde als auf Erhaltung seiner Individuen; er verlangt von jedem Einzeltier, daß es sich bei der Verteidigung des Nestes rücksichtslos aufopfere; dem entsprechend nimmt auch jede einzelne Ameise wenig Notiz davon, wenn ein Freund in die Lage kommt, sich zerreißen lassen zu müssen.

Größere Kämpfe zwischen Ameisen sind bekanntlich nicht selten; solche finden teils unter Genossen derselben Art aus verschiedenen Nestern, teils aber und hauptsächlich unter Ameisen verschiedener Art statt. Daß irgend zwei verschiedene Ameisen einander, wo sie sich begegnen, als Feinde behandeln, ist die Regel; bei außerordentlichen Gelegenheiten werden förmliche Heereszüge organisiert. Zweck derselben ist fast immer, den Gegnern Puppen und Larven zu rauben; diese dienen dem Sieger teils als Futter, teils werden sie zu Sklaven erzogen. Wie sich von selbst versteht, zeigen die verschiedenen Arten verschiedenen Charakter: Formica fusca, die meist als Sklavin dienende, ist furchsam, Formica rufa, die große Pferdeameise, zeichnet sich durch Mangel an persönlicher Initiative aus und rückt immer nur in geschlossenen Truppenmassen vor; die sklavenhaltende Ameise Polyergus rufescens ist die tapferste von allen, sie weicht vor keiner Übermacht zurück, springt hin und her, um sich zu schützen, faßt mit ihren starken Kiefern jeden einzelnen Angreifer und zerquetscht ihm den Kopf; Myrmeca scabrinodes ist eine gemeine, feige Natur, welche die Schlachtfelder anderer Arten absucht und die Toten verzehrt; einige Arten sind so rachsüchtig, daß sie ihre toten Feinde noch beißen, andere tun das nie. Ihre Hauptwaffe ist das Gebiß; die mit Stachel versehenen benutzen diesen gegen weichhäutige Arten; einige tropische sind so giftig, daß sie den Gegner kampfunfähig machen, indem sie ihm bloß ihr Gift auf die Haut spritzen, worauf er mit allen Zeichen des heftigsten Schmerzes liegen bleibt. Die kleinen schlagen sich meistens in Gemeinschaft. Wenn unsere kleinen Wiesenameisen, Formica exsecta, mit größeren Arten zusammentreffen, so rotten sich je vier bis fünf der kleinen zusammen und zerren eine große an den Beinen nach allen Richtungen, so daß sie stillhalten muß; eine sechste klettert dem Feind auf den Rücken und sägt ihm mit den Zähnen den Kopf ab. Viele kleine beißen ihrem Gegner die Beine ab; die großen ergreifen ihn meistens als Ganzes. Einzelne harthäutige Arten verteidigen sich gar nicht, sondern rollen sich auf und stellen sich tot. Damit man ihnen die Puppen nicht stehle, machen sie die Eingänge zu ihren Wohnungen sehr klein; neben jeder Tür steht eine Schildwache, und wenn ein Feind herankommt, verschließt diese das Loch, indem sie ihren harten Kopf hineinsteckt.

Mit Erwähnung dieser Arteigentümlichkeiten begeben wir uns schon auf das Gebiet des Besitzes an Kenntnissen und Fertigkeiten, welche nicht sowohl dem einzelnen Individuum als seinem ganzen Staate eigentümlich sind. Jede staatlich geordnete Gesellschaft, sei sie menschlich oder tierisch, besitzt einen gewissen Vorrat solcher Kenntnisse und Fähigkeiten, deren Summe seine Zivilisation ausmacht. Die Stufen dieser Zivilisation bei den Ameisen entsprechen den menschlichen mit einer fast lächerlichen Treue. Wir haben jagende, herdenbesitzende und ackerbauende Ameisenvölker, daneben auf den niederen Kulturstufen eine bedeutende Ausbildung der Sklaverei.

Die jagenden Ameisen leben von Fleischteilen (Insekten) und süßen Säften, wo sie solche finden; ferner stehlen sie andern die Jungen, um sie zu verzehren. Fortgeschrittenere steigen auf die Pflanzen, um nach Blattläusen zu suchen. Wenn sie deren finden, so klopfen sie dieselben leicht mit den Fühlhörnern, worauf die Blattläuse einen Tropfen süßen Saftes von sich geben, den die Ameise verzehrt. Man kann bemerken, daß eine eben „gemolkene" Blattlaus von allen vorbeikommenden Ameisen in Ruhe gelassen wird.

Intelligentere Ameisenarten begnügen sich nicht damit, die Blattläuse gelegentlich zu melken, sondern sie schützen dieselben auch gegen ihre Feinde. Dies hat sich bei manchen Arten bis zu einem förmlichen Haustierbesitz entwickelt. Die kleine gelbe Wiesenameise z. B. lebt hauptsächlich von dem Honig der Blattläuse, welche Graswurzeln ansaugen. Sie legen sich ganze Herden von solchen Tierchen an und tragen nicht bloß die erwachsenen Blattläuse in ihr Nest, sondern auch deren Eier, füttern, bewachen und warten sie nach Bedürfnis, sodaß das Verhältnis von Herren zu Haustieren vollständig hergestellt ist. Außer Blattläusen findet man in den Ameisennestern noch eine große Zahl von anderen

Tieren, namentlich kleine blinde Käfer, die von den Hausherren sorgfältig gepflegt werden; von einigen glaubt man, daß sie, wie jene, süßen Saft liefern, von andern Arten, daß sie sich als Schmutzverzehrer nützlich machen. In den Häusern der großen Formica rufa und verwandter Arten lebt eine viel kleinere Art, Stenamma genannt, die zu den Hausherren im freundschaftlichsten Verhältnis steht. Wenn die großen auswandern, folgen ihnen die kleinen, drängen sich an sie heran, reiten sogar auf ihnen und die großen lassen sich das gefallen. Man glaubt, daß die kleinen als Hauskatzen zur Vertilgung des Ungeziefers dienen.

Die nordeuropäischen Ameisen verschlafen den Winter, kommen also nicht in die Lage, größere Vorräte anlegen zu müssen. Im Süden dagegen hat sich das Bedürfnis nach Vorsorge für die trockene Jahreszeit herausgestellt, und daraus hat sich bei manchen Ameisenvölkern ein mehr oder weniger weitgehender Ackerbau entwickelt. Die einen sammeln Körnervorräte aus der Umgebung ihres Nestes, überlassen aber die Produktion derselben dem Zufall; sie stehen also auf der Stufe von Wilden. Andere haben es viel weiter gebracht: in Texas lebt die „reisbauende Ameise", Pogonomyrmex barbatus, die, gleich der kaukasischen Rasse, mit einem erheblichen Bartwuchs ausgestattet ist. Diese Tiere reinigen den Umkreis ihres Nestes bis auf 5 oder 6 Fuß Halbmesser vollständig von wilden Pflanzen, was in dem warmen Klima und bei der Fruchtbarkeit des Bodens eine nicht geringe Arbeit ist. Auf dem so hergestellten Boden lassen sie nur zwei Pflanzenarten wachsen, ein Gras und ein Gewächs, welches ihnen zu Ehren Ameisenreis genannt wird. Die Körner der beiden Pflanzen heimsen sie sorgfältig ein.

Der erste Berichterstatter, der sie beobachtete, Lincecum, behauptet, daß sie ihr Getreide in aller Form säen; doch mag es auch in dem reichen Klima genügen, wenn sie die Aussaat dem Zufall überlassen und nur beim Jäten die richtigen Halme stehen lassen. Daß sie regelmäßige Ernten halten, ist verbürgt.

Sehen wir sonach die drei Hauptkulturstufen der Menschheit an den Ameisenstaaten in putziger Verkleinerung wiedergespiegelt, so fehlt es auch nicht an den entsprechenden Auswüchsen: Räuberei und Sklaverei. Das Analogon zum Humanismus, der Begriff des „allgemeinen Ameisentums" hat sich bei unsern Helden noch nicht entwickelt, wie er übrigens auch bei der Menschheit noch keineswegs zum Durchbruch gekommen ist. Unter Artgenossen führen sie Reunionskriege, und von Rasse zu Rasse vernichten sie einander ganz wie Europäer und Papuas, wenn auch vielleicht nicht wie die Engländer mit Hülfe von Missionaren.

Sie stehlen einander Junge und Haustiere. Dabei zeigen selbst verschiedene Kolonien derselben Art schon Verschiedenheiten der Intelligenz: die einen wissen mit den erbeuteten Herden nichts besseres anzufangen, als sie aufzufressen; die andern schleppen dieselben nach Hause und sperren sie in ihren eigenen Stall. Auch die Jungen, namentlich die Puppen besiegter Gegner werden von manchen Arten bloß verzehrt, von anderen nach Hause geschleppt. Hier mögen sie teils als Futter dienen, teils aber überleben und als Arbeiter mitwirken. Aus der Verwendung solcher unfreiwilligen Arbeiter mag sich mit der Zeit das Institut der Sklaverei entwickelt haben. Viele Ameisen haben Sklaven; am vollständigsten aber ist das Sklavenwesen bei der von Huber sogenannten

„Amazonenameise", Polyergus rufescens, entwickelt. Diese, tapfer, mit starken Zangen bewaffnet, raubt Puppen von anderen Arten, namentlich von schwarzen Negerameisen und der furchtsamen Formica fusca, und läßt dann von den ausgekrochenen Tieren ihre Hausarbeit verrichten. Sie ist des Arbeitens so vollständig entwöhnt, daß sie in die äußerste Abhänhigkeit von ihren Sklaven geraten ist: tapfere Ritter, die dreinschlagen und Knechte fangen, aber absolut nichts anderes können, nicht einmal fressen. Die Sklaven müssen die Herren füttern und reinigen, und wenn jene fehlen, gehen diese vor gefüllten Schüsseln in Hunger und Schmutz zugrunde. Der Polyergus hat nicht einmal mehr Kauwerkzeuge, seine Zangen sind bloße Angriffswaffen. Schon Huber beschreibt, daß er 30 Amazonen mit Larven und Honig in eine Schachtel steckte und daß mehr als die Hälfte von ihnen in zwei Tagen verhungerte. Dann ließ er zu den übrigen einen einzigen Sklaven: dieser stiftete Ordnung, fütterte die Alten, grub ein Loch in die Erde, brachte die Larven darin unter, half einigen jungen Ameisen beim Auskriechen und rettete der ganzen Gesellschaft das Leben. Ein schlagenderes Beispiel für die Verkommenheit, welche das Ende der Sklavenhalterei bildet, kann nicht gedacht werden.

Da alle Ameisen mit einander im Kampf ums Dasein leben, läßt sich für die Entwicklung ihrer Zukunft etwas ähnliches voraussehen, wie es die Menschheit zeigt: die Herdenbesitzenden werden die Jäger verdrängen und ihrerseits den Ackerbauern weichen müssen, weil diese die nachhaltigsten Existenzmittel besitzen.

14.

Die Artillerie der Mutter Natur.

Februar 1889.

In Ausnahmefällen bringt die Natur recht sonderbares Explosionsmaterial hervor; Körper, vor denen sich gewöhnlich niemand in acht nimmt, können plötzlich überraschende Wurfkräfte entwickeln. So geschah es im Jahre 1886, daß ein Assistent am Peabody-Museum zu Yale in Connecticut ein Straußenei öffnen wollte, um dasselbe für die Sammlung zurechtzumachen. Über dem Versuch aber explodierte das Ei, und zwar mit solcher Heftigkeit, daß der Mann zu Boden geworfen wurde und im Zustande halber Ohnmacht fortgetragen werden mußte. Es war eben faul geworden und hatte sich mit stark gespannten Fäulnisgasen gefüllt, wobei nur der Umstand merkwürdig ist, daß die Schale des Eies dicht genug gehalten hatte, um eine Gasansammlung unter Druck zu ermöglichen. Das würde ihr wohl kein Zoologe von vornherein zugetraut haben; denn im allgemeinen sind Eierschalen so porös, daß sie Gase mit Leichtigkeit durchlassen; möglicherweise war sie vor dem Transport gefirnißt worden; jedenfalls wurde der Vorfall im August 1886 von ganz ernsthaften wissenschaftlichen Zeitschriften verbürgt, sodaß an seiner Glaubhaftigkeit nicht zu zweifeln ist.

Als Regel findet sich bei manchen Tier- und Pflanzenarten die Fähigkeit, Stoffteile, die fest, flüssig und auch gasförmig sein können, mit einer gewissen Heftigkeit von sich zu schleudern.

Den Tieren dienen die Schußmittel wesentlich zur Selbstverteidigung, und es läßt sich bei ihnen keine bestimmte Grenze zwischen einfachem Auswerfen und explosivem Schleudern ziehen. Schon wenn das geärgerte Lama den vor ihm Stehenden mit widerlichem Mageninhalt anspeit, kann man seine Tat als einen Schuß im weitern Sinne bezeichnen, noch mehr, wenn das Stinktier seine fürchterliche Spritze in Bewegung setzt und den Verfolger auf mehrere Meter Entfernung zum Greuel vor der Welt und vor sich selber macht. Dem Stachelschwein sagte man früher nach, es könne seine Stacheln abschleudern; das ist aber nicht richtig; die Sage mag daher entstanden sein, daß das Tier, wenn es von Verfolgern umstellt ist, die Gegner durch plötzliche, heftige Seitensprünge zu verwunden oder zu erschrecken versucht und dabei gelegentlich seine Stacheln an ihnen hängen läßt; mir ist ein Fall zu Gesicht gekommen, wo ein solcher Nager gegen das Bein eines Mannes angesprungen war und ihm einen seiner Stacheln quer durch die Wade getrieben hatte.

Bei Seevögeln findet sich vielfach eine Einrichtung, welche der des Lamas ähnlich ist: sie spritzen dem Angreifer, der die Ruhe ihres Nestes stört, eine Ladung Tran entgegen, meist indessen nur, solange sie jung sind; haben sie das Alter der Flug- und Tauchfähigkeit erreicht, so wird die Tranwaffe überflüssig und geht ein.

Wie die Kröte „all ihr Gift auf das Johanniskäferchen schoß", das hat jedermann in seiner Jugend aus der beweglichen Fabel gelernt. Bei jahrelanger Beobachtung habe ich niemals bemerkt, daß eine Kröte das Gift aus ihren Rückendrüsen auf eine merkliche Entfernung fortspritzen kann. Dagegen haben Kröten und mehr noch Frösche die Gewohnheit, von Zeit zu Zeit größere Wassermengen zu verschlucken und diese dann in kräftigem Strahl aus dem After fortzuspritzen. Es handelt sich dabei nicht selten um mehrere Kubikzentimeter und der Strahl reicht je nach der Stellung des Tieres 20 und mehr Zentimeter weit. Möglicherweise ist die Erzählung vom Giftspritzen der Kröte hieraus entstanden. In der benachbarten Klasse der Fische haben wir die chinesischen Spritzfische, die aus ihrem zugespitzten Maul einen Wasserstrahl von wenigen Tropfen in die Luft entsenden und angeblich ein Käferchen mittels desselben auf etwa 1/2 bis 3/4 Meter Entfernung herabschießen können.

Unter den Insektenlarven sind solche, die eine scharfe Flüssigkeit auf eine ziemliche Entfernung zu schleudern vermögen. Bei uns tut das namentlich die dicke, fleischfarbige, oben braune Raupe des Weidenbohrers; sie spritzt in der Bedrängnis einen grünlichen Saft etwa zwei Fuß weit aus dem Maul; dieser ist stark ätzend und von so eigentümlich scharfem Geruch, daß eine geübte Nase das Tier mehrere Meter weit wahrnimmt, selbst dann, wenn es ruhig im Holze nagt.

Die Ameisen beißen und stechen nicht bloß, sondern sie spritzen auch ihre Säure aufs Geratewohl dem Feinde entgegen. Stört man einen Haufen der gewöhnlichen braunen Waldameisen, schlägt etwa ein paarmal mit der Hand auf ihn und hält dann die Hand in 1/2 Fuß Höhe über den Haufen, so kann man sehen, wie die laufenden Tierchen anhalten und ihren Hinterleib aufwärts krümmen. Betrachtet man dann die Sache von der Seite, in der Art, daß man über den Haufen weg gegen das Helle blickt, so sieht man Hunderte von feinen Flüssigkeitsstrahlen aufsteigen, die etwa zwei Dezimeter hoch reichen; das ist die Abwehr der Ameisen.

Bei ausgebildeten Insekten ist im übrigen das Verteidigungsmittel der unangenehmen Flüssigkeit meist sehr vermindert; nur der bekannte Bombardierkäfer, ein kaum zentimeterlanges Laufkäferchen, schießt, wenn er bedrängt wird, mit leichtem Knall feine Dunstwölkchen von sich. Er tut das namentlich auch dann, wenn er vom Sammler aufgespießt wird, und bedient sich unter gewöhnlichen Verhältnissen seines Schusses, um größere Raubkäfer, die ihn verfolgen, abzuschrecken. Angeblich soll der Dunst, den er ausschleudert, selbstentzündliches Phosphorwasserstoffgas enthalten und an der Luft einen Augenblick brennen; doch ist diese Behauptung neuerlich in Zweifel gezogen worden, und wir sind nicht in der Lage, sie bestimmt bestätigen oder verneinen zu können.

Manche Seetiere, z. B. die Holothurien (gurkenförmige Verwandte der Seesterne und Seegel), schießen dem, der sie aus dem Meere hervorhebt, einen kräftigen Wasserstrahl entgegen. In diesem, wie in andern Fällen ist die ausgespritzte Flüssigkeit nicht gerade schädlich, aber das Plötzliche des Schusses genügt, um einen zaghaftern Feind zu schrecken, und damit ist sein Zweck erfüllt. Selbst der Mensch, besonders der schönere, läßt sich, wenn er nicht vorbereitet ist, durch derartige Mittel sehr leicht zum Loslassen bewegen.

Es mag unter den kleinen und verborgenen Tieren, deren Lebensweise wenig genau bekannt ist, noch manche ähnliche Einrichtung geben, von der wir nichts wissen. Im Pflanzenreich sind die Schleudervorrichtungen gleichfalls weit verbreitet, und dort sind sie noch auffallender als im Tierreich. Denn das Tier benutzt seine Muskeln, regelrechte Bewegungsorgane, zum Auswerfen des Geschosses; die Pflanze aber hat keine Muskeln, und demgemäß müssen ihre Wurforgane jedesmal besondere Einrichtungen sein. Dieselben dienen durchweg ein und demselben Hauptzweck, der Samenverbreitung, und sie beruhen auch durchgängig auf ein und demselben Prinzip: durch das Wachstum werden in einzelnen Fruchtteilen elastische Spannungen hergestellt, die schließlich zu einem jähen Platzen führen.

Schon bei sehr niedrig stehenden Gewächsen, wie Pilzen und Flechten, findet man in den Fruchthältern eigene Schleuderorgane, meist in Form von Spiralzellen aus stark elastischem Zellstoff. Zur Zeit der Reife sind diese Spiralen gespannt, wie elastisch zusammengedrückte Sprungfedern; es kommt ein Augenblick, wo die umliegenden Gewebe nicht mehr stark genug sind, um sie zurückzuhalten, die Feder schnellt los, streckt sich gewaltsam gerade, fliegt aus ihrem Behältnis heraus, reißt dabei die benachbarten Keimkörner mit sich und verstreut sie über die Umgebung der Mutterpflanze.

Von den höhern, blühenden Gewächsen besitzen viele Kapseln, die zur Zeit der Reife elastisch gespannt sind, mit einer gewissen Gewalt aufspringen und ihre Samenkörner kräftig umherschleudern. Setzt man sich an warmen Sommertagen an den Rand eines Getreidefeldes, so hört man oft bei einiger Aufmerksamkeit ringsum ein feines Knistern und Rasseln; das sind die Samenkapseln der Unkräuter, welche in der Sonnenhitze zerspringen und ihren Inhalt über den Boden verstreuen.

Eine bei uns sehr bekannte Pflanze hat diese Schleuderfähigkeit zu besonderer Vollkommenheit ausgebildet das ist das „Kräutchen rühr' mich nicht an", die gelbblühende wilde Balsamine, welche in ganz Deutschland an feuchten Standorten häufig zu finden ist. Sie gehört sicherlich zu den Gewächsen, die zuerst die Aufmerksamkeit der Menschen auf die Wunder der Botanik gelenkt haben; denn man kann annehmen, daß schon seit Jahrtausenden die Hälfte aller spielenden Kinder sich gelegentlich mit dem Abfeuern der Balsaminenfrüchte unterhalten hat. Diese sind aus fünf Längsstreifen zusammengewachsen; jeder einzelne Streifen besitzt noch eine innere Verstärkungsleiste, und zur Zeit der Reife sind dieselben stark elastisch gespannt, sodaß sie das Bestreben haben, sich aufzurollen. Solange die Pflanze in Ruhe bleibt, kann die Spannung einen ziemlich hohen Grad erreichen, ohne daß die Frucht zerreißt; wenn aber der leiseste Druck den Zusammenhang der Fasern irgendwie lockert, gewinnen die elastischen Kräfte die Oberhand, die ganze Frucht springt der Länge nach auf, die Streifen rollen sich mit äußerster Plötzlichkeit gegen die Spitze hin zusammen und die Samenkörner werden heftig abgeschleudert; sie spritzen oft zwei Meter weit.

Auf andere Art wird die Spannung bei den Spritz- oder Vexirgurken hergestellt. Bei uns zieht man das Gewächs zuweilen zum Scherz in Gärten, im Süden Europas wächst es wild als Strandpflanze und ist dort sehr verbreitet, da es vom Vieh nicht berührt, also an unbebauten Abhängen durch nichts gestört wird. Die Blätter sehen denen der gemeinen Gurke ähnlich, und die Frucht hat ganz die Form und den Bau einer kleinen (8 cm langen) Gurke, ist übrigens rauh behaart. So lange die Frucht unreif ist, zeigt sie keine auffallenden Eigenschaften; zur Reifezeit aber sammelt sich der Saft in ihr so übermäßig an, daß die Fruchthülle gespannt ist wie ein aufgeblasener Ballon. Reißt man sie vom Stil (und dazu gehört wenig, wenn sie wirklich reif ist), so findet der Saft durch die entstandene Öffnung einen Ausweg und spritzt nunmehr mit Macht hervor. Bei den recht reifen Exemplaren des Südens bildet er einen Strahl bis zu drei oder vier Metern Länge; häufig platzt durch den Stoß auch das obere, vom Stil abgewandte Ende der Gurke und die Entleerung geht dann nach beiden Seiten zugleich vor sich. Was dabei zum Vorschein kommt, das ist eine mit Kernen gemengte, bittere Flüssigkeit. Damit begossen zu werden, ist auch Tieren nicht angenehm; man kann bemerken, daß die alles benaschenden Ziegen der Griechen und Italiener den Spritzgurken vollständig aus dem Wege gehen. So leistet die fragliche Eigenschaft der Pflanze einen doppelten Dienst; sie sorgt nicht bloß für die Verbreitung der Samen, sondern sie schreckt auch unliebsame Gäste ab.

Die europäischen Gewächse werden an explosiver Kraft von einigen ausländischen Vettern weit übertroffen. Berühmt ist namentlich ein südamerikanischer Baum, der den Namen Hura crepitans führt (crepitans heißt knallend), weil seine Früchte nach dem Abfallen und während sie austrocknen mit lautem Schall zerspringen. Im vorigen Jahre berichtete ein englischer Gelehrter, er habe ein Exemplar der Frucht mit nach England gebracht und in einem Kästchen verwahrt. Eines Tages zersprang dasselbe mit einem pistolenschußähnlichen Knall, und es fanden sich nachher nicht bloß die Stücke der Frucht, sondern auch Trümmer des Kästchens im Zimmer verstreut.

15.

Leuchtkäfer.

April 1889.

Milddunkle, laue Sommernacht; die Blätter feuchtet der leichte Tau und über den Wiesen schwebt duftiger Dunst. Da glüht im Gebüsch ein Fünkchen auf, es hebt sich und schwebt, ein zweites gesellt sich zu ihm, andere folgen nach, und bald ziehen sie ihre leuchtenden Linien durch die weiche Luft nach allen Richtungen. Das niedliche Schauspiel gehört so sehr zur echten Sommernacht, daß der bloße Name „Leuchtkäfer" genügt, um uns das warme, duftige Dunkel vor die Sinne zu zaubern.

Wer eins der Fünkchen fangen will, darf nicht allzu langsam oder plump verfahren; sonst verlischt es, ehe er seiner habhaft wird. Hat er es in der Hand, so erweist es sich als ein zentimeterlanges, dunkles Käferchen, welches in der Gefangenschaft die letzten Bauchringe einkrümmt, um seine Laterne zu verdecken. Bringt man es mit Geduld und Vorsicht dahin, daß es Mut gewinnt und sich zum Abfliegen anschickt, so sieht man, daß an den Seiten des letzten Bauchrings zwei Flecke liegen, von denen das Licht ausgeht. Sucht man da, wo viele der Tierchen fliegen, am Boden unter Gras und Gesträuch, so findet man meist ohne viele Schwierigkeit größere, dickere Leuchtwürmer, die nicht fliegen, sondern bloß kriechen, dafür aber sechs Leuchtorgane besitzen, deren

Strahlung so hell ist, daß es aus einiger Entfernung aussieht, als glühte der ganze Hinterleib des Geschöpfs. Das sind die Weibchen der fliegenden Herren, und es ist höchst wahrscheinlich, daß das Leuchten beiden Geschlechtern als Anziehungs- und Erkennungsmittel dient. Die Weibchen bedürfen demgemäß einer stärkern Leuchtkraft, eben weil sie nicht fliegen und mehr versteckt in der Nähe des Bodens sitzen.

Der Forscher (dankt in der Stille dem Himmel, daß er und andere Leute nicht zu leuchten brauchen, wenn ihnen die Sehnsucht das Gemüt erwärmt, was ja vielleicht auf den städtischen Gaskonsum erleichternd einwirken würde, aber doch einige Inkonvenienzen hätte, und) schreitet zur Untersuchung der lichtentwickelnden Organe. Wir müssen aber eingestehen, daß er bis jetzt noch nicht viel Haltbares zutage gefördert hat. Verschiedene Beobachter beschreiben die feinere Struktur der Leuchtkäfer noch in sehr verschiedener Weise, und es ist zurzeit keine Einigung über dieselbe erzielt. Nur das steht fest, daß sie zellige, fetthaltige Organe sind, in denen sich reichliche Tracheen (Luftkanälchen) verteilen. Aber man weiß nicht, ob das Leuchten von den fettigen Bestandteilen oder vom eiweißartigen Zellinhalt ausgeht. Früher glaubte man wohl, die Organe enthielten Phosphor oder sie sonderten Phosphorwasserstoff ab und leuchteten infolgedessen, aber die Unrichtigkeit dieser Ansicht ist seit lange dargetan. Es bleiben demnach vorläufig nur physiologische Versuche als Mittel übrig, um über die Art der Lichterzeugung wenigstens einigen Anhalt zu gewinnen. Unter der Luftpumpe erlischt sowohl der lebende Leuchtkäfer wie das ausgeschnittene Leuchtorgan des frisch getöteten. Hat man aber die

Lebensluft nur mäßig verdünnt, so kehrt das Leuchten wieder, wenn man später normale Verhältnisse herstellt. Gase, die sich leicht mit Sauerstoff verbinden, wie Schwefelwasserstoff und ähnliche, Ätherdampf und dergleichen löschen das Licht schnell aus, was dafür spricht, daß es durch Sauerstoffatmung unterhalten wird. Die allem Lebenden feindliche Blausäure vernichtet auch das Licht der Käfer, scharf reizende Dämpfe dagegen, wie die von Schwefel- und Salpetersäure, regen die Organe erst zu stärkerm Glanz an, ehe sie ihnen tödlich werden. Feuchtigkeit und mäßige Wärme sind Bedingungen für das Leuchten.

Im übrigen hängt es vom Allgemeinbefinden des Tieres ab und beschränkt sich, wie dessen gesamte lebhaftere Daseinstätigkeit, auf den Sommer, und an den Sommertagen selbst auf die ersten zwei bis drei Stunden der Nacht. Außerhalb dieser Stunden sind die Leuchtorgane beschäftigungslose Stellen, die bei Tage als hellere Flecke am dunklen Käferleib erscheinen und auch dann nicht aufleuchten, wenn man das Tier in ein völlig dunkles Zimmer bringt. Durch Reizung aber (Zerren, scharfe Dämpfe) kann man die Tiere auch außerhalb der regelrechten Zeit zum Leuchten bringen. Merkwürdig und zum Teil noch bestritten ist der Einfluß des Willens auf den Leuchtvorgang. Unsere deutschen Leuchtkäfer haben unzweifelhaft die Fähigkeit, sich dunkel zu machen, wenn sie geängstigt werden. Sie krümmen dann ihre Hinterleibsringe zusammen, wie um die leuchtenden Stellen zu verdecken; es scheint aber, daß die letzteren nicht bloß verdeckt werden, sondern tatsächlich erlöschen, wenigstens für kurze Zeit, wenn ihr Träger sich unsicher fühlt. Die stark leuchtenden Weibchen, deren Körperbau es ihnen unmöglich macht, ihre sämtlichen Leuchtkörper zuzudecken, werden dunkel, wenn man in ihrer Nähe auf einen Blechdeckel schlägt, während sie allerdings die Lichtstrahlung nicht, wenigstens nicht völlig, unterbrechen, wenn man sie in die Hand nimmt. Die südeuropäischen Luciola-Arten dagegen verhalten sich anders. Sie glänzen überhaupt nicht dauernd, sondern nur stoßweise, etwa 3/4 Sekunden lang, um darauf ebensolange dunkel zu bleiben. Sie ziehen also nicht, wie die unsrigen, dauernde Feuerlinien durch die Luft, sondern kurze, immer wiederkehrende Blitze. Das gibt ihnen offenbar einen Vorteil gegenüber den Fledermäusen und ähnlichen nächtlichen Feinden, die im Süden so zahlreich sind; es ist tatsächlich sehr schwer, ein solches Tierchen im Fluge zu fangen, weil es immer wieder erlischt, wenn man es zu haben glaubt. Dafür fehlt ihnen aber die Fähigkeit, ihr Lämpchen auszulöschen, wenn sie sich bedroht wissen. Läßt man eine gefangene Luciola über die Hand oder über einen Bogen Papier kriechen, so leuchtet sie in ihren regelmäßigen Perioden auf, auch wenn sie in großer Angst nach einem Fluchtweg sucht; die Lichterzeugung pulsiert offenbar unabhängig von ihrem Willen.

Wenn man einen Leuchtkäfer schnell tötet oder wenn man ihm den Hinterleib abschneidet, so leuchten die Organe noch kürzere oder längere Zeit nach, in einer feuchten Sauerstoffatmosphäre bis zu 48 Stunden, und wenn sie erloschen sind, kann man das Leuchten vorübergehend durch Reize wieder hervorrufen. Ja, wenn man die Leuchtorgane zerreibt, kann die Masse, aus der sie bestehen, noch Licht entwickeln. Schriftzüge, die man mit der Leuchtsubstanz der italienischen Käferchen auf eine dunkle Wand schreibt, phosphoreszieren längere Zeit und können, wenn sie dunkel geworden sind, durch Anfeuchten wiederholt zum Aufleuchten gebracht werden.

Dies deutet mit Bestimmtheit darauf, daß das Leuchten seinen Ursprung einem Prozeß verdankt, der auch außerhalb des organisch lebenden Körpers vor sich gehen kann, der also chemischer Natur ist. Die Leuchtkäfer sondern Stoffe ab, die sich entweder miteinander oder mit dem Sauerstoff der Luft verbinden und dabei das Licht erzeugen. Welches aber diese Stoffe sind, das läßt sich für die Käfer nicht mit Bestimmtheit angeben. Aus einem leuchtenden Meertier, einer Bohrmuschel, hat Dubois zwei Stoffe hergestellt, die er Luciferin und Luciferase nennt. Einzeln für sich genommen, zeigen diese Stoffe keine auffallenden Eigenschaften, löst man sie aber in Wasser und gießt sie zusammen, so leuchten sie unter Bildung von Guaninkristallen hell auf. Der Analogie nach wäre zu schließen, daß auch bei den Leuchtkäfern ähnliches stattfindet; doch gebietet die Natur über so reiche Mittel, daß sie ein und denselben Zweck auf mancherlei verschiedene Weisen erreichen kann; es ist durchaus denkbar, daß bei den Lufttieren andere Leuchtstoffe eine Rolle spielen, als bei den Mollusken der See. Die Willenswirkung verträgt sich, wo sie vorhanden ist, ganz wohl mit der Annahme eines chemischen Prozesses; es ist durchaus denkbar, daß der Käfer, wenn er seine Laterne löschen will, entweder durch Vermittlung seiner Nerven die Abscheidung der Leuchtstoffe still stellt, oder daß er seine Tracheen schließt und den leuchtenden Zellen somit die Luft entzieht, deren sie zur Ausübung ihrer Wirkung bedürfen.

Bekanntlich leuchten nicht bloß Käfer, sondern mancherlei andere Tiere, Fische, Scolopender, Krebse, Würmer,

Quallen usw.; kurz, in allen Klassen des Tierreichs, mit Ausnahme der Säugetiere, Vögel*) und Amphibien, finden sich lichtentwickelnde Organe oder auch diffus leuchtende Schleimüberzüge. Halten wir uns an die Käfer, so finden wir unter diesen allein schon eine sehr große Zahl von leuchtfähigen. Schon im Jahre 1834 zählte Klug im Berliner Museum 317 Arten der Gattung Lampyris (zu der unsere Johanniswürmchen gehören) und 44 Elateriden (Schnellkäfer) mit Leuchtflecken auf. Die europäischen unter ihnen sind die kleinen und schwachen; sie werden von ihren tropischen und subtropischen Vettern bedeutend übertroffen. Die mittelamerikanischen „Cucujos" sind durch Humboldts Beschreibung berühmt geworden. Sie haben auf jeder Seite der Vorderbrust zwei Leuchtflecke und einen sehr kräftigen unterhalb im ersten Bauchring. Ob die Menschen sie, wie erzählt wird, wirklich zuweilen benutzen, um ihren Weg zu beleuchten, mag dahingestellt bleiben; den Damen dienen sie, in Gaze gewickelt, als Verzierung.

Wozu nutzt die merkwürdige Vorrichtung? Bei unsern kleinen Europäern läßt sich diese Frage mit ziemlicher Sicherheit, wenigstens für die voll entwickelten Käfer beantworten; die Tierchen finden sich gegenseitig mit Hülfe ihres Lichts. Sperrt man ein Luciolaweibchen in eine Glasschachtel ein, so wird es bald von Männchen umschwärmt; steckt man es aber in eine durchlöcherte Holzschachtel, aus der sein Licht nicht nach außen strahlen kann, so wissen die Männchen es nicht zu finden, zum deutlichen Beweis, daß letztere der Strahlung nachgehen.

---

*) Neuerdings hat man auch an den Schnabelrändern junger Vögel, die in Baumhöhlen erbrütet wurden, Leuchtorgane entdeckt

Dementsprechend tritt auch die Lichtentwicklung nur in den Monaten und Tagesstunden ein, wo die Käfer einander suchen. Die amerikanischen Cucujos scheinen sich ihres hellen Lichts außerdem zum Zweck der Erkennung ihres Weges zu bedienen. Für gewöhnlich, wenn sie kriechen, benutzen sie nur ihre Brustlaternen, die nach vorne leuchten; klebt man ihnen die rechte zu, so marschieren sie im Kreise nach links und umgekehrt. Die Bauchlaterne ist beim Kriechen verdeckt, beim Fliegen oder Schwimmen aber wird sie frei und beleuchtet, was sich unter dem Tiere vorfindet.

Damit ist indessen nicht alles gesagt. Bei manchen Käfern, u. a. auch bei unsern Lampyriden, leuchten nämlich auch die Larven, die kein Interesse daran haben, einander aufzusuchen, und sogar die Eier oder wenigstens die Larven, solange sie noch im Ei liegen. Hier kann man der Lichtentwicklung kaum einen andern Zweck zuschreiben, als den, Feinde abzuschrecken, ähnlich wie manche schwachen Tiere anderer Arten die Räuber durch auffallende Form und Farbe stutzig machen. Daß das Leuchten diesen Zweck habe, ist aber bis auf weiteres bloße, durch keine bestimmten Erfahrungen gestützte Vermutung.

16.

Wie man Schwalben zahm macht.

Juni 1881.

Ich erwartete vor kurzem einen Freund in seiner Wohnung, die zu Rom im obern Stockwerk in einem alten, durch große Gebäude bedeutenden Stadtviertel liegt. Während ich, nicht weit vom offenen Fenster, in der Sophaecke saß, kamen plötzlich zwei Schwälbchen, nahmen Platz auf der eisernen Querstange, welche, um das Aufstützen der Arme zu gestatten, in geringer Höhe an der Außenseite des Fensters angebracht ist, lugten wie neugierig ins Zimmer und zwitscherten zutraulich; was sie sangen, war aber nicht das bekannte prasselnde Schwalbenliedchen, welches die Tiere im Sitzen von sich zu geben pflegen, sondern ein kurzer abgebrochener Laut, dem ähnlich, mit welchem sie einander in Augenblicken der Gefahr anrufen, nur leiser und ohne den Klang der Furcht oder des Zornes.

Ich fragte mich im stillen, was sie wollten; da trat mein Freund herein und wir begrüßten uns, worauf ich mich, immer noch in Gedanken mit den Schwalben beschäftigt, nach ihnen umsah. Zu meiner Verwunderung ließen sie sich durch die Bewegung, welche sein Eintritt mit sich brachte, nicht im geringsten stören; ganz erstaunt war ich aber, als er ruhig auf die beiden losging und mit dem Ausruf: „Sind die kleinen Bettelmänner schon da?“ die eine mit dem Finger streichelte, während die andere in kurzem Bogen, ohne viel Zeichen von Scheu, vor ihm hin- und herflatterte. Auch die zweite trieb hierauf dasselbe Spiel, ja, als er sich am Fenster zeigte, kamen von dem gegenüberliegenden Palast noch drei andere herabgeschossen und flogen in kleinen Kreisen dicht an ihm vorbei. Meine Verwunderung war nicht mehr als billig; denn wenn auch unsere heimische Rauchschwalbe mit der roten Kehle und dem schönen Gabelschwanz ungescheut in Ställen und Zimmern der Bauern nistet, so ist mir doch kein Beispiel einer so vertraulichen Annäherung an den einzelnen Menschen bekannt, am wenigsten von der weißkehligen Hausschwalbe, die hier vertreten war; die Zahmheit unserer Stallbewohner besteht in der Regel nur darin, daß sie den Menschen völlig ignorieren, während diese ihn offenbar suchten.

Was wollen die Tierchen und wie haben Sie es angefangen, sich so mit ihnen zu befreunden? fragte ich.

„Die Antwort auf beide Fragen liegt dort in der Schublade“, erwiderte er, ging hin, holte eine Hand voll Watte heraus und bedeutete mir, ich würde nicht stören, wenn ich auch ans Fenster träte: „Die hier fürchten sich überhaupt nicht mehr vor Menschen.“ Dann wurde ein Flöckchen, so groß wie ein Markstück, von der Watte abgezupft und hinausgehalten; die Schwalbe, die gerade im Anflug war, machte eine kurze elegante Schwenkung nach der Hand hin; er ließ los, im Augenblick war das Flöckchen gefaßt und mit einem vergnügten „Tschwitt“ stieg der Vogel zu seinem Nest in die Höhe. Tschwitt, Tschwitt schrien auch die anderen, und strichen immer dichter heran, jede erwischte ihr Flöckchen, trug es fort und kam wieder, andere gesellten sich dazu, bald waren wir von der ganzen Schwalbenkolonie der Nachbarschaft umschwärmt.

„Sie sehen," sagte er, „ich liefere ihnen die Matratzen für ihre Kleinen; sie haben schon zwei Bogen Watte und außerdem die sämtliche Wolle meines geschorenen Hündchens in ihre Nester getragen, daher die Freundschaft."

Nun, wenn nicht mehr dazu gehört, so will ich es auch einmal versuchen.

„Doch, etwas mehr als der bloße Stoff ist freilich erforderlich. Sehen Sie, die Kinder meiner Nachbarn haben Gefallen an dem Schauspiel gefunden und die ganze Straße macht es nach, aber die freie Annäherung, welche Sie hier vor sich haben, haben die anderen doch nicht so vollständig erreicht. Man muß nämlich mit etwas Methode verfahren und die Tierchen erziehen, indem man auf ihre Intelligenz spekuliert.

Wenn man an windstillen Tagen im Mai, wo sie ihr Nest möblieren, irgendwelche Flocken von Wolle oder Baumwolle aus einem oberen Stockwerk in die Luft wirft, so wird das weiche Material selten auf die Erde gelangen; meist wird eine Schwalbe es erschnappen und heimtragen. Aber das ist für die Tiere zunächst nur ein Gelegenheitsraub; sie schießen hin und ergreifen die Beute, ohne sich viel um ihre Herkunft zu kümmern. Durch mehrfache Wiederholung des Hinabwerfens — das Flöckchen muß dabei breit ausgezupft werden, sodaß es langsam sinkt — werden sie auf die Quelle aufmerksam und halten sich in der Nähe derselben, aber vorerst noch wie Diebe, die auf die Gelegenheit warten; sie schießen schnell von weitem herbei, erfassen die Watte oft mit einem kleinen Schrei, der, wie ich glaube, halb Schreck über das eigene Wagnis, halb Selbstermutigung ausdrückt, und fürchten sich oft noch im Schuß, sodaß sie den festen Griff verfehlen. Dann entgeht ihnen das Flöckchen, andere kommen hinzu und es entspinnt sich ein Wettkampf wiederholten Schnappens. Bei der Gelegenheit geraten sie in Eifer und die Enttäuschten fassen Mut, sich dem Geber zu nähern. Dann ist der Augenblick gekommen wo die Schwalbenpädagogik in ihre Rechte tritt: man muß ihnen nämlich klar machen, daß sie von der zutraulichen Annäherung Vorteil haben. Man muß die einzelnen mit dem Blicke verfolgen und, wenn sie von weitem herangeschossen kommen, im richtigen Zeitpunkte das Flöckchen loslassen, sodaß der Luftzug es ihnen entgegenträgt und sie es sicher fassen können. Stilles Wetter, etwas Geduld und ruhige Bewegung der Hände gehört dazu; dann merken die klügsten oder eifrigsten unter ihnen in wenigen Tagen das System und richten sich danach. Schauen Sie her, es sind ihrer schon sechs bis acht, die förmlich intelligent mit mir zusammen wirken. Sehen Sie die eine drüben an der Hauswand; sie fliegt rasch etwa fünfzehn Schritt weit fort, macht Kehrt, schießt im Bogen heran, immer langsamer bis auf fünf oder vier Fuß Abstand, ich lasse los" — richtig, sie hatte ihr Teil, und sofort waren zwei andere da, die dasselbe Manöver machten.

Müssen Sie immer loslassen? frug ich, oder nehmen sie auch direkt aus der Hand?

„Das hängt von den Bedingungen ab, die der Wind ihrem Fluge stellt. Die Tierchen kennen natürlich aus der eigenen Praxis das, was für sie am zweckmäßigsten ist. Wenn, wie heute, ein leichter Wind geht, so fliegen sie nicht leicht anders als schießend, und dann fürchten sie sich vor der Annäherung an jeden festen Gegenstand, weil sie in Gefahr wären, gegen denselben anzurennen. Schauen Sie her; ich lege ein Watteflöckchen auf das Gesimse des nächstunteren Stockwerks. In diesem Augenblick sind vierzig kleine runde schwarze Augen begehrlich darauf gerichtet, aber keine wagt sich heran, weil sie nicht gegen die Mauer fliegen wollen; jetzt faßt es der Wind, jetzt ist es ein bis anderthalb Fuß von der Mauer entfernt — wstt, da kommen die schlanken Körper in schneidigem Bogen herabgeschossen, und fort ist es. So verhalten sie sich auch gegen die Hand des Menschen. Sie fürchten dieselbe, ich glaube nicht als Teil eines Menschen, sondern als Hindernis. Nur bei völliger Windstille verfahren sie auch anders; sie fliegen dann langsam herzu und halten sich flatternd in der Luft, um das Gebotene bequem mit dem Schnabel aufzunehmen. Dann setze ich eine Prämie auf die Annäherung, indem ich nur denjenigen etwas verabreiche, die ganz dicht herankommen, und so habe ich mir die kleinen Bettler herangezogen, die Sie vorhin auf der Fensterstange sitzen sahen. Das ganze hat vierzehn Tage lang täglich eine halbe Stunde gekostet; ich wollte es später, wenn die Baumwolle ihren Reiz verliert, auch mit Fliegenfütterung versuchen, aber jetzt stört mich die Konkurrenz der Nachbarn; da ich nicht mehr der alleinige Verteiler der Gaben bin, ist in meine Methode der Prämienverteilung eine Bresche geschossen, die ich vorläufig nicht auszufüllen weiß."

Sind denn die beiden Kleinen, die vorhin so zutraulich dasaßen, zwei besondere Individuen, oder tun das gelegentlich alle?

„Nein, das sind zwei besondere, aus dem dritten Nest in der Reihe drüben. Ich weiß nicht, ob es ein junges Ehepaar ist, das noch keinen Vorrat aus früheren Jahren hat und deswegen besonders gierig nach Bettwerk ist, oder ob sie klüger sind als die andern. Das letztere halte ich für ganz möglich, denn sie haben sich auffallend schnell in meine Absicht gefunden, und ich habe oft bemerkt, daß bei Tieren, die überhaupt von Gattungswegen merklichen Verstand zeigen, individuelle Unterschiede der Begabung deutlich hervortraten. Von zwei zahmen Spatzen, die ich als Knabe hatte, lernte der eine sehr schnell auf dem Finger sitzen, sich tot stellen und dergleichen mehr, der andere war und blieb ein Esel und ertrank schließlich schmählich in einem Glase Wasser, was er gar nicht nötig gehabt hätte."

Während der ganzen Zeit hatte das lustige Korps vor uns voltigiert, Bogen gemacht, geschnappt und Flugkunststücke geübt, bald mit angelegten Flügeln die Straße entlang schießend, daß man die schlanken Körper förmlich sausen hörte, bald mit vorgebeugtem Kopfe flatternd, daß die stahlblauen Rückenfedern in der Sonne über den Hals hinwegschimmerten, bald auf- und abwärts turnend und die wunderbare Volte machend, welche bei uns nur zwei Flieger verstehen, die Schwalbe und die Fledermaus: das Tier fliegt aufwärts, immer steiler, senkrecht hinauf, dann hintenüber, bis der Rücken fast horizontal seine untere Seite bildet, dann dreht es sich mit einer einzigen Flügelbewegung um und schwimmt auf der Brust in der Richtung weiter, die es auf dem Rücken liegend angenommen hat. Es war ein reizendes Schauspiel. Nun hatte er seinen Vorrat verteilt und klatschte in die Hände. Die Tierchen schwirrten fort, kamen aber bald wieder und strichen noch bittend um das gastliche Fenster, immer mit demselben Schrei, den ich vorhin gehört und dessen Bedeutung mir jetzt klar war.

„Jetzt warten Sie ein wenig", sagte mein Freund, „jetzt kommt noch die besondere Belohnung für die artigsten." Wir zogen uns ins Zimmer zurück und warteten einige Minuten. Richtig kam eine Schwalbe, setzte sich auf die Fensterstange, erschrack aber wieder und flog fort; dann aber nach einigen Minuten erschien wieder eine, bald eine zweite und endlich eine dritte. Nummer eins und zwei blieben sitzen, als er sich näherte, und jede bekam einen großen Bausch der schönsten Watte, den sie ziemlich rasch mit dem Schnäbelchen aufpickte; Nummer drei war noch zu scheu und flatterte fort, kehrte aber um und erhielt im Fliegen noch eine Gabe; „die soll morgen das erste Flöckchen haben; dann wird sie zahm werden", meinte er.

Den Naturfreunden unter unsern Lesern aber wollen wir hiermit Anweisung zu einem niedlichen Spiel für alte und junge Kinder gegeben haben.

17.

Die Klugheit der Schwalben.

September 1889.

Wir haben an dieser Stelle schon einmal darauf hingewiesen, wie man sich mit den Schwalben anfreunden und ihre Flugweise aus nächster Nähe beobachten kann. Auch ohne das geben sie, die dem Menschen so nahe wohnen, zu mancher interessanten Wahrnehmung Anlaß. Wir können in das Seelenleben der Tiere überhaupt nur stückweise Einblick tun; eben deshalb ist es von Wert, wenn allerlei Einzelbeobachtungen zusammenkommen, die in ihrer Vereinigung ungezwungen dartun, daß das Tier seine Handlungen nach den Erfordernissen seiner Lage einrichtet, mit andern Worten: daß es, wenn auch innerhalb beschränkter Grenzen, mit Überlegung handelt.

Auffallende Beispiele von zweckmäßigem Handeln finden naturgemäß am leichtesten Beachtung, sind aber allerdings auch der Gefahr des Ausgeschmücktwerdens am meisten ausgesetzt. Bei den Schwalben fehlen sie nicht. Wohl jedermann kennt die Geschichte von dem Sperlingspaar, welches sich ein Schwalbennest durch gewaltsame Besetzung angeeignet hatte; als die rechtlichen Eigentümer einsahen, daß die Eindringlinge sich nicht vertreiben ließen, holten sie ihre Freunde zusammen, und die vereinigten Schwalben mauerten die Sperlinge in dem Nest ein. Die Erzählung stammt, so viel mir bekannt ist, aus Vieillots Dictionnaire d'histoire naturelle und derselbe

Schriftsteller erzählt auch noch folgende Anekdote: „Eine Schwalbe hatte sich mit dem Fuß in einer Fadenschlinge gefangen, die von einer Dachtraufe herabhing. Sie flatterte und zog, kam aber nicht los und hing schließlich erschöpft an ihrem Bein. Alle Schwalben der Nachbarschaft versammelten sich bei ihr und stießen den Lärmruf aus. Nach langem Hin- und Herrufen führte eine einen Schnabelhieb nach dem Faden. Die andern folgten ihrem Beispiel, und nach halbstündiger Arbeit war der Faden zerrissen, die Gefangene befreit.“

Ob die beiden Erzählungen genau richtig sind, das kann heute niemand mehr mit Sicherheit feststellen; unglaublich sind sie nicht. Der Gemeinsinn der Schwalben ist sehr stark; wohl jeder hat schon einmal gesehen, wie sie sich versammeln und Alarm rufen, wenn ein Nest ihrer Gattung ausgestoßen oder bedroht wird. Man braucht nur auf dem Lande, wo die niedrig angelegten Schwalbennester nicht selten sind, einem derselben eine Leiter zu nähern und hinaufzusteigen; wenn man dem Nest auch nichts zuleide tut, gleich schwirren einem nicht bloß die Eltern, sondern auch alle übrigen Schwalben der Nachbarschaft um den Kopf, mit scharfem Schrei, und sie wagen sich oft auffallend nahe heran. Schießt man eine Schwalbe, so flüchten ihre Genossinnen nicht; sie sammeln sich vielmehr über der verhängnisvollen Stelle, fahren eifrig hin und wieder, und ihr Ruf klingt, als ob sie zornig wären. Andere Vögel, Krähen und Störche, greifen, wenn einer ihrer Kameraden sich unrettbar gefangen hat, zu dem letzten Auskunftsmittel, sie töten ihn mit Schnabelhieben; der dünne Schnabel der Schwalbe ist zu dieser Operation zu schwach, aber er reicht ganz wohl hin, um einen Faden durch wiederholte

Angriffe zu zerschneiden, und da die Tierchen oft allerlei Fäden und Bäusche zur Ausfütterung ihres Nestes benutzen, haben sie auch Gelegenheit genug, eine allgemeine Kenntnis von der Zerstörbarkeit fadenartiger Materialien zu erwerben; es ist ganz denkbar, daß sie diese einmal verwenden, um einen Genossen aus der Gefahr zu befreien.

Die Rauchschwalbe mit der rotbraunen Kehle und dem zierlichen Gabelschwanz wohnt bekanntlich mit Vorliebe in Ställen, Scheunen und Remisen. Von einer solchen berichtet Pommerol in der Revue scientifique: „Ein Schwalbenpärchen hatte sein Nest an dem Balken einer Remise, deren Tür immer offen stand. Ich wollte den Eingang verschließen, um der Beschmutzung der Fuhrwerke durch die Hühner ein Ende zu machen. In Abwesenheit der Schwalben, die grade Junge hatten, führte ich den Verschluß aus und öffnete eine Falltür, die aus der Remise auf einen Speicher führte, dessen Fenster immer weit offen stand. Die Tierchen kamen bald wieder, untersuchten aufmerksam die Spalten in der Tür und im Fenster der Remise, fanden aber den neuen Eingang nicht. Da öffnete ich die Tür, sie flogen hinein, und ich schloß sofort hinter ihnen zu. Jetzt, von innen heraus, fanden sie sehr bald den Weg durch die Falltür und das Speicherfenster; aber bei der Rückkehr war die Sache nicht so einfach. Sie zögerten lange, ehe sie es wagten, von oben nach unten durch die Falltür zu fliegen. Endlich, nach mehreren Stunden, entschlossen sie sich, den einzigen Weg zu nehmen, der ihnen übrig gelassen war, nicht ohne vorher oft versucht und gezaudert zu haben." Grade dies Zaudern ist bezeichnend; es lehrt, daß die Schwalben sich dem neuen Wege nicht eher anvertrauten, als bis sie dessen Sicherheit erprobt hatten; sie haben also bezüglich dieser Sicherheit einen Prozeß des Lernens durchgemacht, der einige Stunden dauerte.

Im allgemeinen haben die nestbauenden Vögel die Eigenschaft, daß sie den Unrat ihrer Jungen sorgfältig im Schnabel wegtragen und ihn aus der Nähe des Nestes entfernen. Die Zweckmäßigkeit dieser Einrichtung liegt auf der Hand; täten sie es nicht, so würde jedes Nest sehr bald durch den angesammelten Unrat von weitem kenntlich gemacht, und die Räuber hätten leichtes Spiel gegenüber den jungen Vögeln. Eine Abweichung von der Regel findet sich dementsprechend nur bei Vögeln, die so stark sind oder an so schwer zugänglichen Stellen wohnen, daß sie keine Räuber zu fürchten haben. Hochnistende Raubvögel z. B., auch Raben und Cormorane, lassen den Schmutz ihrer Jungen fallen, wohin er will; an die einen kommt kein gewöhnlicher Kletterer, und was die andern angeht, so dürfte der verwegenste Marder es sich dreimal überlegen, ehe er sich mit feindlichen Absichten in ein Krähendorf wagt; er würde arg zerpflückt werden. Die Schwalbe hat nun für gewöhnlich dieselbe unreinliche Eigentümlichkeit, wie die Adler und Raben; der Unrat ihrer Jungen wird unmittelbar am Nest fallen gelassen, und das letztere wird dadurch zu einer Schmutzquelle für seine Umgebung. Diese Unterlassung hat nichts Bemerkenswertes; die Schwalbennester sitzen ja in der Regel unter Balken und Gesimsen, ihr Inneres ist für Katzen und Wiesel unzugänglich, es ist also überflüssig, zum Schutz desselben eine besondere Reinlichkeitsanstrengung zu machen, und es wird gewiß anzunehmen sein, daß die einzelne Schwalbe sich durchaus nichts dabei denkt, wenn sie den Schmutz aus ihrem Nest dicht am Rande desselben zu Boden fallen läßt. Um so bemerkenswerter ist es nun aber, wenn die Tierchen in einzelnen Fällen, wo es sich um ihre gesicherte Existenz handelt, von dem Herkommen abweichen und Reinlichkeitsgewohnheiten annehmen, die ihnen für gewöhnlich fremd sind. In Japan wohnen sie vielfach in den Wohnhäusern der Eingeborenen, deren Türen bei Tage und meist auch bei Nacht offen stehen. Man schützt sie und pflegt unter ihren Nestern kleine Brettchen anzubringen, welche den Schmutz vom Boden abhalten sollen. Nach glaubwürdigen Berichten haben viele der Tierchen dort schon gelernt, das Schutzbrettchen überflüssig zu machen; sie tragen den Schmutz im Schnabel heraus und werfen ihn erst im Freien ab. Einzelne Exemplare lernen bei uns das gleiche. Herr Baréty schreibt in der Revue scientifique vom 15. September 1888: „Das folgende kann jeder, der will, leicht kontrollieren. In Néris les Bains, Departement de l'Allier, befindet sich im Hofe des Hotels Raphanel, 2½ Meter vom Boden, ein Schwalbennest. Es hängt dort seit mehreren Jahren, und die Baumeister erhöhen es jährlich um einige Millimeter. Als ich mich über die Anwesenheit des Nestes in dem sehr reinlichen Hof verwunderte, sagte mir Herr Raphanel, daß die Mutter seit mehreren Jahren allen Schmutz, der aus dem Nest auf den Boden fiele, sorgfältig im Schnabel weit forttrüge. Und er fügte hinzu, daß sie das tue, weil man ihr sonst nicht erlauben würde, in dem Nest ferner zu wohnen."

In der naiven Deutung des Landmannes, der da sagt: Das Tier weiß recht gut, warum es das tut, liegt in einem solchen Falle viel mehr Sinn als in der Ableugnung des Philosophen, der den Vögeln die Überlegung abspricht, weil sie nicht in sein System paßt. Wie und wann den Schwalben von Néris das Verständnis dafür aufgegangen ist, daß ihre Existenz von der Entfernung des Schmutzes abhängen würde, das wird sich schwerlich ermitteln lassen; daß sie es aber haben, ist kaum zu bezweifeln. Denn wenn ein einzelnes Tier etwas tut, was seine andern Artgenossen sämtlich unterlassen, so kann man nicht den Artinstinkt, sondern nur die persönliche Überlegung für seine Handlungsweise verantwortlich machen; und wenn die Handlung, wie im vorliegenden Falle, augenfällig zweckmäßig ist, so bleibt nichts übrig als anzunehmen, daß das Tier sie den besonderen Umständen seines Daseins angepaßt, mit anderen Worten: daß es sie überlegt hat. Der instinktmäßige Trieb, den Unrat aus der Nähe des Nestes zu entfernen, mag in der Tierwelt viel älter und viel weiter verbreitet sein als wir wissen; er mag auch in der Schwalbe als latentes Erbstück schlummern, welches für gewöhnlich nicht benutzt wird, weil es bei ihrer Bauweise überflüssig geworden ist. Aber selbst wenn das der Fall wäre, so muß sein Wiederhervortreten im einzelnen Falle doch durch das Erkennen, daß sein Hervortreten zweckmäßig ist, bedingt sein.

Die Schwalben durchfliegen weite Strecken, oft in großer Höhe; sie müssen also gute Pfadpfinder sein. Wie es bei ihren Wanderungen nach dem Süden zugeht, das hat noch niemand beobachten können, weil dieselben bei Nacht stattfinden; vermutlich lernen die Jungen von den erfahrenen Alten die Wege und Richtungen. Daß aber auch das einzelne Tier sich auf weite Strecken zurechtfindet, wurde ganz vor kurzem durch einen Versuch festgestellt. Zu Rheydt im Regierungsbezirk Düsseldorf befindet sich eine Anzahl von Schwalbennestern im Tanzsaal eines Wirts. Die Nester sind auf einem Balken angelegt, der unter dem Plafond herläuft. Wie sie unter solchen Umständen zu tun pflegen, haben die Tiere ihre Nester direkt auf den Balken aufgesetzt und nach oben offen gelassen. Der Besitzer schützt sie und kennt die Zahl der Nestinsassen. Am 24. September 1888 wurden aus zweien der Nester drei alte, erwachsene Schwalben entnommen; ein Herr, der von Rheydt nach Berlin fuhr, nahm sie mit und ließ die erste in Gütersloh, die zweite in Minden, die dritte in Hannover fliegen. Vorher war jeder ein rotes Bändchen um ein Bein gebunden worden. Dieses Bändchen haben sie sämtlich abgestreift und es hat deswegen nicht genau angegeben werden können, wann sie wieder angekommen sind, aber daß sie zurückgekommen sind, ist festgestellt; denn nach drei Tagen waren sämtliche Nester vollzählig besetzt, sowohl von den Alten wie von den Jungen.

Der Versuch wurde unter recht ungünstigen Umständen angestellt; denn die Tiere hatten vorher schwerlich Gelegenheit gehabt, sich auf so weite Entfernung hin zu orientieren, und sie waren in einem dunklen Kästchen mitgenommen worden, wo sie keine Gelegenheit hatten, eine Vorstellung von dem mit der Eisenbahn zurückgelegten Wege zu bekommen; wenn sie sich trotzdem zurückgefunden haben, so mag ihnen der Heimweg wohl manchen vergeblichen Hinundherflug gekostet haben, aber daß sie es getan, spricht entschieden für ein großes Orientierungsvermögen. Vielleicht ist der Versuch, Schwalben zu Brieftaubendiensten heranzuziehen, nicht aussichtslos; sie würden jedenfalls den Vorzug haben, unterwegs keinen feindlichen Angriffen von Bedeutung ausgesetzt zu sein.

18.

Ein struppiger Kostgänger.

Januar 1888.

Es ist merkwürdig, was für absurde Tierfeindschaften sich manchmal im Volke ausbilden. Daß man Schlangen, Hornissen und ähnliches Ungeziefer allgemein und ohne Ansehen der Person totschlägt, ist sehr erklärlich und berechtigt; man geht da eben von dem Grundsatz aus, daß es besser ist, zehn Tiere von unerwiesener Schädlichkeit zu vernichten, als eins am Leben zu lassen, welches bei Gelegenheit einen Schaden anrichten kann, der ganz außer Verhältnis zu seinem persönlichen Wert steht. Auch das ist noch begreiflich, daß z. B. die Italiener den unschuldigen Gecko verfolgen, weil das Tierchen sich durch seine Verwandtschaft mit der im ganzen übel beleumundeten Klasse der Reptilien dem Volksglauben als gefährlich darstellt. Wie aber kommen Tiere, deren Harmlosigkeit ganz offen zutage liegt, zu der zweifelhaften Ehre, daß die Leute glauben, ihnen einen besonderen Haß widmen zu müssen?

Beispiele davon sind nicht selten. In Griechenland z. B. halten die Menschen sich für verpflichtet, jede Eule, die ihnen in die Hände fällt, zu steinigen. Sie betrachten das als eine Art geselligen Vergnügens. Ich selbst fand einmal ein Dutzend großer Lümmel von athenischen Seminaristen damit beschäftigt, ein armes Käuzchen durch

Steinwürfe zu töten. Ich sprach ihnen meine Meinung, das sei eine Gemeinheit, recht deutlich aus; doch sie hatten auf alle Anreden nur eine Antwort: „Aber das ist ja eine Eule!" „Aber das ist ja eine Eule!" Damit war für sie jedes Argument abgeschnitten. In manchen Teilen des nördlichen Deutschlands gilt die Spitzmaus für ein geradezu dämonisches Geschöpf, dem auf besondere Weise der Garaus gemacht werden muß. Und zwar besteht die orthodoxe Art, sie zu töten, darin, daß man sie in das Astloch eines Baumes steckt und dieses mit einem passenden Holzpfropf verkeilt. Auch der Igel gehört zu dieser Klasse der grundlos gehaßten Wesen. Ich selbst habe noch als Knabe die größern Genossen im sauerländischen Gebirge behaupten hören, den Igel „müsse" man lebendig pfählen, wo man ihn finde.

Die Praxis ist bei uns wohl nicht so schlimm, wie die abergläubische Theorie, und dieselben Leute, welche heutzutage noch derartige abgeschmackte Überlieferungen erzählen, betrachten sie doch mehr als ein hergebrachtes „on dit", denn als praktische Regel; sie lassen den wirklichen Igel, der ihnen begegnet, meist ruhig laufen. Aber merkwürdig bleibt es immerhin, daß solche Überlieferungen überhaupt auftauchen und bestehen können. Bei dem ersterwähnten Falle der Eule in Griechenland läßt sich der Haß als die Kehrseite der früheren Verehrung erklären. Bekanntlich war die Eule ehemals der Vogel der Göttin Athene und als solcher eine Art von heidnischem Heiligtum. Eben deswegen mag man sie, nachdem das Christentum eingeführt war, dämonisiert haben, grade wie unsere deutschen Götter und Sagenhelden von den Mönchen zu teuflischen Wesen gestempelt wurden. Aber Spitzmäuse und Igel sind niemals hervorragende

Tiere in der deutschen Mythologie gewesen, sodaß kaum zu ersehen ist, wie sie in den Ruf besonderer Menschheitsfeinde gekommen sind. Sollte derselbe vielleicht noch aus vordeutscher, keltischer Zeit in den Hexenglauben des Mittelalters herüberragen? Oder hat sich vor grauen Jahren einmal im Dunkeln ein heiliger Mann auf einen lustwandelnden Igel gesetzt und ihm deswegen seinen Fluch für ewige Zeiten angehängt? Die Kulturhistoriker mögen darüber entscheiden.

Ich wollte von meinem Igel Kasimir erzählen und bin unversehens in die Sagengeschichte geraten. Kehren wir zum Hauptstoff zurück. Ich fand ihn eines Abends am Meer, wo er, ein undeutlicher grauer Klumpen, sich langsam zum Wasser hinschob. Was er da wollte, ob er ein Bad zu nehmen beabsichtigte oder ob er, wie Victor Hugos grausam gekränkter Räuberhauptmann, ein Gelübde getan hatte, seinen Durst mit bitterm Wasser zu löschen, blieb unklar; es war abends 11 Uhr und so dunkel, daß ich beim besten Willen sein Treiben nicht näher beobachten konnte. Also nahm ich ihn mit und habe ihn drei Monate lang in einem kleinen Gelaß neben meinem Schlafzimmer beherbergt.

Er erwies sich als eine gemütliche Seele, rumorte anfangs ziemlich viel bei Nacht, gewöhnte sich das aber mehr und mehr ab, als ihm sein Futter, Milch, Mäuse, Käfer, Fleisch, kleine Reste jeder Art, bei Tage beigebracht wurde.

In den ersten drei Wochen rollte er sich sofort ein, wenn ich oder ein anderer Mensch in seine Nähe kam; nachher war er weniger scheu und ließ sich schließlich sogar ausgestreckt auf der Hand tragen, ohne die Stacheln nach außen zu kehren. Dabei war er aber immer auf dem Sprung, sich einzurollen, und oft genug lief über seine spitze Schnauze ein höchst komisches Minenspiel, welches dadurch zustande kam, daß seine Hautmuskeln sich abwechselnd in Bewegung und wieder in Ruhe setzen. Sein Lieblingsfutter waren dicke schwarze Käfer, unsern Rhinozeroskäfern verwandt, die sich in Südeuropa häufig finden. Mit denen gewann ich seine Hochachtung und trat allmählich in ein vertrauteres Verhältnis zu ihm.

Bei Tage wurde sein Gelaß geöffnet und er machte mir Besuche, verschwand aber meistens bald wieder, wenn keine materiellen Genüsse zu holen waren. Ein paarmal entwischte er auch und trieb sich im Hause herum; das endigte dann gewöhnlich damit, daß jemand ihn fand, wo er ihn nicht zu finden wünschte. Casimir besaß nämlich eine in Anbetracht seiner plumpen Gestalt ganz merkwürdig entwickelte Fähigkeit zum Klettern, und er benutzte dieselbe mit Vorliebe, um sich an den Plätzen einzustellen, wo man ihn am wenigsten brauchen konnte, z. B. im Innern eines Kanonenstiefels, im Zylinderhut eines Zimmernachbarn und schließlich auch auf dem Sessel, in den die wohlgenährte Signora, meine Hauswirtin, sich gerade niederließ; bei der letzten Gelegenheit wäre er beinahe noch nachträglich gepfählt worden.

Ich hatte anderes mit ihm vor; ich wollte wissen, wie sich ein honneter Igel anstellt, wenn er mit einer giftigen Schlange zu kämpfen hat. Bekanntlich gilt das Tier für giftfest, und nach Versuchen von Lenz und andern ist in der Tat nicht zu bezweifeln, daß es eine ungewöhnliche Widerstandskraft gegen mineralische, besonders ätzende Gifte besitzt. Über sein Verhalten gegen Schlangenbisse liegen weniger zuverlässige Mitteilungen vor. Ich fand nun vor kurzem in der französischen Zeitschrift „La Nature" eine Angabe, die mit meiner eigenen Wahrnehmung durchaus übereinstimmt, sodaß mir wahrscheinlich ist, das geschilderte Verhalten sei unter den Igeln allgemein.

Eines Abends gelang es mir, eine Kreuzotter von gut zwölf Zoll Länge zu erwischen. Es war heißer Sommer und das Reptil vermutlich stark genug, einen Menschen zu töten. Die Schlange wurde mit Büffelhandschuhen beim Halse gefaßt und in einer Schachtel nach Hause gebracht; Casimir machte als Vorbereitung eine hungrige Nacht durch, und am andern Morgen wurde die Schlange in seiner Gegenwart losgelassen. Er schnüffelte lüstern hinter ihr drein, und wie sie sich mit heftigen Windungen, aber doch langsam, weil es ihr an Anhaltspunkten fehlte, auf dem glatten Fußboden des Zimmers fortbewegte, schoß er plötzlich mit ein paar schnellen Schritten auf sie zu. Sein Laufen erinnerte mich an das Huschen einer Kröte. Bei ihr angelangt, biß er sie ganz behaglich in den Schwanz. Mit wütendem Fauchen fuhr die Otter herum, richtete sich auf, so weit sie konnte, und schlug mit ihren Giftzähnen nach ihm. Er aber hatte sich, den Schwanz seiner Feindin zwischen den Zähnen behaltend, schnell zusammengerollt, und die Schlange traf beim Zuschlagen mitten in das Stachelgewirr des Igels. Natürlich fuhr sie mit blutendem Maul zurück. Freund Casimir aber ließ nicht los, sondern biß ruhig weiter. Die Otter wurde wild und immer wilder, wußte aber in ihrer steigenden Wut nichts anderes zu tun, als immer wieder auf den Stachelknäuel loszuschlagen, selbstverständlich nur zu ihrem eigenen Schaden. Etwa zehn Minuten dauerte der Kampf, der von seiten der Schlange mit Zischen und Wüten, von seiten des Igels mit gemütsruhigem Stillhalten geführt wurde; dann war die Otter so übel zugerichtet, daß sie nicht mehr schlagen konnte und ihre Anstrengungen aufgab; ihr ganzer Kopf war von Blut und Wunden unkenntlich geworden. Hierauf wickelte der Igel sich langsam auseinander, ging an das Vorderende seiner Feindin heran, beschnüffelte es, fand es richtig vorbereitet und biß mit einem Griff den Hals der Schlange durch. Dann verspeiste er die hintere, größere Hälfte, ließ aber die vordere liegen.

Es scheint sonach, daß der Igel beim Kampf mit giftigen Reptilien die Giftfestigkeit seines innern Organismus überhaupt nicht in Anspruch nimmt, sondern sich einfach auf sein angeborenes Universalverteidigungsmittel, den Stachelpanzer, verläßt; das muß ihm auch offenbar am nächsten liegen, gerade so nahe, wie unsereinem Büffelhandschuhe und derbe Stiefel, wenn er auf den Schlangenfang geht.

19.

Wie finden Bienen und verwandte Insekten ihren Heimweg?

Februar 1890.

Man hat schon lange beobachtet, daß die gemeine Honigbiene sich oft mehrere Kilometer von ihrem Stock entfernt; man trifft die Tierchen z. B. auf Rapsfeldern und auf Heideflecken, die kilometerweit von jedem Bienenstand entfernt sind. Dabei machen sie aber keineswegs den Eindruck des Verirrtseins, sondern wenn sie ihre Ladung gesammelt haben, fliegen sie unbedenklich in einer bestimmten Richtung davon, offenbar nach Hause. Und wenn sie dort angelangt sind, täuschen sie sich auch nicht über den Korb, zu dem sie gehören, sondern jede einzelne landet auf dem Trittbrettchen ihrer richtigen Wohnung. An diese und verwandte Tatsachen knüpft sich die interessante Frage: Besitzen die weitfliegenden Insekten einen besondern, instinktmäßig wirkenden Ortssinn oder orientieren sie sich, wie andere Leute auch, nach Landmarken, deren Kenntnis sie allmählich gewonnen haben?

Die Anhänger des blinden Instinkts sind von jeher geneigt gewesen, für den besondern Ortssinn zu stimmen, und einer der eifrigsten von ihnen, Fabre, hat seine Ansicht durch besondere Versuche zu stützen geglaubt. Er nahm zehn Bienen der Gattung Chalicodoma, die in der Nähe seines Hauses wohnten, bezeichnete sie mit einem weißen Fleck auf dem Rücken und steckte sie in einen Beutel. Dann trug er sie einen halben Kilometer weit nach Osten, schwang den Beutel wiederholt schnell um seinen Kopf, ging dann, immer mit verschlossenem Beutel, nach Westen und trug seine Gefangenen in dieser Richtung, bis sie drei Kilometer von ihrem Nest entfernt waren. Hier wurden sie noch einmal herumgewirbelt und dann einzeln in Freiheit gesetzt. Sie flogen einige Male um ihn herum und verschwanden „in der Richtung nach Hause". Dort wartete Fabres Tochter und verzeichnete die ankommenden Bienen. Die erste erschien nach einer Viertelstunde, zwei andere im Verlauf der nächsten Stunden, sieben kamen überhaupt nicht wieder. Am folgenden Tag wurde der Versuch wiederholt; die erste Biene kam nach fünf Minuten an, zwei weitere innerhalb einer Stunde und wieder blieben sieben aus. Bei verschiedenen Wiederholungen des Experiments, wobei die Tierchen auch auf Umwegen an den Ort des Loslassens getragen wurden, ergab sich im Durchschnitt dasselbe: nahe ein Drittel der Bienen fand in Zeiträumen von einigen Minuten bis zu einigen Stunden den Heimweg; die übrigen blieben aus. „Der Versuch", sagt Herr Fabre, ist entscheidend; weder die verwickelten Wirbelbewegungen noch die künstlichen Umwege können die Chalicodomen in Verwirrung bringen, oder sie hindern, ihr Nest wiederzufinden." Er schließt dementsprechend auf einen besonderen Ortsinstinkt, welcher die Tierchen leitet.

Wenn man aber seine Versuche genau betrachtet, so beweisen sie gerade das Gegenteil von dem, was ihr Urheber herausliest. Handelte es sich um einen unmittelbar wirkenden Instinkt, so müßte dieser in allen Bienen gleichmäßig tätig sein, und es müßte nicht der dritte Teil, sondern die ganze Anzahl der losgelassenen Bienen den Heimweg finden, wenige Exemplare etwa abgerechnet, die auf einer Reise von einigen Kilometern verunglücken können. Es wäre dann nicht zu begreifen, warum zwei Drittel der Versuchstiere ausbleiben. Sehr wohl aber begreift sich das, wenn man annimmt, daß die Bienen zuerst nicht wissen, wohin sie fliegen sollen. Sie werden sich dann nach allen möglichen Richtungen zerstreuen; die eine Hälfte fliegt von vornherein so, daß sie sich vom Nest entfernt, geht also verloren, von der andern fliegt ein kleiner Teil ziemlich gerade auf das Nest los, gelangt also bald in bekannte Gegend, orientiert sich und ist in wenigen Minuten zu Hause, die andern fliegen seitlich und machen Streifzüge kreuz und quer; ein Teil hat Glück und kommt auf bekanntes Gebiet, findet also den Heimweg, aber erst nach stundenlangem Suchen, den andern gelingt das nicht und sie gehen gleichfalls verloren. Das ist genau das Verhalten, welches Fabres Versuchstiere gezeigt haben, seine Ergebnisse sprechen also dafür, daß die Chalicodomen tatsächlich ihre Heimat erst wiederfinden können, nachdem der Zufall sie auf einen Boden gebracht hat, den sie von früheren Flügen her kennen. Dem entspricht auch die Art des Auffliegens, wenn sie losgelassen werden: sie steigen zuerst in Kreisen empor, wie Brieftauben, die eine Übersicht über das nächstliegende Gebiet zu bekommen wünschen. Die Angabe Fabres, daß seine Bienen nach einigem Kreisen alle die Richtung heimwärts eingeschlagen haben, ist ihm selbst zweifelhaft; er macht sie mit Vorbehalt, und sie kann nicht richtig sein, denn sonst würden sich nicht so viele von seinen Tierchen verloren haben. Selbst diejenigen, die richtig ankamen, hätten dann gar keinen Grund gehabt, stundenlang auszubleiben.

Die beiden englischen Forscher Lubbock und Romanes haben ähnliche Versuche angestellt; der erstere mit Ameisen, der letztere mit Bienen, und beide sind zu Ergebnissen gelangt, welche der Instinkttheorie deutlich widersprechen. Lubbock setzte ein Glas voll Honig neben ein Ameisennest und nachdem zahlreiche Ameisen hineingeklettert waren, trug er es vorsichtig auf ein Brettchen, welches beim ersten Experiment nur 18 Zoll, beim zweiten 50 Yards vom Nest entfernt war. Den Ameisen fehlte nun ihr gewöhnliches Orientierungsmittel, das Rückwärtsverfolgen der eigenen Spur, und sie zeigten sich verwirrt. Sie verließen das Brettchen nach allen möglichen Richtungen; aus dem geringen Abstand von 18 Zoll fanden sie sich zum Neste zurück, aber nur nach langem Umherwandern und wenn der Zufall des Weges sie in die Nähe des Nestes brachte, in der Entfernung von 50 Yards aber waren sie hoffnungslos verloren.

Romanes brachte Bienen in ein Haus in der Nähe der See. Zu beiden Seiten des Hauses waren große Blumenbeete, zwischen dem Haus und dem Meer aber lagen 200 Meter Wiese. Es war demnach anzunehmen, daß die Bienen, wenn sie sich in gewöhnlicher Weise orientierten, die Gegend zu beiden Seiten des Hauses bald kennen würden; in der Richtung nach der See dagegen hatten sie nichts zu suchen, da die Wiese ihnen nichts Brauchbares bot. Ein Bienenkorb wurde in einem Zimmer des Hauses untergebracht und den Tieren Zeit gelassen, die Umgebung kennen zu lernen. Nachts verschloß man die Fenster und den Korb, ließ morgens die gewünschte Anzahl von Bienen aus dem Korbe, fing sie an den Fenstern, zählte sie in ein Gefängnis und bestrich dann das Trittbrettchen des übrigens verschlossenen Korbes mit Vogelleim, so daß jede heimkehrende Biene ohne weiteres festgeklebt wurde und kontrolliert werden konnte. Wurden nun die gefangenen Bienen über den Blumenbeeten freigelassen, so klebten sie regelmäßig nach wenigen Minuten auf ihrem Trittbrett; brachte man sie aber auf das Meer, so kam keine wieder. Ja, noch mehr, wenn Romanes die Tierchen auf der Wiese nur 200 Yards vom Hause entfernt losließ, fand kein einziges den Heimweg, während sie ähnliche Strecken über dem Blumengarten so schnell zurücklegten, daß der Beobachter sie bereits klebend fand, wenn er so rasch wie möglich ins Haus zurücklief. Hiermit ist deutlich dargetan, daß die Bienen sich heimfanden, wo und weil sie das Gebiet aus früheren Besuchen kannten, während ihnen da, wo sie nicht Bescheid wußten, auf Wiese und Wasser, jede Orientierung fehlte. Sie orientieren sich also auf Grund vorgängig erworbener Kenntnis, gerade wie Brieftauben und Menschen.

Unter den einsam lebenden Erdbienen und Wespen kommen Fälle von Ortskenntnis vor, die noch merkwürdiger aussehen, als das Orientierungsvermögen der geselligen Honigbiene. Die Sandwespe Bembex z. B. legt ihr Nest in Gestalt einer kleinen Höhlung in lockerem Sande an. In die Zelle legt sie ein Ei, aus dem eine Made kriecht, und versorgt die letztere von Zeit zu Zeit mit frischer Nahrung. Jedesmal, wenn sie die Zelle verläßt, bedeckt sie deren Öffnung sorgfältig mit Sand, sodaß die Stelle, wo sich das Nest befindet, für ein menschliches Auge durch nichts vor der Umgebung ausgezeichnet ist. Und dann weiß das Tierchen seine Zelle inmitten der gleichartigen Sandfläche vollkommen sicher wiederzufinden, kommt von weitem angeflogen, läßt sich von vornherein auf der richtigen Stelle nieder, scharrt den Sand weg und findet sein Junges. Kratzt man aber die Sanddecke von seinem Nest fort, so ist der Bember verstört und läßt seine Made im Stich. Hierin liegt zugleich der Beweis, daß er die Zelle nicht durch den Geruchssinn findet; denn wenn er die Made röche, müßte er sie doppelt leicht riechen, nachdem sie aufgedeckt ist. Eine verwandte Gattung, Anthidium, legt ihre Eier in leere Schneckenhäuser, und da der Mensch diese leicht bewegen kann, liefern sie ein bequemes Versuchsmaterial. Man schiebe das Schneckenhaus, in welchem ein Anthidium angefangen hat seine Brut abzusetzen, um einige Zoll vom Platz. Das Tier kommt angeflogen und prallt aus kräftigem Flug mitten auf die Stelle, wo sein Nest sein sollte, findet aber nichts. Da erhebt es sich, fliegt zurück, bleibt eine kurze Weile aus und kommt wieder. Es prallt zum zweitenmal aus vollem Fluge genau auf die Stelle, wo es vorher landete. Wieder enttäuscht fliegt es noch ein- oder mehreremal auf, um immer wieder an derselben Stelle niederzufallen. Dann scheint es die Überzeugung gewonnen zu haben, daß der Platz, wo es landete, der rechte ist; es fliegt nicht mehr fort, sondern sucht die Umgebung ab, findet das verlegte Schneckenhaus und bemächtigt sich desselben. Das ganze Gebahren des Insekts weist darauf hin, daß es sich nicht erst durch Umhersuchen auf dem Boden orientiert, sondern daß es dies in der Luft während des Fluges tut. Ehe es zum Boden herabschießt, weiß es schon: „Da ist der Punkt“, und wenn es nun zu finden glaubt, daß es sich getäuscht hat, so berichtigt es seinen vermeintlichen Irrtum nicht auf dem Boden, sondern es fliegt wieder hinaus, um sich in der Luft seine Merkmale wiederzusuchen. Und diese findet es offenbar durch Beziehung auf benachbarte Gegenstände. Der kugelige Bau seiner Augen gestattet ihm, ein weites Gesichtsfeld auf einmal zu überblicken, und in diesem Gesichtsfeld merkt es sich nicht das einzelne Sandhäufchen oder die einzelne Erdscholle, die sein Nest birgt, sondern es merkt sich Bezugspunkte: „Mein Nest liegt in gerader Linie zwischen jener roten Blume und diesem weißen Kieselstein, im Dreieck zwischen einem Grashalm, einer vorspringenden Kante usw.“ Die ganze Art zu sehen ist anders als bei uns bei einem Tier, dessen Blick gleichzeitig umspannt, was rechts, links und zum Teil hinter ihm liegt; es sieht überall nicht bloß den einzelnen Gegenstand, sondern dessen Beziehung zu entfernten Visierpunkten. Das Anthidium hat seine Berechnung richtig gemacht, es ist genau auf dem Punkt angekommen, wo es sein Nest verlassen hatte, aber das Nest ist scheinbar verschwunden. Da sucht es, aber es sucht zunächst in seiner Art: es fliegt wieder in die Höhe, rekapituliert noch einmal seine trigonometrischen Punkte und sagt sich, „da ist der Grashalm, da ist die Kante, dazwischen muß es sein“, und so schießt es zum zweitenmal genau auf den richtigen Fleck. Nachdem es dies mehrmals wiederholt, kommt es endlich zur Erkenntnis, daß es seinen Weg richtig gewählt hat, daß also etwas besonderes mit dem Neste vorgegangen sein muß; dann sucht es auf dem Boden. Ebenso findet offenbar auch der Bembex seinen nicht unterscheidbaren Fleck auf dem

Sande, indem er ihn trigonometrisch auf entferntere Gegenstände bezieht, und ähnlich werden sich wohl alle diejenigen Tiere orientieren, die, wie diese Wespen, durch den Bau ihrer Augen darauf angewiesen sind, seitlich gelegene Gegenstände bequem zu übersehen.

So betrachtet, verliert das Orientierungsvermögen der Insekten von seiner Wundersamkeit, aber es wird dadurch nur um so interessanter; man sieht, wie die Tiere einfach durch verständige Benutzung ihrer natürlichen Mittel Dinge leisten können, die selbst unserm weit entwickelteren Vermögen auf den ersten Blick schwer erklärlich scheinen.

20.

Das Kreisen der Raubvögel.

Januar 1885.

Wer hat nicht schon erfreut und verwunderungsvoll zugeschaut, wie ein Raubvogel seine Kreise zieht? Ein schöner Morgen, ein leichter Wind, alles ruhig ringsum; da hebt sichs von einem Baume oder Felsen, ein mächtiger Flieger ists. Einige rauschende Flügelschläge, er hat die nötige Anfangsgeschwindigkeit gewonnen; dann breitet er die Schwingen aus und läßt sich schießen, setzt sich mit einer unmerklichen Neigung der Flügelspitzen in Kreisbewegung und steigt, ohne seine Schwungfedern auf und nieder zu schlagen.

Im Anfang hilft er wohl mit einigen weiteren Flügelbewegungen nach; bald aber hören diese ganz auf, er rührt kaum einzelne Federn, und dabei steigt er ruhig, gleichmäßig und schnell bis zu Höhen, in die ihm nur wenige seiner Ordnungsverwandten folgen können. Selbst wenn man ihn mit dem Fernrohr betrachtet, erkennt man kaum eine sichtbare Bewegung seiner Flügelspitzen und des Schwanzes, gerade so viel, wie nötig ist, um die fortwährenden Richtungsveränderungen, die beim Kreisen eintreten, herbeizuführen; schwebt der Vogel in großer Höhe, so sieht man nur, daß seine Unterseite abwechselnd heller und dunkler erscheint, ein Zeichen, daß sie bald mehr, bald weniger beschattet ist, also daß die

Körperachse des Tieres, die Linie vom Schwanz zum Schnabel, verschiedene Grade der Senkung oder Steigung annimmt.

Solch ein kreisender Raubvogel ist ein schöner Anblick und ein rätselhafter, vielleicht auch ein für die Menschheit wichtiger, denn bei ihm, wenn irgendwo, haben wir das Muster für menschliche Flugmaschinen zu suchen; der kreisende Vogel kommt offenbar mit einem viel geringeren Aufwand von Arbeit in die Höhe, als irgend ein anderes Wesen, und das ist gerade das, was der Mensch zu erstreben hat, wenn er mit seinen kleinen Kraftmitteln persönlichen Flug erzielen will. Woher aber nimmt der Vogel die Arbeit, welche sein oft bedeutendes Körpergewicht um Tausende von Metern in die Höhe hebt?

Ältere Betrachtungen über das Fliegen legen großen Wert auf die warme Luft, die an und in dem Vogelkörper vorhanden ist, z. B. auf die hohlen Röhrenknochen der Tiere; irgendwo in Humboldts Werken wird sogar der Vermutung Raum gegeben, daß der Kondor sich schwebend erhalte durch die warmen Luftströme, welche von seinem Gefieder, vermutlich an der Unterseite desselben, ausgehen. Aber wenn wir die Luftmenge, welche in der Lunge und in sämtlichen Hohlknochen eines Adlers enthalten ist, auf 2 Liter schätzen, so haben wir gewiß nicht zu niedrig gegriffen; und wenn wir nun annehmen, jedes Liter Luft im Innern des Vogels habe eine Temperatur von 40° C., während ringsum die Temperatur —10° C. herrsche, so wiegt ein Liter Luft von 40° C. 1,25 g, und ein Liter Luft von —10° C. wiegt 1,48 g; der Unterschied zwischen beiden beträgt 23 cg. Um das Doppelte dieses Gewichts wird der Vogel durch den Auftrieb der Luft erleichtert und — auf 46 cg dürfte es einem Adler nicht gerade ankommen.

Sollte aber ein so großer Vogel durch eine Luftströmung getragen, d. h. mit einer Kraft, die sein Gewicht gerade aufhebt, in die Höhe geblasen werden, so wäre dazu offenbar ein mächtiger Luftstrom erforderlich, und wenn die eigene Körperwärme des Vogels diesen Strom erzeugen sollte, so müßte sie vorab so dirigiert werden können, daß sie an der Unterseite des Vogels in viel stärkerem Grade entwiche als an der Oberseite, was nicht angeht, und außerdem würde der Wärmeverbrauch so groß sein, daß das Tier binnen kurzem als hartgefrorene Leiche aus der Luft herabstürzen müßte.

Ein wirklich beachtenswerter Versuch, das Kreisen der Raubvögel zu erklären, ist erst in letzter Zeit von Lord Rayleigh gemacht worden, und der hat allerdings den Vorgang einigermaßen begreiflich gemacht. Ihm wollen wir jetzt nähertreten.

Man kann zunächst beobachten, daß nur die s c h w e r e r e n Vögel mit langen Flügeln zu kreisen verstehen. Das sind nicht immer die stärksten und „edelsten" Flieger. Unser echter Habicht z. B. kreist nicht, ebensowenig die Sperber und kleineren Falken (die Edelfalken tun es nach den Jagdberichten), wohl aber die Weihen und ganz besonders der gemeine Bussard, am Boden der plumpste unserer Raubvögel; den sieht man im Spätsommer zu Dutzenden über jedem Dorfkirchturm die prächtigsten Steiglinien beschreiben. Ähnlich ist in den Alpen das Verhältnis zwischen Königsadler und Lämmergeier; der letztere, der weniger edle aber schwerere von beiden, zieht die schönsten und höchsten Kreise. Vor allen berühmt aber sind wegen ihres schönen Schwebens die dicken Geier der südlichen Gegenden, obenan der große, hühnerähnlich geformte Kondor. Sie steigen, einmal im Kreisen begriffen, zu fabelhaften Höhen empor, schießen, wenn irgendwo ein Aas liegt, in prachtvollem Bogen herab und sind, am Boden angelangt, die plumpsten, schwerfälligsten Flieger, denen jede Taube zuvorkommt. Ein gewisses Körpergewicht scheint also das Kreisen zu unterstützen.

Man kann ferner bemerken, daß die Möglichkeit des Kreisens mit Wind und Wetter zusammenhängt, Steigende Raubvögel sind nie bei Sturm und Gewitter, aber auch nicht bei völliger Windstille zu sehen. Wenn man sie wahrnimmt, so herrscht fast immer in der Nähe der Erdoberfläche ein leichter, ziemlich gleichmäßiger Wind. Dieser ist auch offenbar von Einfluß auf die Bewegung der Tiere. Jedes von ihnen steigt in einer Schraubenlinie in die Höhe; die Schraube aber ist nicht senkrecht, sondern schief gestellt; wenn ein Bussard 500 m steigt, so wird er regelmäßig vom Winde um etwa 200 m abgetrieben. Es scheint sogar nicht bloß eine bestimmte Windstärke am Boden, sondern ein bestimmter Himmelszustand dazu zu gehören, daß die Raubvögel steigen; der Himmel muß klar oder leicht bedeckt sein, sonst sieht man sie nicht in Tätigkeit.

Es ist nun gewiß nicht ästhetische Vorliebe für blauen Himmel und goldenen Sonnenschein, welche die Bussarde veranlaßt, ihre Steigübungen auf schöne Tage zu beschränken, sondern etwas anderes; sie müssen bei gutem Wetter am leichtesten die Bedingungen finden, welche das Kreisen möglich machen. Und eine von diesen Bedingungen, die durch schönes Wetter erfüllt wird, springt sofort in die Augen: das ist eine regelmäßige Verteilung der Luftströmungen.

Leiser, regelmäßig strömender Wind wird demnach als die Grundbedingung des Steigens erkennbar, und damit ist auch gesagt, daß der Wind das Agens ist, dessen sich die Vögel zum Steigen bedienen. Um so sicherer kann man dies annehmen, als sich tatsächlich keine andere Antriebsquelle angeben läßt, aus der die Tiere ihre Steigkraft beziehen könnten. Ein kreisender Raubvogel ist eine Art von Drache (Windvogel), aber ein lebendiger Drache, der nicht an eine Schnur gebunden zu sein braucht, sondern sich selbst so lenkt, daß er vom Winde in die Höhe gedrückt wird. Sehen wir nun zu, wie das möglich ist.

Zunächst denken wir uns, die Luft sei vollkommen ruhig und in ihr schwebe mit ausgespannten Flügeln ein Geier, der keine erheblichen Flügelschläge machen, sondern nur diejenigen kleinen Bewegungen ausführen darf, die erforderlich sind, um Drehungen zu veranlassen. Liegt er ganz ruhig und horizontal auf der Luft, so wird er durch seine Schwere allmählich herabsinken, und zwar langsam, weil die Flügel als Fallschirm wirken, aber sicher, weil er schwerer ist, als die von ihm verdrängte Luft. Neigt er die Körperachse nach unten, so daß sein Kopf tiefer liegt, als der Schwanz, so wird er gleitend nach vorn schießen und sich mit wachsender Geschwindigkeit dem Boden nähern. Stellt er die Körperachse schräg nach oben, so daß sein Schwanzende das tiefere ist, so wird er gleichfalls abwärts gleiten, aber rücklings — ein Experiment, welches er praktisch nie ausführt, weil ihm dabei die Herrschaft über sein Gleichgewicht abhanden kommen würde.

Zweitens sei der Geier in Bewegung nach vorn; er habe sich einen Schwung gegeben, durch den er in dem Augenblick, wo wir ihn betrachten, eine gewisse Geschwindigkeit besitzt. Legt er sich nun genau horizontal, so wird er vermöge der Trägheit eine Strecke weit nach vorn fliegen; dabei wirkt aber die Schwere noch immer auf ihn, er sinkt langsam. Zugleich leistet ihm die Luft einen gewissen Widerstand, so daß seine Geschwindigkeit immer kleiner wird; nach einiger Zeit ist diese seine Geschwindigkeit erschöpft, er hört auf, vorwärts zu fliegen und befindet sich in dem Zustande, in welchen wir ihn eben betrachtet haben. Neigt er die Körperachse nach unten, so schießt er nicht bloß vermöge der Trägheit vorwärts, sondern er gleitet gleichzeitig auf der Luft abwärts, seine Geschwindigkeit nimmt also zu und er bewegt sich immer schneller nach unten. Stellt er aber die Körperachse schräg aufrecht, so tritt etwas neues ein: vermöge der Trägheit schießt er vorwärts, dabei drückt aber der Luftwiderstand kräftig gegen seine Unterfläche und treibt ihn in die Höhe, wie der Wind den Drachen. Der Luftwiderstand vermindert dabei schnell seine Geschwindigkeit, so daß er nach einer gewissen Steigung zur Ruhe kommt und sich wieder in dem Zustande des ersten Falles befindet. Und zwar wirkt dieser Luftwiderstand, wie man bei näherer Betrachtung sieht, auf zweierlei Weise: 1. durch Druck auf die Unterfläche des Vogels, 2. durch Reibung an seinen Federn. Die erste dieser Wirkungen ist die nützliche, sie bewirkt den Auftrieb, die zweite ist die schädliche, sie vernichtet die Geschwindigkeit, ohne etwas dafür zu leisten. Sie, die zweite, tritt um so stärker hervor, je größer die befiederte Oberfläche des Vogels im Verhältnis zu seinem Körpergewicht ist, d. h. sie tritt am stärksten bei leichten Vögeln hervor — und darin liegt der Grund, weshalb die schweren Tiere am besten schweben; bei ihnen kommt der nützliche Effekt des Luftwiderstandes mehr zur Geltung. Existierte der letztere allein, so würde sich die Steigung, welche ein Vogel mit einer bestimmten Geschwindigkeit erreichen kann, leicht nach den Grundsätzen der Mechanik berechnen lassen. Wir geben ein Beispiel: Hätte ein Vogel in dem Augenblicke, wo wir anfangen, ihn zu betrachten, eine Geschwindigkeit von 10 m in der Sekunde, so würde er damit um sehr nahe 5 m steigen können, wenn die Reibung der Luft an seinem Körper ihn nicht zurückhielte. Auf Grund der letztern steigt er um etwas weniger als 5 m, wenn er seine Körperachse schräg nach oben stellt.

Der Vogel kann nun, wenn er sich etwa in der Höhe von 100 m befindet, indem er die Körperachse nach vorn senkt, sich in Bewegung setzen. Er schieße etwa 5 m abwärts, dann würde er nach den Fallgesetzen, wenn keine Reibung existierte, auf diesem Wege eine Geschwindigkeit von 10 m in der Sekunde erhalten. In der Höhe von 95 m angelangt, kann er dann sich horizontal stellen und weiter vorwärts schießen; er kann aber auch seine Axe aufwärts richten und wird dann, wie eben auseinandergesetzt, von der Luft aufwärts gedrückt. Und zwar würde er, wenn er die Geschwindigkeit von 10 m in der Sekunde erlangt hätte, ohne die Reibung wieder 5 m aufwärts fliegen, also genau wieder in die Höhe von 100 m gelangen. Da nun aber die Reibung auf ihn wirkt, so erreicht 1. seine Geschwindigkeit nicht den ganzen Wert von 10 m in der Sekunde, und 2. wird er nicht ganz auf die Höhe gefördert, welche seiner Geschwindigkeit entspricht. Im ganzen also kommt er, nachdem er einmal ab- und einmal aufwärts geschwebt ist, nicht wieder auf der Höhe von 100 m an, sondern bleibt etwas niedriger, etwa auf 99 m. Und dies ist nun das einzig mögliche Ergebnis der Bewegungen, auf die er beschränkt ist: wie er sich auch richtet, er kann immer nur in eine geringere Höhe gelangen, als die, welche er ursprünglich inne hatte. Dreht er sich, so ändert er nichts daran, denn wie er sich auch drehe, die Gesetze des Falles und des Widerstandes bleiben immer dieselben. In ganz ruhiger Luft ist es also unmöglich, daß ein Vogel ohne Flügelschlag steige; er kann nur sinken.

Hat er in der Höhe von 100 m eine gewisse Anfangsgeschwindigkeit, z. B. 10 m, so kann er mit dieser noch um etwa 5 m steigen; aber dann kommt er in der Höhe von 105 m zur Ruhe und kann von da ab nur noch sinken.

Ganz dasselbe tritt nun ein, wenn der Vogel sich in einer Luftmasse befindet, die ihrer ganzen Menge nach in genau gleichförmiger Bewegung ist, die z. B. durchaus mit der Geschwindigkeit von 4 m in der Sekunde nach Westen fließt. Denn die Einwirkung der Luft auf das Tier hängt nur davon ab, wie der Vogel sich relativ zur Luft bewegt. Denken wir uns im vorliegenden Falle, daß der Erdboden gleichfalls eine Geschwindigkeit von 4 m in der Sekunde nach Westen annehme, so wird dadurch für den Geier nichts geändert. Dann aber ist die Luft relativ zur Erde in Ruhe, und die Verhältnisse sind dieselben, als wäre die Luft in Ruhe, und die Geschwindigkeit, womit die Erde sich um ihre Achse dreht, hätte einfach um 4 m in der Sekunde abgenommen. Es liegt auf der Hand, daß der Geier davon nichts merken würde.

Bei normalem, klarem oder halbklarem Wetter tritt nun aber der Fall, daß die ganze Luftmasse mit gleichmäßiger Geschwindigkeit strömt, nicht leicht ein, sondern in der Regel ist der Wind in der Höhe stärker als am Boden. Die Seefahrer kennen diese Erscheinung ganz wohl; bei schönem, ruhigen Wetter spannen sie besonders die hoch am Mast angebrachten Segel auf, und diese blähen sich oft ganz munter, wenn unten auf dem Wasser kaum ein Lüftchen geht. Man darf nun wohl annehmen, daß dieser Zustand bis in ziemlich bedeutende Erhebungen hinauf herrscht: je höher man kommt, desto stärker der Wind. Und wenn das der Fall ist, so kann unser Geier steigen, ohne seine Flügel anders als zu Schwenkungen im Kreise zu benutzen. Um das einzusehen, muß man bedenken, daß es für den Luftwiderstand nur darauf ankommt, wie sich der Vogel im Verhältnis zur Luft bewegt. Geht er ebenso schnell wie die Luft, so wirkt der Widerstand nicht; geht er in der Richtung des Windes, aber langsamer als dieser, so treibt ihn der Wind an; geht er schneller als dieser, so drückt die Luft gegen ihn; geht er gegen den Wind, so ist der Gegendruck um so stärker, je stärker der Wind ist. Zu näherm Eingehen wollen wir ganz bestimmte Verhältnisse setzen: der Vogel befinde sich in 100 m Höhe, unter ihm, bis zu dieser Höhe, sei die Luft in Ruhe, darüber herrsche ein Wind von 10 m in der Sekunde. Unser Geier habe in der Höhe von 100 m eine Anfangsgeschwindigkeit, etwa 4 m in der Sekunde. Mit dieser würde er sich in ruhiger Luft um etwa 0,8 m heben können. Nun mache er aber einen kleinen Schuß abwärts, drehe sich dann im Kreise herum und richte seine Achse aufwärts. Durch das Abwärtsgleiten bekommt er eine größere Geschwindigkeit und durch das Aufwärtsgehen verliert er sie wieder. Fände keine Reibung statt, so würde er, wenn er zum zweitenmal in der Höhe von 100 m ankommt, genau wieder die Geschwindigkeit von 4 m in der Sekunde haben. Wegen der Reibung wird aber seine Schnelligkeit etwas kleiner, er mag 3 m übrig behalten. Mit dieser Geschwindigkeit tritt er aber nun in die Region des Windes, und zwar, da der Wind 10 m in der Sekunde hat, er selbst aber gegen den Wind fliegt, so bewegt sich der Wind gegen ihn mit der Geschwindigkeit von 13 m in der Sekunde. Er drückt also auch auf ihn mit einer Kraft, die dieser Geschwindigkeit entspricht, d. h. der Wind kann ihn um etwa 8 m heben, während er in ruhender Luft nur 0,8 m hoch gestiegen wäre; er hat daher 7,2 m Steigung gewonnen. Befindet sich nun über dem Punkt, den er jetzt erreicht hat, ein zweiter, noch stärkerer Luftstrom, so kann er die Operation wiederholen; er senkt sich zuerst, um Geschwindigkeit zu gewinnen, kehrt dann um, prallt gegen den stärkern Luftstrom und wird von diesem wieder in größere Höhe gedrückt usw. Das ganze Geheimnis des Kreisens besteht also darin, daß der Vogel mit dem Winde sich senkt und gegen den Wind ansteigt; wenn dabei der Wind nach oben immer stärker wird, so kommt die Steigung von selbst zustande. Damit ist auch die abwechselnde Beschattung, welche man an den schwebenden Vögeln beobachten kann, in Beziehung zu ihrer Tätigkeit gebracht.

Dieselben Erwägungen gelten übrigens auch für Vögel, die mit Flügelschlag fliegen. Wenn die sich so einrichten, daß sie mit dem Winde Geschwindigkeit gewinnen und gegen den Wind ansteigen, treibt der Luftwiderstand sie in die Höhe. Hieran liegt es wohl, daß Störche, Kraniche und andere große Vögel, auch wenn sie nicht rein schwebend, sondern mit Flügelschlag steigen, beim Antritt einer Wanderung nicht gradeaus in der Richtung des Weges in die Höhe fliegen, sondern erst mit Kreisflug sich erheben. Dabei legen sie zwar in den ersten Minuten der Bewegung weniger Weg zurück, aber das ist nicht reiner Verlust, sondern wird aufgewogen dadurch, daß sie mit geringerer Anstrengung in die Höhe kommen, sobald sie den Grundsatz befolgen: In dem Teil der Kreisbahnen, wo der Flug mit dem Winde geht, wird mit den Flügeln horizontal geflogen, in dem Teil, wo der Flug gegen den Wind geht, wird gestiegen. Die Praxis wird ihnen die Vorteilhaftigkeit dieses Verfahrens von selbst beibringen; es ist eine Annäherung an das reine Kreisen der Raubvögel.

21.

Zum Selbstmord des Skorpions.

Brief an die Kölnische Zeitung vom Juli 1887.

Während vor kurzem in den Spalten Ihres Blattes über den angeblichen Selbstmord des Skorpions hin- und hergeschrieben wurde, war ich im Süden Europas damit beschäftigt, meine Versuche über den gleichen Gegenstand zu vervollständigen, und da das Ergebnis derselben Ihre Leser vielleicht interessiert, erlaube ich mir, es Ihnen mitzuteilen. Zum jetzigen Stande der Sache ist noch folgendes zu bemerken: In der englischen Zeitschrift Nature fand vor etwa einem Jahre eine Erörterung über die Frage statt, ob der Skorpion sich totsticht, wenn er in einen Feuerkreis gebracht wird. Die Mehrzahl der Beobachter erklärte die alte Sage vom Selbstmord für eine Fabel; andere verhielten sich weniger ablehnend, und einer schrieb von der Guineaküste: „Der Skorpion ermordet sich, nicht bloß wenn er in einen Feuerkreis gebracht wird, sondern schon wenn Licht plötzlich und erschreckend auf ihn eindringt. Man braucht nur eins der Tiere unter ein Glas zu setzen, über das Glas einen Sturz von undurchsichtiger Pappe zu stülpen, das Ganze in die Sonne zu bringen und dann den Sturz abzuheben; sobald der volle Sonnenschein den Skorpion trifft, hebt er seinen Stachel und schägt ihn gewaltsam in sein Kopfbruststück, worauf der Tod eintritt.“ Ihr seebefahrener Berichterstatter meldete ja ähnliches.

Vor einem halben Jahre hat ein Londoner Gelehrter zunächst die Frage, zu beantworten versucht, ob der Skorpion sich überhaupt töten kann, und hat ein entschieden negatives Ergebnis erzielt. Es war nicht möglich, einen Skorpion dadurch zu töten, daß man ihm seinen Stachel in das Kopfbruststück bohrte, auch dann nicht, wenn man die Giftdrüse kräftig ausdrückte, sodaß ihr Inhalt sicher in den „Kopf" des Tieres gelangte. Dasselbe war in den schwerern Fällen einige Zeitlang matt, erholte sich aber bald wieder und schien im allgemeinen wenig unter seinem eigenen Gifte zu leiden. Ähnliches ist bei Schlangen beobachtet worden.

Wie man aus dem Gesagten sieht, kann die Frage, mit der wir uns beschäftigten, noch nicht als abgeschlossen betrachtet werden; Zeugnissen, deren Glaubwürdigkeit von vornherein nicht gering geachtet werden darf, stehen andere, widersprechende gegenüber. Vielleicht wird man der Lösung rascher nahekommen, wenn man nicht mehr schlechthin sagt „der Skorpion", sondern wenn man die verschiedenen Skorpione nach Art und Herkunft unterscheidet; denn es ist durchaus denkbar, daß z. B. die Buthusarten sich anders verhalten als die Gattung Scorpio, und daß selbst innerhalb derselben Art lokale Charakterverschiedenheiten vorhanden sind.

Ich komme nun zu meinen Versuchen. Von vornherein sei dazu bemerkt, daß sie nicht auf Quälerei angelegt wurden. Der Feuerkreis, in den ich meinen Skorpion brachte, hatte stets 30, meist 40 cm Durchmesser, und ich habe mich jedesmal überzeugt, daß meine Finger minutenlang ohne unangenehme Empfindung an der Stelle verweilen konnten, auf die das Versuchstier gesetzt wurde.

Zunächst verwandte ich nun zu dem Experiment einen Maikäfer, um erst einmal zu sehen, wie ein träges Tier von niedrigen Geistesfähigkeiten, welches mit der üblichen Dosis von Selbsterhaltungstrieb ausgerüstet ist, sich anstellen würde. Ich band dem Patienten die Flügeldecken mit einem feinen Seidenfädchen fest, sodaß er nicht durch Fliegen entwischen konnte, und setzte ihn säuberlich mitten in einen Kreis glühender Kohlen. Er tat genau, was man erwarten konnte, tat, was ein Kaninchen oder auch ein Mensch, der den Kopf nicht verloren hat, in entsprechender Lage tun würde, d. h. er setzte sich in Bewegung, kroch in die Nähe der Kohlen, fand es zu warm, wich zurück, versuchte an einer andern Stelle durchzudringen, wich wieder vor der Hitze zurück usw. Die Wärme am Rande seines Gefängnisses drängte ihn immer wieder nach der Mitte desselben hin, und dort, in der kühlen Mitte, blieb er schließlich sitzen, das weitere abwartend. Zum Lohn für sein verständiges Benehmen wurde er in Freiheit gesetzt.

Der erste Skorpion lief mir auf dem spanischen Platz zu Rom in die Hände; er war von der gewöhnlichen braunen Art, scorpio europaeus, und ist bis jetzt der einzige italienische geblieben, den ich untersucht habe, war übrigens ziemlich klein. Er betrug sich anders als der Maikäfer. Kaum war er auf kühlem Küchenflur inmitten seines Feuerkreises niedergesetzt, so machte er ein paar heftige, anscheinend von höchster Aufregung zeugende Bewegungen, hob die Scheeren, senkte sie wieder und schoß dann, so schnell er konnte, auf die glühenden Kohlen los. Grade unter die heißeste, größte Kohle steckte er den Kopf, in weniger als einer Sekunde sah man seinen Vorderkörper in der Glut schrumpfen, der Schwanz streckte sich krampfhaft grade aufwärts, schwoll heraus, das Stachelglied senkrecht nach oben, und so, in gewaltsamer übermäßiger Streckung briet er sich in etwa sechs Sekunden zutode. Von einem Versuch des Zurückweichens war keine Spur wahrzunehmen. Er hat sich also getötet, aber nicht durch Stich, sondern durch anscheinend entschlossenes — oder blödsinniges — Verbrennen.

Weitere Skorpione erhielt ich in Konstantinopel, wo die Tiere häufig sind und sogar in die obern Stockwerke der Häuser steigen; im Frühsommer findet man an etwas feuchten Plätzen fast unter jedem Stein einen. Sie sind sämtlich schwarzgrau bis schwarz, gehören übrigens, wie ich glaube, zwei verschiedenen Arten an; bei der einen ist der Stachel etwas derber und, wie beim Italiener, gekrümmt, bei der andern nadelfein und grade. Man fürchtet ihren Stich nicht sehr; eigene Erfahrung habe ich nicht darüber. Bei meinen Versuchen verhielten sich beide Arten in gleicher Weise; es wurden nur ziemlich große Exemplare von etwa 5 cm Länge benutzt.

Von einem Dutzend der Versuchstiere verhielt sich die kleinere Hälfte (5 Stück) wie der oben erwähnte Maikäfer; sie liefen umher, prallten vor der heißen Umwallung zurück, zogen sich nach der Mitte des Feuerkreises und blieben dort mehr oder weniger ruhig; einige legten sich platt auf den Boden, die andern krochen in der Nähe des Zentrums umher, ohne sich aber ganz in die Nähe der Kohlen zu wagen, nachdem sie einmal erkannt hatten, daß es an der Grenze überall zu heiß für sie war.

Die größere Hälfte dagegen, sieben Stück, taten im wesentlichen dasselbe, was der italienische Skorpion getan hatte; sie brieten sich zutode. Dabei hatte aber ihr Untergang nicht ganz das Ansehen wie bei jenem; sie marschierten nicht mit derselben verzweifelten Energie ins Feuer, ohne einen Augenblick zurückzuweichen, sondern sie prallten erst vor der Hitze zurück, versuchten an verschiedenen Stellen den Kohlenring zu durchbrechen, liefen wieder nach der Mitte des Kreises, erneuerten ihre Versuche und gingen schließlich dabei zugrunde, indem sie noch im Tode zappelnd unter den Kohlen durchkriechen wollten. Von Selbstmord durch Stich war in keinem Falle die Rede. Dagegen zeigte sich mehrmals eine Erscheinung, die wohl geeignet ist, Aufklärung darüber zu schaffen, woher die Sage der Alten stammt. Der Schwanz des verendenden Tiers streckt sich nämlich anfangs immer nach oben, später aber krümmt er sich öfter nach vorn, die Stachelspitze desselben kommt dabei in die Nähe des Kopfes, und für einen etwas entfernten Beobachter kann das so aussehen, als habe der Skorpion sich wirklich in den Kopf gestochen. Zweimal ist es mir begegnet, daß ein Zuschauer, als das Tier sich so zusammenkrümmte, ausrief: „Sehen Sie, da hat er sich gestochen!" Er hatte sich aber nicht gestochen, wie ich ganz deutlich sah, sondern war schon tot und der Schwanz hatte sich nur langsam nach dem Kopf hinübergekrümmt, wahrscheinlich infolge der Schrumpfung, welche sich aus der einseitigen Einwirkung der Hitze ergab. Man darf wohl vermuten, daß die Erzählung von Selbstmord durch Stich in manchen Fällen aus der Mißdeutung der hier erwähnten Eigentümlichkeit entstanden ist.

Das Ergebnis unserer Beobachtung lautet nach dem Vorstehenden: Ein in glühende Kohlen eingeschlossener Skorpion europäischer Herkunft bringt sich allerdings in mehr als der Hälfte der Fälle um, aber nicht, wie behauptet wurde, durch sein eigenes Gift, sondern indem er ins Feuer läuft. Er macht dabei im ganzen den Eindruck eines Tieres, welches „den Kopf verloren hat" und alles andere, selbst den Schmerz des Feuertodes, über dem Bestreben, die Flucht um jeden Preis zu ergreifen, vergißt. Die wilde, instinktive Furcht überbietet bei ihm jede andere Rücksicht. Man kann bei dem Tier einen ähnlichen Geisteszustand voraussetzen, wie bei unsern Pferden und Rindern, wenn sie in ihren brennenden Stall zurücklaufen und dort, im Grunde sehr gegen ihren Willen, den Tod finden.

Ich bemerke noch, daß ein Teil meiner Versuche bei Abend, ein anderer bei hellem Tag angestellt wurde, und daß die bei weitem größere Zahl der Selbstmorde (sechs) bei Tage stattfand. Das kann Zufall gewesen sein; wahrscheinlich aber hat es gesetzliche Begründung. Denn der Skorpion ist ein Dunkeltier, welches bei Tage unter Steinen, in Kellerritzen usw. sitzt und das Licht sorgfältig meidet; da ist also wohl anzunehmen, daß diejenigen Skorpione, die man bei hellem Sonnenlicht aus einer Schachtel nimmt und in den Feuerkreis bringt, von vornherein erheblich aufgeregter sind als diejenigen, welche man bei Abend zum Versuch heranzieht. Die erstern können sich also leichter eine Kopflosigkeit zuschulden kommen lassen.

22.

Der Kampf der Blätter ums Licht.

Oktober 1887.

Es ist eine bedeutsame Sache, daß die Definition des Lebens fast mit der des Egoismus zusammenfällt. Die Grundeigenschaft eines lebenden Körpers besteht darin, daß beständig neue Stoffteile in ihn eintreten und alte ausgeschieden werden; um zu leben, muß er aufnehmen, muß verzehren, muß fremde Körper seinem eigenen Dasein dienstbar machen; das aber ist Egoismus. Und darum ist das Leben aller Organismen, auch der friedsamsten und unschuldigsten, ein selbstsüchtiger Kampf ums tägliche Brot, um die tägliche Luft, um den täglichen Sonnenstrahl. Bei Menschen und Tieren sind wir längst gewohnt, diesen Kampf zu sehen, aber auch die Pflanzen führen ihn, ohne Bewußtsein zwar, aber darum doch nicht minder hartnäckig, mit Mitteln, die so planvoll aussehen, daß man sich geradezu versucht fühlt, ihr Verfahren mit Namen zu bezeichnen, die eigentlich nur auf Menschen anwendbar sind. Auf wenigen Quadratfuß freien Bodens spielen sich Szenen dieses Kampfes ab, die bei aller Langsamkeit und Geräuschlosigkeit in ihrer Art ebenso interessant sind, wie die Listen Lampes, wie die Gewalttaten Brauns und die Niederträchtigkeiten Reineckes. Freilich, frei, sich selbst überlassen, muß das Land sein; wo die Menschen oder die ackerbauenden Ameisen mit

Jäten und Säen eingreifen, da wird der Streit der Gewächse von vornherein durch höhere Gewalt zugunsten einer einzelnen Art entschieden, und dadurch verliert er an Interesse.

Wärme, Luft, Wasser mit Salzen und Licht sind die großen Bedürfnisse der grünen Pflanzenwelt. Um die Wärme läßt sich nicht kämpfen; denn die durchdringt gleichmäßig alles, was an der gleichen Stelle vorhanden ist; die Pflanzen müssen sie nehmen, wo und wie sie sie finden, und wo ihnen die Temperaturbedingungen nicht passen, da müssen sie ohne Kampf unterliegen. Luft ist überall reichlich vorhanden, und derjenige Bestandteil der Luft, von dem das Pflanzenwachstum hauptsächlich abhängt, die Kohlensäure, ist so gleichmäßig in ihr verteilt, daß die Gewächse, wenigstens auf dem Lande, nicht in die Lage kommen, einander die Kohlensäure wegzunehmen. Wasser muß der Standort liefern, und mit dem Wasser auch die mineralischen Salze, deren das Leben bedarf; es ist wohl möglich, daß auch die Wurzeln untereinander einen Krieg um die Feuchtigkeit führen, besonders wenn sie knapp wird, aber die Wissenschaft hat noch nicht so tief in den Boden hineingeleuchtet, daß sie die schwer zugänglichen Erscheinungen dieses unterirdischen Wettbewerbes in geordneter Mannigfaltigkeit vorführen könnte.

Anders steht es um das Licht. Das lebende grüne Blatt bedarf des Lichtes, um seine Aufgabe zu erfüllen; dieselbe besteht darin, daß es die Kohlensäure der Luft zersetzt, aus ihr den Kohlenstoff entnimmt und mit diesem die kohlehaltigen Bestandteile, Stärke, Zucker, Holz aufbaut. Die Zersetzung der Kohlensäure erfordert Arbeit, und diese Arbeit muß vom Licht geleistet werden; jedes

Gramm neugebildeter Stärke, neugebildeten Holzes usw. verlangt eine gewisse Menge von Licht, und wenn diese der Pflanze nicht geliefert wird, so kann sie nichts neues bauen, kann also nicht „wachsen", d. h. an Gewicht und Fülle der Bestandteile zunehmen. In voller Dunkelheit gibt es kein Wachstum: die Pflanzen werden daselbst bleich und hinfällig, sie treiben wohl Keime und Sprößlinge, meistens sogar recht lange, aber sie nehmen dabei an Stoffgehalt nicht zu, sondern ab. Auf jeden Quadratmeter Boden fällt nun im Jahr eine bestimmte Durchschnittsmenge von Licht und in diese Menge müssen die daselbst wohnenden Pflanzen sich teilen; wer nicht seinen Anteil mitbekommt, der bleibt im Wachstum zurück und geht zugrunde. Und das Licht kann einer dem andern fortnehmen, denn die Sonne scheint nur von oben, und wer den andern unter sich, in seinen Schatten bringt, der hat ihm den Rang abgelaufen. Daher kämpfen die Gewächse um das Licht; ihre Formen werden von dem Streben beherrscht, die grünen Teile in den Sonnenschein zu bringen. Und dieser Kampf um das Licht wird offen an der Oberfläche der Erde geführt, sodaß wir ihn leicht wahrnehmen können. Betrachten wir einmal an einigen allbekannten Arten, wie sie sich dabei anstellen.

Da ist z. B. eine Wiese. Harmlos und ohne besondere Künste strecken die Gräser ihre tausend schmalen Blättchen in die Höhe. In ihrer großen Zahl liegt eine gewisse Stärke; denn ihre Büschel stehen so dicht, daß es andern Gewächsen schwer gemacht wird, zwischen ihnen aufzukommen und ihnen das Licht wegzunehmen. Doch bietet das ihnen keinen sichern Schutz; manche Nebenbuhler bringen es zustande, die Gräser zu unterdrücken.

z. B. die Primel. Wer hat sich nicht schon an der hübschen Blattrosette erfreut, aus deren Mitte der schlanke Schaft mit den gelben Blüten emporsproßt? Willst Du wissen, was diese Rosette eigentlich bedeutet, so tritt im Frühling heran und sieh zu, welche Wirkung sie auf ihre Umgebung ausübt. Langsam schieben sich die Blattspitzen von der Mitte nach außen und drücken sich fest nach unten; die ersten legen sich, sobald sie aus der Erde gekommen sind, dem Boden unmittelbar an, die folgenden, etwas längern, greifen über die erste Reihe hinüber und drücken nieder, was in ihren Bereich kommt. Die ganze Rosette schmiegt sich glatt wie ein Kuchen der Erde an, und soweit sie sich erstreckt, kann nichts anderes aufkommen; Gräser, Moose und andere kleine Gewächse, die den Platz mit ihr teilen möchten, müssen ersticken. So schafft die Primel sich da, wo sie steht, einen Raum, auf dem nichts fremdes wachsen kann, ihre zierliche Rosette ist ein Werkzeug zur Vergewaltigung der Kleinen, und mit diesem erreicht sie, daß die nächsten Nachbarn ihr nicht über den Kopf wachsen können; über ihr bleibt ein freier Raum, sie sichert sich ihren Anteil am Licht, ohne sich von der Erde zu erheben.

Ähnliches gilt für zahlreiche andere Kräuter, die, wie die Primeln, ihre Blätter in grundständigen Rosetten ausbreiten; sie sind sämtlich kleine Tyrannen, die ihre Rechte durch Unterdrückung der nächsten Nachbarn wahren.

Andere machen es anders. Ein Typus entgegengesetzten Verhaltens ist der Spargel. Schmal und dünn, aber kräftig, schießt er in Gestalt einer fast nackten Wurzelsprosse in die Höhe; er drängt sich durch; harte Hindernisse, wie dicke Steine, weiß er zu umgehen, indem er sich krümmt, weiche nimmt er mit Sturm — durch ein Kohlblatt wächst er bekanntlich quer hindurch. So drückt er sich als dünner Streber in die Höhe, bis er über dem Niveau der gewöhnlichen Kräuter angelangt ist; dann auf einmal streckt er seine Arme aus, die Zweige breiten sich, und der Emporkömmling wiegt seine grünen Teile über den Köpfen der Nachbarn im freien Sonnenlicht.

Eine junge Eiche oder Tanne sieht im Vergleich zu ihm aus wie ein redliches, gediegenes, aber glanzloses Talent. Harmlos breitet sie ihre ersten Blättchen oder den Stern der ersten Nadeln aus und muß sich im Anfang oft kümmerlich mit andern Kleinen in das Licht des Himmels teilen; aber dafür hat sie auch mehr Zeit, sie muß nicht, wie der Spargel, in einem kurzen Sommer ihre Früchte zeitigen, sondern Jahr um Jahr wachsen ihr die Kräfte, Jahr um Jahr ragt sie höher hinauf, und endlich trägt sie siegreich eine ganze Welt von Blättern der Sonne entgegen, erhaben über den Wettbewerb derjenigen, die sie in der Jugend überwucherten. Wo die Bäume einzeln stehen, da entwickeln sie sich nach allen Richtungen gleichmäßig; wo sie in dichten Mengen wachsen, tritt die Ast- und Laubentwicklung an der Seite zurück und das Spitzenwachstum herrscht vor; denn da kommt kein Licht von der Seite, der Baum muß nach oben drängen, um seinen Blättern den Sonnenschein zu sichern. Es hat wohl schon jeder bemerkt, wie im geschlossenen Tannenwald die Seitenzweige absterben, während der Stamm an der Spitze seine volle Nadelmasse entwickelt; auch das ist eine Folge des Triebes zum Licht. Und wenn die Baumbestände einmal dicht entwickelt sind, so wird eben ihr Schatten wieder eine Waffe, die ihnen fremden Wettbewerb vom Leibe hält;

im Dunkel des tiefen Forstes gedeiht kein Unterholz zu rechter Kraft; ein recht finsterer Fichtenwald duldet überhaupt nichts unter sich.

Der Mensch, der Vogel, das Eichhörnchen und andere Tiere freuen sich am ragenden Stamm und am ragenden Fels; Schutz, Wohnplatz oder Nahrung gewährt er ihnen. Aber ebensowohl wie die empfindenden Wesen wissen manche Gewächse das Hochstrebende ihren Interessen dienstbar zu machen. Das sind die Weinreben, die Bohnen, die Kapuziner, der Epheu, das ganze Volk der schlingenden und kletternden Pflanzen. Nimm uns mit, sagen sie, wir allein sind zu schwach, um uns zur Sonne durchzuarbeiten, du kannst uns halten. Und die Bohne schlingt ihren Stengel am Stamm in die Höhe, der Epheu saugt sich mit Haftwurzeln fest, die Weinrebe sendet ihre Ranken aus, faßt mit ihnen wie mit Fingern die Zweige und rollt sie dann in Schraubenform zusammen, um sich heranzuziehen. So lassen sie sich von Stärkern in die Höhe tragen oder schleichen an Mauern und Felsen aufwärts, um auch ihrerseits über das Niveau der kleinen Erdgeborenen hinaus und zum Genuß der Sonnenstrahlen zu gelangen. Es gibt solche Kletterer, die ruhig und scheinbar harmlos in den tropischen Wäldern wachsen, solange sie Licht genug empfangen; steigen ihnen aber die nebenstehenden Bäume über den Kopf, dann senden sie plötzlich gerade, lange, stachlige Schößlinge zu den Nachbarn hinüber, haken sich mit den Stacheln fest und reichen so weit hinauf, daß sie nun ihrerseits über die Baumwipfel hinausragen, und dort oben in der freien Höhe legen sie nun wieder neue Kolonien von unbewehrten Zweigen an, echte Raubritter, die sich von allem Licht den ersten und besten Anteil zu sichern wissen.

Treten wir ans Wasser. Dort, am feuchten Ufer, wachsen die Schwertlilien, die Rohrkolben, die Kalmus; als schwertförmige Spitzen schießen sie in die Höhe, sich durchdrängend ähnlich wie die Spargel, und wenn sie in passender Höhe angekommen sind, breiten sie ihre Blätter seitlich aus; so gewinnen sie den Platz, um Licht zu schlucken. Auf dem Wasser selbst aber, da legen die Seerosen und die Wasserlinsen ihre Blätter, bezw. ihren blattförmigen Körper breit und behaglich an die Oberfläche, um sich bescheinen zu lassen. Die winzigen Wasserlinsen gehören zu den stärksten Kämpfern unseres Klimas, denn sie können einen Tümpel so vollständig überziehen, daß nichts Fremdes mehr unter ihnen fortkommt; nur einzelne Wettbewerber können sich in seichtem Wasser gegen sie halten, indem sie ihren Stamm ganz über die Wasserfläche hinaussenden oder die Blätter an langen starken Stielen hinüberheben, so z. B. die Froschlöffel.

Wir zählen keine weitern Beispiele auf, weil wir uns nur an allbekannte Arten halten wollen. Das Gesagte mag genügen, um zu zeigen, wie der Kampf ums Licht sich formenreich, wenn auch still und für gewöhnlich unbeachtet, in unserer alltäglichen Umgebung abspielt.

23.

Das Sophisma des Zeno.

„Achilleus verfolgt eine Schildkröte. Wenn er an dem Punkt A angekommen ist, wo die Schildkröte sich jetzt befindet, so ist die Schildkröte inzwischen nach einem zweiten Punkt B fortgeschritten. Wenn Achilleus nach B kommt, ist die Schildkröte bis zu einem dritten Punkt C gelaufen, wenn Achilleus bis nach C kommt, ist die Schildkröte wieder an einen ferneren Punkt D gekommen, usw.; also wird Achilleus die Schildkröte nie erreichen".

Zwei Jahrtausende lang haben sich Philosophen mit dem Scheinschluß befaßt, und ich habe noch als Student im Collegium philosophicum tiefsinnige Erörterungen über den Unterschied zwischen vernunftsmäßiger und verstandsmäßiger Auffassung der Bewegungsvorgänge angehört, die das Rätsel erklären sollten. Und doch ist die Lösung ziemlich einfach, sobald man das im Grunde rein mechanische Problem mit mechanischen, also mathematischen Mitteln angreift. Es handelt sich dabei um einen mathematischen Denkfehler.

Man bemerkt nämlich, daß zwischen den Zenoschen Vordersätzen und dem Nachsatz eine eigentümliche Diskrepanz besteht. In den Vordersätzen ist die Zeit, welche Achilleus braucht, um irgendeine der in Betracht kommenden Teilstrecken zurückzulegen, niemals direkt angegeben, sondern immer nur dadurch bestimmt, daß

Achilleus in ihr eine gewisse Strecke zurücklegen soll. Es ist nie in einem bestimmten Zeitmaße angegeben, wieviel Sekunden Achilleus braucht, um von A nach B, von B nach C usw. zu gelangen. Man erfährt also nicht, wieviel Zeit, in Sekunden ausgedrückt, Achilleus nötig hat, um von A nach B, von B nach C usw. zu gelangen, d. h. man erfährt überhaupt nicht, auf welchen Zeitraum sich die ganze, in den Vordersätzen gegebene Betrachtung bezieht. Im Nachsatz dagegen tritt im Gegensatz dazu die absolute Zeitbestimmung „niemals" auf. Das ist offenbar nicht logisch. Die Folgerungen, welche aus den Vordersätzen gezogen werden, können sich offenbar nur über denjenigen Zeitraum erstrecken, der durch die in den Vordersätzen enthaltene Betrachtung gedeckt wird, und wie lang dieser Zeitraum ist, daß weiß man nicht ohne weiteres, wenn man die Vordersätze ansieht. Wenn also der Schluß korrekt sein soll, so muß der Nachsatz lauten:

„Also wird Achilleus innerhalb der Zeit, welche durch die Betrachtung gedeckt ist, die Schildkröte überhaupt nicht erreichen."

Nun wollen wir sehen, wie lang diese Zeit in Wirklichkeit ist. Um einfache, für den Nichtmathematiker durchsichtige Verhältnisse zu haben, wollen wir bestimmte einfache Entfernungen und Geschwindigkeiten annehmen. Zu Anfang sei Achilleus von der Schildkröte ein Meter entfernt. Er bewege sich mit solcher Geschwindigkeit, daß er in der Sekunde gerade ein Meter zurücklegt, und die Schildkröte bewege sich genau halb so schnell. Wäre das Zeno'sche Sophisma richtig, so müßte es offenbar auch unter diesen Annahmen gelten. Da finden wir nun folgendes. Um den einen Meter zurückzulegen, der den Punkt A von Punkt B trennt, braucht Achilleus gerade eine Sekunde. Während dieser Sekunde ist die Schildkröte um einen halben Meter nach C fortgerückt, um also die Strecke BC zurückzulegen, braucht Achilleus eine halbe Sekunde. Während dieser halben Sekunde macht die Schildkröte ein viertel Meter, und das legt Achilleus in einer viertel Sekunde zurück. In dieser viertel Sekunde macht die Schildkröte wieder ein achtel Meter usw. Die Zeiten, welche Achilleus braucht, um die aufeinanderfolgenden Strecken AB, BC, CD usw. zurückzulegen, betragen offenbar der Reihe nach 1 Sekunde, $1/2$, $1/4$, $1/8$, $1/16$ usw. Sekunden; jeder von diesen Zeiträumen ist die Hälfte des vorhergehenden. Die sämtlichen Zeiträume, über welche sich die Betrachtung erstreckt, zusammengezählt, liefern also in Sekunden die Summe

$$1 + 1/2 + 1/4 + 1/8 + 1/16 + 1/32 \text{ usw. in infinitum.}$$

Wenn man also die Gesamtzeit feststellen will, über welche sich die Zenosche Betrachtung erstreckt, muß man die vorstehenden Zeiträume addieren. Das gelingt auf sehr einfache Weise. Wir wollen die Summe der sämtlichen in Frage kommenden Zeiträume durch den Buchstaben S bezeichnen. Dann ist

$$S = 1 + 1/2 + 1/4 + 1/8 \; .\;.\;.\;.\; \text{usw.}$$

und es handelt sich darum, den Wert dieser Größe S festzustellen. Zu dem Ende multiplizieren wir sie mit $1/2$, das ergibt offenbar die Gleichung

$$1/2\, S = 1/2 + 1/4 + 1/8 + 1/16 \; .\;.\;.\;.\; \text{usw.}$$

Zur größeren Bequemlichkeit schreiben wir die beiden Gleichungen nunmehr unmittelbar untereinander wie folgt:

$$S = 1 + 1/2 + 1/4 + 1/8 + 1/16 \; .\;.\;.\;.\; \text{usw.}$$
$$1/2\, S = \phantom{1 +{}} 1/2 + 1/4 + 1/8 + 1/16 \; .\;.\;.\;.\; \text{usw.}$$

Zieht man nun die untere Gleichung von der oberen ab, so bleibt auf der linken Seite offenbar S weniger $^1/_2$ S, d. i. $^1/_2$ S; auf der rechten Seite dagegen hebt sich das $^1/_2$ der unteren Gleichung gegen das $^1/_2$ der oberen, das $^1/_4$ gegen das $^1/_4$, das $^1/_8$ gegen das $^1/_8$ usw. in infinitum. Auf der rechten Seite bleibt also von der oberen Gleichung nichts als die Anfangszahl 1, d. h. das Ergebnis der Subtraktion lautet

$$^1/_2\, S = 1.$$

Wenn aber die Hälfte von S = 1 ist, so ist offenbar S = 2, also heißt das Resultat der Rechnung

$$S = 2.$$

In Worten: Der ganze Zeitraum, über den sich die Betrachtung erstreckt, beträgt 2 Sekunden. Also lautet das richtiggestellte Rechenexempel: Achilleus wird die Schildkröte nicht einholen in einer Zeit, welche innerhalb des Zeitraumes von 2 Sekunden liegt. Was von der vollendeten zweiten Sekunde ab geschieht, darüber gibt die Zeno'sche Betrachtung gar keinen Aufschluß. Sie sagt nur: Solange an der vollendeten zweiten Sekunde noch das kleinste Bruchstück fehlt, ist die Schildkröte nicht eingeholt. Und damit fällt das ganze Paradoxon.

Wie war es nun aber möglich, daß das Sophisma zwei Jahrtausende lang in der Welt spuken und eine geradezu berühmte Existenz führen konnte, ohne aufgedeckt zu werden? Das liegt an einem einfachen, sicher unbewußten Kunstgriff, den Zeno angewendet hat, um den Fehlschluß zu verdecken. Anstatt nämlich die aufeinanderfolgenden Zeiträume festzustellen und dann auf korrekt mathematischem Wege zu addieren, zerlegt er die Zeit, über welche sich die Betrachtung erstreckt, in immer kleiner werdende Teile und mutet dem Hörer oder Leser zu, diese Teile einzeln ins Auge zu fassen und Stück für Stück zu verfolgen. Er sagt nicht, der erste Zeitraum dauert eine Sekunde, der zweite eine halbe, der dritte eine Viertelsekunde usw. und die Summe dieser sämtlichen Zeiträume beträgt zwei Sekunden, sondern er sagt, der erste Zeitraum dauert so lange, wie Achilleus von A nach B geht, der zweite so lange, wie Achilleus von B nach C geht usw. und Du, mein Zuhörer, sollst nicht diese Zeiträume kurz und bündig durch einen kleinen mathematischen Kunstgriff zusammenzählen, sondern sollst sie einzeln vornehmen. Du sollst also die Addition in der Form versuchen, daß Du sagst: $1 + {}^1/_2$ ist gleich ${}^3/_2$; ${}^3/_2 + {}^1/_4$ ist gleich ${}^7/_4$; ${}^7/_4 + {}^1/_8$ ist gleich ${}^{15}/_8$ usw. Kurz er verführt den Hörer dazu, die einzelnen Glieder einer unendlichen Reihe Stück für Stück addieren zu wollen, und damit wird der Hörer natürlich nie fertig. Es steckt also in dem „niemals" des Zeno eine ganz richtige Wahrnehmung. Die lautet aber nicht, Achilleus wird die Schildkröte niemals erreichen, sondern sie lautet: wenn ein Mensch eine unendliche Reihe dadurch summieren will, daß er Glied für Glied derselben zusammenzählt, so wird er niemals damit fertig. Und der Kunstgriff des Sophismas besteht nur darin, daß das „niemals" aus diesem zweiten richtigen Satz unberechtigterweise in den ersten hineingeschoben wird. Das geschieht so unmerklich, daß der Hörer, wenn er nicht an mathematisches Denken gewöhnt ist, das Taschenspielerkunststück nicht wahrnimmt, und darum hat sich das Sophisma so lange halten können.

24.

Hexenringe.

Dezember 1887.

In deutschen Schulbüchern wird öfter unter dem Namen Hexenringe eine Erscheinung beschrieben, die man besonders auf Heideboden mehr oder weniger deutlich ausgebildet sehen kann: gewisse Pflanzen, Angehörige der Gattung Lycopodium (Bärlapp), wachsen in Form von Kreisen, die sich ziemlich regelmäßig über den Boden ziehen und bei uns einen Durchmesser von zwei bis drei Metern erreichen. Das sind aber nicht die richtigen Hexenkreise; die Benennung ist nur mißbräuchlich auf sie übertragen worden, wahrscheinlich von Leuten, die den Namen „Hexenkreise" gehört und die wirklichen Träger dieses Namens nicht zu Gesicht bekommen hatten. Die Bärlappkreise sind wenig auffallende Gegenstände, so daß man zweifeln kann, ob das Volk sie aus eigenem Antrieb für die Wirkung geheimnisvoller Vorgänge erklärt haben würde.

Anders die wirklichen Hexenkreise. Diese kommen auf Grasboden vor. Bei uns sind sie — wohl durch den Umstand, daß das Gras und sein Nährboden künstlich kultiviert wird — recht selten geworden; sie finden sich noch auf Bergwiesen, überhaupt auf Grasplätzen, welche der ausgleichenden Einwirkung des Menschen weniger unterliegen. Man sieht da ziemlich vollständige und oft sehr regelmäßige, scharf abgesetzte Ringe, in denen die Gräser auffallend viel kräftiger entwickelt sind als in der Nachbarschaft. Dichte, bläulichgrüne Grasblätter und hohe Blütenhalme bezeichnen den Hexenring, und um ihn noch hervorstechender zu machen, ist die Kreisfläche, welche er einschließt, mit besonders magerm, manchmal ganz verkommenem Grase bestanden. Die Hexenringe erreichen einen Durchmesser, der in Ausnahmefällen bis auf 30 m steigt, doch sind schon solche von 10 m nicht häufig, aber 2 bis 3 m sind nicht mehr seltene Maße. Schon diese Kreise von mäßiger Größe sind so auffallende Erscheinungen, daß man sie von Bergesabhängen kilometerweit herabschimmern sieht; in der Mitte die gelbliche Scheibe von schlechtem Gras, dann als ringförmigen Rand dieser Scheibe den dunkeln Kranz von außerordentlich kräftigen Pflanzen und hierauf ringsum die gewöhnliche Mittelfarbe der Wiese. Da ist es kein Wunder, wenn das Volk sich sagte: hier haben die Elfen getanzt, unter ihrem Fußtritt im Mondenschein ist das Gras verblichen, und ringsum haben sie die Halme wachsen lassen, um sich vor Lauschern zu decken.

Der Naturforscher, der die Sache mit etwas kritischern Augen ansieht, nimmt zunächst die Grasarten, welche gewöhnlich in den Hexenringen vertreten sind, aufs Korn und findet, daß sie zu den verbreitetsten und kräftigsten unserer Halmgewächse gehören. Raygras, Knäuel und Schwingel (Lolium, Dactylis und Bromus) bilden meistens den Ring. Er bemerkt ferner, daß ein einmal vorhandener Hexenring in der Regel mehrere Jahre nacheinander wiederkehrt und dabei fortwährend größer wird. Sein Durchmesser nimmt von einem

Jahre zum nächsten etwa um die Breite des Grasrings zu. Die ungewöhnlich großen Ringe sind also ganz einfach als ungewöhnlich alte Exemplare zu deuten. Außerdem zeigt die erwähnte Wahrnehmung, daß eine dauernde Ursache vorhanden ist, welche das Gedeihen des Ringes und seine eigentümliche Wachstumsform jahrelang unterhält.

Geht man nun im Frühling oder im Herbst an einen Hexenring heran und besichtigt ihn aus nächster Nähe, so findet man eine eigentümliche Erscheinung, in der wir offenbar diese Ursache zu erkennen haben: rings am äußeren Rande des Ringes wächst eine üppige Schar von Pilzen. Diese Pilze gehören verschiedenen Gattungen an, verhältnismäßig viele von ihnen sind eßbar; so findet sich nicht selten der gewöhnliche Champignon nebst einigen seiner schmackhaften Vettern. Es stehen übrigens auch Giftpilze mit den Hexenringen in Verbindung, hier und da, aber nicht eben häufig, Boviste (Pulversäcke).

Geht man von der Ansicht aus, daß die Pilze den Feenring erzeugen oder wenigstens veranlassen, so ist zunächst die nahe kreisrunde Form des Phänomens sehr einfach zu erklären. Die Pilzkolonie beginnt mit einem Exemplar. Dies streut im Herbst seine Keimkörner rings um sich her, dieselben gehen auf und bilden einen kleinen Kreis; der Kreis hat seinerseits im nächsten Jahr wieder das Bestreben, sich nach allen Richtungen fortzupflanzen. Hinter sich aber läßt er ausgesogenen Boden zurück, also dehnt sich die Pilzkolonie nicht rückwärts nach innen, sondern vorwärts nach dem frischen Boden hin, das heißt nach außen aus. So wächst der Kreis von einer Pilzgeneration zur andern und sein Inneres bleibt ausgesogen, verarmt. Folgt der kräftige Graswuchs dem Pilz, so ist selbstverständlich, daß auch er die Ringform der Pilzgesellschaft annehmen muß.

Warum wachsen nun aber die Gräser mit doppelter Kraft, wenn sie gerade an der innern Kante der Pilzkolonie stehen? Pilze verfaulen bekanntlich schnell und liefern dann einen stickstoffreichen Dünger; man könnte also zunächst daran denken, die Verstärkung des Graswuchses einfach diesem Düngungsverfahren zuzuschreiben. Wahrscheinlich trägt dasselbe in der Tat auch dazu bei, aber die düngende Kraft der abgestorbenen Champignons genügt nicht, die ganze Erscheinung zu erklären. Sie weist nicht nach, warum der Boden im Innern des Kreises so gewaltig ausgesogen ist, daß er sich mehrere Jahre lang durch verhältnismäßige Unfruchtbarkeit von der Umgebung unterscheidet, und sie gibt keine Erklärung dafür, daß die kräftigen Gräser stets am innern, nicht auch am äußern Rande des Pilzringes stehen. Wirkten die umfallenden Pilze bloß düngend, so würde das Gras vor und hinter ihnen, nicht bloß hinter ihnen strotzend werden. Es muß da noch etwas anderes vorhanden sein, was die tiefer liegende Ursache des nachbarlichen Unterstützungsverhältnisses bildet.

Dieses Etwas findet man, wenn man die Pilze vorsichtig aus der Erde zieht; es ist das sogenannte Mycelium des Pilzes, das Gewebe von weißlichgrauen Fäden, welches den unterirdischen, den eigentlichen Körper der Pilzpflanze ausmacht. Was wir gewöhnlich schlechthin den „Champignon" nennen, das ist nicht das eigentliche Pilzgewächs, sondern nur sein Fruchtkörper; die Hauptmasse der Pflanze sitzt in der Erde und ist eben jenes fadige Mycelium. Beim Hexenring treibt nun im Frühjahr oder Herbst das Mycelium an seinem jungen Außenrande zahlreiche Fruchtkörper, das heißt äußerlich sichtbare „Pilze“, hervor, der üppig wachsende Grasring aber steht mit seinen Wurzeln gerade in dem Teile des Bodens, wo das gesunde, vegetationsfähige Fadengewebe des Myceliums vorhanden ist. Es wird also das stärkere Wachstum der Graspflanzen offenbar durch die Anwesenheit des Fadengewebes bedingt. Hat man dies einmal erkannt, so wird man sofort an gewisse neuere Entdeckungen erinnert, nach denen manche Baumwurzeln sich in eigentümlicher Weise mit Pilzen zur Aussaugung des Bodens assoziieren. Die Pilzfäden besitzen ein ganz ungewöhnliches Vermögen, auf ihre Umgebung lösend einzuwirken; in ihrer Nachbarschaft verflüssigt sich so ziemlich alles, selbst blanke Steine können sie anfressen. Bei manchen höheren Pflanzen findet sich nun, daß ihre Wurzelhaare mit einem Pilzgeflecht umsponnen sind, welches wahrscheinlich an ihnen schmarotzt, dafür aber auch einen Gegendienst leistet, in dem es die Nahrungsstoffe des umgebenden Bodens verflüssigt und somit ihre Auffsaugung durch die Wurzeln erleichtert. Der Wirt genießt also mit Hilfe des Schmarotzers mehr verwertbare Nahrung als ohne ihn, er steht sich gut bei dem Bündnisse. Etwas ganz ähnliches findet nun offenbar bei dem Gras der Hexenringe statt. Man hat beobachtet, daß die Wurzelhaare der Ringgräser von feinen Pilzfäden umsponnen sind, ja, daß in manchen Fällen die Pilzfäden in das Wurzelhaar eindringen. Da ist also die Tischgenossenschaft nachgewiesen: der Pilz saugt an der Graspflanze aber dafür hilft er ihr auch, die Nahrungsbestandteile des Bodens aufzulösen und in sich aufzunehmen. Deshalb gedeihen beide ungewöhnlich gut; beim Pilz beweist den erhöhten Assimilationsvorgang das Auftreten der zahlreichen Fruchtkörper, beim Grase das kräftige Aussehen und die chemische Analyse: dieselbe liefert besonders große Mengen von Aschenbestandteilen sowohl wie von Stickstoff.

Aber die beiden Verbündeten treiben zusammen das, was man, wenn es von Menschen ausgeht, Raubbau nennt. Wo sie gewirtschaftet haben, da ist durch ihre überlegenen Saugkräfte der Boden derart ausgemergelt, daß er jahrelang nicht mehr die Fähigkeit hat, den Graswuchs gehörig zu ernähren; es muß erst eine langdauernde Verwitterung wieder neue Bodenbestandteile löslich machen, ehe andere Pflanzen auf dem von ihnen zurückgelassenen Gebiet ein auskömmliches Gedeihen finden. Damit ist denn auch das dürre Aussehen des Kreisinnern im Hexenring erklärt.

Die ganze Erscheinung liefert somit einen einfachen aber recht interessanten Beitrag zu der Lehre von der Assoziation im Pflanzenreich: die Natur hat schon lange vor der Menschheit gewußt, daß zwei Egoisten, die einander in die Hände arbeiten, mehr ausrichten als jeder für sich.

25.

Die Geschichte eines Torfmoors.

März 1891.

Im feuchten Grunde einer Mulde, die keinen natürlichen Wasserabfluß besitzt, steht ein Eichenwald; Tümpel und Lachen finden sich zwischen den Stämmen am Boden, in nassen Zeiten zusammenfließend, im Sommer teilweise austrocknend. Die Bäume sind der gelegentlichen Überschwemmung gewohnt und stehen fest auf ihren starken Wurzeln. Ihre Blätter fallen und sprießen, ihre Stämme ragen und runden sich, und sie wachsen, unbehelligt von Menschenhand, einer Urwaldzukunft von Jahrhunderten entgegen.

Da kommt eines Abends irgend ein Käfer herangeschwirrt und ruht sich aus, um ein winziges Körnchen abzuputzen, welches ihm draußen beim Umherkriechen unter die Flügelchen geraten war; er entledigt sich desselben und fliegt weiter. Und dieser Käfer hat das Schicksal des Waldes herangetragen. Denn das winzige Körnlein ist ein Riese an sprossender Kraft und es wird die stolzen Eichen begraben. Ihm ist wohl in dem Sumpf, mit Wonne saugt es die Feuchtigkeit ein, dehnt sich und sprengt seine Hülle. Grünliche Zellfäden wachsen aus ihm hervor, dann feine Würzelchen, die sich im Boden festsaugen. Sie nähren zunächst nur eine winzige grüne Masse von unbestimmter Form; allmählich aber entwickelt sich daraus ein Moosstämmchen mit Blättern, und zwar ein merkwürdiger Stamm mit merkwürdigen Blättchen.

Zur guten Hälfte besteht jener aus großen Zellen, die nichts enthalten als Wasser. Die jungen Blätter bestehen anfangs aus gleichartigen Zellen; mit der Zeit aber bildet sich bei ihnen eine Formverschiedenheit heraus; je vier schmale, mit grünem Farbstoff gefüllte Zellen umgeben eine größere viereckige; diese letztere verliert beim Wachsen ihren organischen Inhalt und wird ein leerer Wasserbehälter. Zugleich wachsen die innern Teile des Blattes schneller als der Rand, und dadurch nimmt das ganze Blättchen die Form eines Kahns an, dessen Höhlung wieder Wasser zu fassen imstande ist. Der Stamm treibt kleine Zweige, die ihm nahe anliegen, und in den Achseln sammelt sich gleichfalls Wasser an. So ist das ganze Pflänzchen fast nichts anderes, als ein Schwamm voller Hohlräume; es hat deren so viele und es enthält so wenig grünen Farbstoff, daß es nicht einmal eine gesunde, grüne Farbe hat, sondern einen grauen Teint, durch den das Grün nur leise schimmert; es ist ein Torfmoos. Es saugt und wächst, und wächst mächtig. Immer neue Spitzchen und Ästchen treibt es und dehnt sich kriechend aus; am hintern Ende stirbt es ab und verfault, aber die Spitzen wachsen weiter und bilden Rasen, welche, sich mehr und mehr verbreitend, schließlich den ganzen Sumpf überwuchern. Sind erst die Lachen und Tümpel mit Torfmoos gefüllt, so tritt eine neue Eigenschaft des Pflänzchens in Wirkung. Es enthält nämlich soviel Gerbsäure, daß das Wasser, in dem es lebt, fäulniswidrig wird; die Bazillen und Monaden, welche die Fäulnis verursachen, können nicht mehr in ihm leben. Die absterbenden Partien verfaulen infolgedessen nicht mehr, sondern mumifizieren sich und sammeln sich an; sie bilden eine Unterlage, auf der die jüngste Generation der Mooszweige weiter wächst. So bildet sich das Moos zu einem Polster aus, welches den ganzen Boden überzieht, und wie die einzelne Pflanze ein Schwämmchen, so ist dieses Polster ein riesiger Schwamm, der das an ihn gelangende Wasser festhält und mit demselben weiter wuchert. Mächtig schwillt es heran und legt sich um die Eichenstämme. Jahrzehntelang hält es ihren Fuß fortwährend in sumpfigem Naß gebadet und die Bäume widerstehen schließlich dieser endlosen Verschwemmung nicht; sie sterben ab. Lange noch mögen sie mit entblätterten Kronen dastehen, aber endlich werden sie morsch und der Wind bringt sie zu Falle; stürzend versinken sie in dem Schwamm, der sie vernichtet hat; er wird ihr Grab und wächst über sie hinweg, haushoch, bis sie verloren und vergessen sind.

Hunderte von Jahren dauert dieser Vorgang, dann tritt vielleicht einmal eine Änderung ein. Das Klima wird auf ein oder einige Jahrhunderte trockener, der große Schwamm hat nicht mehr Wasser genug, um sich vollgesogen zu erhalten, und er trocknet mehr oder weniger ein. An seiner Oberfläche sammelt sich Staub, Torfpflanzen siedeln sich auf ihr an, dann Heidekräuter und verwandte Gewächse. Diese machen mit der Zeit aus dem lockern Moosboden ein an der Oberfläche festes Gelände, welches mit immer steigendem Gewicht auf seine Unterlage drückt. Das Torfmoos setzt sich und sinkt zusammen. Dabei verliert es immer mehr von seiner Schwammigkeit und so schafft sich allmählich aus ihm ein flacher, solider Untergrund, auf dem erst Sträucher, dann Bäume gedeihen. Das Werk des Körnchens liegt nun seinerseits unter dem Boden und ist vergessen.

Aber es ist darum noch nicht zu Ende. Unter dem Einfluß der Zeit, der Winterkälte und des auf ihm lastenden Druckes verwandelt sich das begrabene Moos in eine schwarze, mäßig feste Masse; das ist der Stoff, den wir unter dem Namen Torf kennen. Derselbe besitzt in hohem Grade die Eigenschaft, undurchlässig für Wasser zu sein, und nachdem er vollständig ausgebildet ist, steht der neue Wald wie der frühere auf einer Grundlage, aus der die Feuchtigkeit nicht abziehen kann. Kommt also eine längere Periode größerer Nässe, so wird er sumpfig wie sein Vorgänger, der Zufall bringt eine neue Anpflanzung von Torfmoos hervor, und der zweite Wald verfällt demselben Schicksal wie der erste, auch er versinkt im Moossumpf. Ihm kann ein dritter und ein vierter folgen, das Ende der Reihe ist nicht abzusehen.

Einmal in geschichtlicher Zeit ist das Versinken eines Waldes im Torf beobachtet worden. Im Jahre 1651 fand Lord Cromarty bei Lochburn in West Roß eine Ebene, die voll abgestorbener Fichtenbäume stand. Fünfzehn Jahre später traf er an derselben Stelle nicht mehr die stehenden Bäume, sondern ein Polster von Torfmoos, welches so tief war, daß er bei dem Versuch, dasselbe zu betreten, bis an die Achselhöhlen hineinsank. Die Fichten waren darin verschwunden.

In der großen Mehrzahl der Fälle hat kein Mensch dem Vorgang beigewohnt, aber man findet im Torf die begrabenen Bäume, und zwar, wie es dem Gesagten gemäß der Fall sein muß, öfter in verschiedenen, durch Torf voneinander getrennten Schichten. Zu unterst liegen diejenigen, die zuerst versanken, dann folgt eine Schicht von Torf, der über ihren Leichen gewachsen ist, dann wieder eine Schicht Bäume, dann wieder Torf usw. Man kennt Moore, in denen sechs und mehr derartige Restschichten übereinanderliegen, Eichen, Tannen, Birken,

Weiden, Erlen, Eschen, Wachholder, Lärchen und Haselnußstämmchen. Sie alle sind deutlich zu unterscheiden, denn der Gerbsäuregehalt des Torfs konserviert sie. Manchmal ist nur diejenige Hälfte der Stämme gut erhalten, welche nach dem Fallen die untere war, während die obere fehlt; das sind Exemplare, die längere Zeit oben auf dem Torfmoos gelegen haben, ehe sie ganz darin einsanken; bei diesen wurde die untere Hälfte vor der Verwesung geschützt, während die obere sich an der Luft zersetzte und ihre Reste in unkenntlicher Form dem Moor beimischte.

Wir haben hier die Geschichte eines baumhaltigen Moors geschrieben; selbstverständlich sind die Bäume zur Entstehung eines Torfmoors nicht erforderlich; siedelt sich das Moos in einem nassen Grunde an und wird sein Wachstum nicht durch gelegentliche Zeiten der Trockenheit gestört, so wächst es für sich; die untersten, seit vielen Jahrhunderten abgestorbenen Schichten desselben werden schwarz und bilden toten Torf, während die obern weiter wachsen. Oder das Moospolster stirbt ab und bleibt trocken; dann verwandelt es sich ganz und gar in schwarzen Torf. So kann man zwei Arten von Mooren unterscheiden, tote und lebende; die einen sind in früherer Zeit gebildet, enthalten nur schwarzen Torf und wachsen nicht wieder an, wenn man sie ausbeutet; die andern sind bloß im untern Teile schwarz, darüber liegt eine meist von Eisenteilen rot gefärbte Schicht erst kürzlich abgestorbener Pflanzen, und darüber die noch lebende Gewächsmasse, die oben fortwuchert, während man unten ihre Erzeugnisse herauszieht.

Die Torfmoore gehören zu den Gegenständen, an denen man so recht sehen kann, wie mächtig die Kleinen in der Natur durch ihre große Zahl werden können.

Der Raum, den sie auf der Erde einnehmen, ist von ungeheurer Größe. Bekannt ist die gewaltige Ausdehnung der Moore von Westhannover und Friesland; Ansammlungen von ähnlicher Stärke finden sich an vielen andern Stellen der Erde. Rechnet man dazu, daß die (oder manche) Steinkohlenlager nach der allerdings nicht unbestrittenen Annahme vieler Geologen nichts anderes sind als fossile Torflager, so muß man zugeben, daß die Torfmoose in der Geschichte der Welt eine sehr bedeutende Rolle gespielt haben. Aber auch wenn man von den Steinkohlen absieht, bleibt dieser Satz bestehen; denn in den nassen Niederungen schafft der Torf die Grundlage, auf der später Wiesen und Wälder grünen.

Das Paradies der Torfmoore in der Gegenwart ist in Irland und Schottland zu suchen, deren feuchtes Klima ihr Wachstum ungemein befördert. Die lebenden Moore bilden dort hügelige Polster, welche kirchturmhoch über das Land emporragen. Viele sind gar nicht betretbar, der Unkundige, der sich auf sie wagt, versinkt darin; andere haben trockene Stellen, die beschritten werden können. Hier und da kann die Schwammigkeit des Materials zu sonderbaren Unglücksfällen führen: Vor einigen Jahren platzte in Nordschottland ein mächtiges, lebendes Torfmoor unter der Wucht des von ihm eingesogenen Wassers. Und aus dem Innern des geborstenen Hügels ergoß sich, wie Lava aus einem Vulkan, ein fürchterlicher Strom von zähem Torfschlamm, floß meterhoch in die Straßen eines benachbarten Dorfes, drückte einige Häuser um, quoll drei Nächte und zwei Tage unaufhörlich weiter und versetzte die Anwohner in Zustände, wie sie sonst eben nur durch Schlammvulkane zuwege gebracht werden.

26.

Der älteste Vorläufer der heutigen Mikrobentheorie.

August 1889.

Der Jesuit Athanasius Kircher war 1602 zu Greiß im Fulda'schen geboren, trat 1618 in den Orden ein und wurde Professor der Mathematik, der Philosophie und der orientalischen Sprachen in Würzburg. Von dort durch die Schweden vertrieben, wandte er sich nach Avignon und wurde hierauf vom Papst nach Rom berufen, wo er anfangs am Collegium Romanum Mathematik lehrte, später aber in Muße seinen Studien lebte und 1680 starb. Er war wohl der berühmteste Gelehrte seines Jahrhunderts, doch findet man bei ihm eine nicht seltene Erfahrung bestätigt, die nämlich, daß die berühmtesten Leute nicht immer die tüchtigsten sind. Er war ein ausgeprägter Polyhistor, kannte so ziemlich das ganze gelehrte Wissen seiner Zeit, schrieb über alles, hat auch manchen gesunden Gedanken hinterlassen, aber die guten Körner in seinen Werken ersticken unter einem Wust weitschweifiger Auseinandersetzungen, und wenn man schließlich zusammenfaßt, was er an eigenen Beobachtungen und Entdeckungen aufzuweisen hat, so findet man eine sehr kleine Summe. Aber er verstand die Kunst, sich und seine vielseitige Erudition den Leuten schmackhaft zu machen; ist er doch auch der Vorläufer Jules Vernes gewesen, denn er schrieb unter andern phantastische (er nennt sie ekstatische) Reisen auf den Mond, auf die Planeten und unter das Meer.

Wenn man einige Bände seiner Schriften durchliest, bemerkt man bald, daß seine Zeit und seine Lebensstellung in erster Linie die bei ihm hervortretenden Fehler begründen; diese sind Kritiklosigkeit und Neigung zu philosophelndem Geschwätz. Das 17. Jahrhundert war noch sehr gewohnt, der Autorität zu folgen; es wagte nicht gern, eine angebliche Tatsache anzweifeln, wenn sie von irgend einem Chronisten oder Kompilator verbürgt war. Wenn uns jemand erzählt, ein Magnet werde durch Einwickeln in Salbeiblätter verstärkt, nun, so probieren wir es; findend, daß die Angabe unrichtig ist, erklären wir sie für eine Fabel und kümmern uns nicht weiter darum; das Mittelalter aber schrieb derartige Behauptungen jahrhundertelang kritiklos nach. Den Gelehrten, die über naturwissenschaftliche Dinge arbeiteten, ging es vielfach nicht so sehr um eigene, direkt aus der Natur geschöpfte Erfahrungen, als um genaue Kenntnis dessen, was die Autoritäten über die Erscheinungen gesagt und gefabelt hatten. Je mehr Fabeln und Lücken in der Naturkenntnis enthalten waren, desto näher lag es, ihre schwachen Stellen mit metaphysischen Spekulationen zu überbrücken, und auch bei diesen war für die scholastisch Geschulten das „ait philosophus“, „der Philosoph (Aristoteles) sagt“, die letzte Referenz. Nur die größten Geister, wie Kopernikus, Galilei und verwandte, wußten den Autoritätsglauben durch angeborenen kritischen Sinn zu überwinden und wurden eben dadurch die Leitsterne der beginnenden Neuzeit; aber von einem Jesuiten, dessen ganze Richtung auf Erhaltung des Autoritätsglaubens geht, ist das nicht zu erwarten, und so kann es nicht wundernehmen, wenn wir Kircher, obgleich er die Arbeiten von Kopernikus kennt und akzeptiert, doch 50 Jahre nach dem letztern noch in der Methode früherer Jahrhunderte befangen finden.

Aber, wie gesagt, es stehen in seinen Werken auch allerlei gute Bemerkungen, und eine von diesen hat gerade für die Gegenwart erhebliches Interesse. Kircher ist nämlich, so weit die geschichtlichen Zeugnisse reichen, der erste Mensch gewesen, der kleine Lebewesen in faulenden Substanzen durch ein Vergrößerungsglas beobachtet hat, und er hat diese Beobachtung sofort verwertet, um auf sie eine Theorie der ansteckenden Krankheiten zu gründen. Sein Vergrößerungsglas war eine einfache Lupe, welche die Gegenstände „tausendmal größer zeigte, als sie wirklich sind" d. h. welche die Flächen tausendmal, die linearen Dimensionen eines Körpers also etwa 32mal vergrößerte. Diese Vergrößerung ist nach unsern Begriffen recht schwach, aber sie reicht vollkommen aus, um die größern Infusionstiere als kleine bewegliche Körperchen sichtbar zu machen, und das hat sie denn für Kircher getan. Im Jahre 1658 gab er zu Rom eine Schrift heraus, die den Titel (lateinisch) führt: „Physisch-medizinische Untersuchung der ansteckenden Seuche, welche Pest genannt wird"; dieselbe war schon in der ersten Auflage von rühmenden Zeugnissen angesehener Ärzte begleitet und wurde 1671 in Leipzig mit einer begeisterten Vorrede des dortigen Professors der Heilkunde Lange neu herausgegeben; man interessierte sich um so mehr für sie, als gerade das 17. Jahrhundert mehrfach von verheerenden Epidemien betroffen war; eine solche, die 1656 in Rom ausbrach, gab den unmittelbaren Anlaß zur Abfassung der Schrift.

Es steht auch in diesem Buche manches, was kaum zu verantworten ist, und um dem Leser eine Vorstellung davon zu geben, durch was für Dinge man sich durcharbeiten muß, wenn man mittelalterliche Forscher studiert, will ich hier ein Beispiel einschalten. Kircher sagt an einer Stelle kurz und bündig, das beste oder einzig sichere Mittel gegen die Pest sei rechtzeitiges Ausreißen, an einer andern aber schließt er sich der Meinung derjenigen angesehenen Autoritäten an, welche behaupten, das Mittel gegen die Pest sei — eine Kröte. Und zwar aus folgenden Gründen: Kröten und Frösche treten in Masse auf, wenn eine Pestperiode bevorsteht, woraus deutlich hervorgeht, daß sie mit der Pest zusammenhängen. Die Kröte ist fleckig, die Pest auch. Die Pest erzeugt Würmer, die Kröte desgleichen. Van Helmont hat alte Kröten gefangen, deren Kopf ganz voller Würmer saß, und wenn einer von diesen Würmern sich hervorwagen wollte, um davonzukriechen, so hielt ihm die Kröte ihre Hand vor, und zwang ihn, zurückzubleiben!! Van Helmont aber hängte das Krötenvieh an den Hinterbeinen auf und zwang es damit, seine Würmer von sich zu geben, aus denen er dann Amulette fabrizierte, und diese letztern erwiesen sich als äußerst wirksam gegen die Pest. Außerdem flößt die Kröte, wie die Pest, dem Menschen Schrecken ein; die Antipathie ist aber ein mächtiges Kurmittel, also sind Kröten gut gegen die Pest usw. usw.

Gehen wir nun zu dem vernünftigen Inhalt des Buches über. Die Pest, sagt Kircher, ist im allgemeinen eine Strafe Gottes, im besonderen aber kann sie doch auch natürliche Ursachen haben. Selbst den durch Zauberei erzeugten Pesten sind solche nicht abzusprechen; denn der Teufel, von dem sie herrühren, besitzt bedeutende naturwissenschaftliche Kenntnisse und bedient sich derselben gegen die Menschheit. Man bemerkt nun leicht, daß die Epidemien sich oft auf faulende Stoffe zurückführen lassen. Nach großen Schlachten, wo viele Leichname unbeerdigt umherliegen, nach Epizootien, wo Tierkörper im Freien verfaulen, nach der Strandung eines Walfisches und nachdem ein Erdbeben Tausende von toten Fischen an das Ufer hatte treiben lassen, hat man Pestperioden ihren Anfang nehmen sehen. Anderseits kann auch im Menschen etwas enthalten sein, was ihn der Pest unterwirft; dies tritt namentlich hervor, wenn Hungersnot in ganzen Ländern geherrscht hat, wo dann öfters Pestausbrüche folgen und sich rasch verbreiten. Die Fäulnis schafft nun offenbar fremde, beschmutzende Bestandteile in die Luft, Miasmen, welche die Krankheit fortpflanzen, und die, wenn sie auf Menschen übergehen, von einer Person zur andern oder auch durch Vermittlung von Betten usw. fortgepflanzt werden können. Aus der Fäulnis gehen fortwährend unmerklich kleine Körperchen in die Umgebung über; das zeigt u. a. der üble Geruch, der von ihr ausgeht. Und nun kommt der Hauptsatz: Omne putridum ex se et sua natura vermes generat, alles Faulende erzeugt aus sich und seiner Natur Würmer, d. h. nach dem damaligen Sprachgebrauch kleine lebendige Wesen irgendwelcher Art. Er beweist das zunächst an den mit bloßem Auge sichtbaren „Würmern" in faulenden Cadavern, dann aber zeigt er mit dem Vergrößerungsglase, daß faulendes Fleisch, Käse, Milch, Schlangen, Pflanzenteile, modriges Holz, Erde in Wasser, kurz, alle organischen Teile bei der Fäulnis von Würmern wimmeln. Er nimmt naiv an, daß die Würmchen schlechthin „aus der Fäulnis" entstehen, ohne das Wie ergründen zu können.

Die Pest ist nun nichts anderes als eine Art von Fäule des lebenden Menschen. Der Kranke hat irgendwo einen pestbringenden Odem eingeatmet und ist dadurch mit der Fäulnis angesteckt. Die Ausdünstungen aber, welche den Keim der Pest enthalten, sind nichts anderes als unsichtbar kleine lebende Körperchen; das geht daraus hervor, daß eben alles Faulende solche Lebewesen erzeugt. Ein Mensch kann sich die Pest überall da zuziehen, wo sich solche lebende Effluvien vorfinden, er kann sie aus dem Boden, aus Früchten, aus geöffneten Gräbern usw. erhalten; auch können unter Umständen wohl faulige Ausdünstungen der Erde, wie sie bei Erdbeben vorkommen, daß erste Kontagium an die bewohnte Oberfläche bringen und somit den Anstoß zu einer Epidemie geben.

Das sind, ausgesondert aus der weitschweifigen Betrachtung, die Grundzüge der Kircherschen Seuchentheorie. Ihre Mängel liegen zutage: Kircher unterscheidet nicht zwischen verschiedenen Seuchen, sondern erklärt alle großen Epidemien, z. B. auch Schweißkrankheit und Klauenseuche, für bloße Varietäten einer und derselben Grundpest. Dementsprechend unterscheidet er auch noch nicht zwischen verschiedenen Arten seiner Würmer, sondern wirft alles unterschiedlos als „Fäulnis" schlechthin zusammen. Er sagt, daß die Würmer einen „belebten Gestank", also kleinste, lebensfähige Körperchen aushauchen, welche neue Fäulnis veranlassen, wohin sie gelangen; aber er kommt nicht dazu, diese Körperchen als Eier oder Keimkörner aufzufassen. Er spricht ausdrücklich von „Panspermia", d. h. von der Allbesamtheit der Luft, aber er läßt sich die Folgerung entgehen, daß jedes Keimkorn seinen besonderen Wurm wiedererzeugen muß. So entgeht ihm auch der wichtigste Schluß, daß die Seuche sich eben nur durch Keimkörner verbreitet, und daß man sie abschneiden kann, wenn man die Würmer und ihre Keime tötet oder aussterben läßt. Daß er den Nachweis für das Dasein der Mikroben im Körper der Pestkranken mittelst der Beobachtung nicht führen konnte, liegt auf der Hand; denn dazu reichten die Mittel seiner Zeit nicht aus. Aber in der bloß logischen Anordnung eines Gedankenganges ist schon ein Fehler; bei ihm erzeugen die Wurmkeime die spezielle Art von Fäulnis, welche Pest heißt, aber die Fäulnis erzeugt im allgemeinen die Würmer. Hätte er den letzteren Satz umgekehrt und gesagt: Die Würmer erzeugen auch die Fäulnis, so wäre sein System durchaus logisch gewesen und hätte ihn auf der Bahn der Erkenntnis erheblich weiter führen können.

Immerhin aber ist er mit seinem Satz: „Die pesterzeugenden Aushauchungen enthalten kleine lebensfähige Wesen" der erste gewesen, der die Lehre vom lebendigen Ansteckungsstoff aufgestellt hat; dieses Verdienst kann man ihm nicht abstreiten. Und es ist gewiß nicht wenig merkwürdig, daß der erste Mensch, der ein Infusionstier gesehen hat, sich auch sofort veranlaßt sah, zu schließen, daß die ansteckenden Krankheiten durch mikroskopisch kleine Lebewesen hervorgebracht würden. Man sieht daraus, wie nahe diese Theorie im Grunde gelegen hat.

27.

Otolithen.

April 1891.

Im innern Ohr des Menschen finden sich merkwürdige Nebenorgane. Aus dem sogenannten Vorhof, der mittleren Höhle des Labyrinths, ragen drei halbkreisförmige Kanäle hervor, und im Innern desselben trifft man kleine Steinchen an, Kalkkristalle, welche, eingebettet in ein faserig-schleimiges Gewebe, feinen Nervenendigungen aufliegen. Jedes Ohr hat zwei Gruppen derartiger Steinchen, und man nennt dieselben Gehörsand, Ohrensteinchen oder mit dem technischen Namen Otolithen. Die halbkreisförmigen Kanäle lassen wir hier beiseite, weil zu ihrer Besprechung ein genaues Eingehen auf den Bau des inneren Ohres erforderlich wäre. Die Otolithen finden sich nicht bloß bei Säugetieren, sondern auch weit tiefer hinab in der Reihe der selbständig beweglichen Wesen. Die Vögel und Amphibien besitzen drei Gruppen von ihnen auf jeder Seite, auch bei den Fischen sind sie vorhanden, teils in Gruppen, wie bei uns, teils als einzelne, solide, knochenartige Stücke. Den Gliedertieren fehlen sie nicht, und man trifft sie in schöner Ausbildung bei den Weichtieren und den Quallen. Möglich, daß bei noch niedrigern Wesen, wo wir sie zurzeit nicht kennen, später ähnliche Vorrichtungen entdeckt werden. Das Bedürfnis nach kleinen

Steinchen, die in irgend einem mit Nerven ausgestatteten Sack liegen, scheint jedenfalls in der Natur recht groß zu sein. Manchmal wird es auf eigentümliche Weise befriedigt. In den sogannten Ohrensäckchen krebsartiger Tiere fand Farre Ohrensteinchen, die sich in jeder Beziehung wie gewöhnliche Sandkörner verhielten, und er sprach die Vermutung aus, die Krebse füllten sich die Ohren wirklich mit gemeinem Sand. So überraschend dies klingt, es wurde von Hensen durch den Versuch unzweifelhaft bestätigt. Zwar gelang es nicht, die Tiere direkt beim Einfüllen zu beobachten, aber das folgende Experiment ist beweiskräftig: Die Ohrensäckchen der Krustentiere sind eingestülpte Anhänge des äußeren Hautpanzers, und sie werden, wie dieser, bei der Mauser erneuert. Dabei zieht sich die Innenhaut des Säckchens als Ganzes nach außen und nimmt die in ihr vorhandenen Steinchen mit. Ein frisch gemauserter Krebs hat also in seinem Ohrensack keine Steine. Setzt man ihn nun in ein Gefäß mit Sand, so findet man in seinen Säckchen bald eine Anzahl von Sandkörnern; bringt man ihn aber in ein Gefäß, in welchem statt des Sandes künstliche Kristalle eines chemischen Präparats den Boden bedecken, so sieht man nachher in seinen Ohrensäcken diese künstlichen Kristalle; er hat also seine Ohrensteine offenber nicht selbst erzeugt, sondern aufgelesen.

Früher hielt man das innere Ohr für ein Hörorgan schlechtweg und dachte, alles, was sich in ihm findet, müsse bei der Schallwahrnehmung beteiligt sein. Dementsprechend nahm man auch an, die Stelle, wo sich bei einem Tier Otolithen finden, sei immer ein Ohr. Dabei stellten sich aber Schwierigkeiten heraus; einerseits konnte man den obengenannten Anhangsapparaten keine bestimmte physikalisch begreifliche Mitwirkung beim Hören zuschreiben, andererseits fanden sich, z. B. bei Mücken und Krustentieren, deutliche Hörorgane, die mit den Otolithen nichts zu tun hatten, und endlich zeigten Tiere, die wohlentwickelte Otolithen besaßen, keine Spur von Hörfähigkeit. Da sprach 1870 v. d. Goltz, gestützt auf Versuche, die Ansicht aus, die halbkreisförmigen Kanäle seien nicht zum Hören, sondern zur Orientierung bestimmt. Über die Einzelheiten dieser Theorie wird noch gestritten, aber das darf als feststehendes Ergebnis aus den Forschungen der letzten zwanzig Jahre gelten, daß das sogenannte Ohr der höheren Tiere nicht bloß ein Werkzeug zum Hören ist, sondern daß seine feinen Nervenapparate noch eine zweite, nicht minder wichtige Verrichtung üben: sie belehren uns über das Gleichgewicht, über die Lagen und Bewegungen des Körpers, im besonderen des Kopfes. Im knöchernen Binnenohr sitzen Teile, welche ein außerordentlich feine Empfindung für Lagen- und Gleichgewichtsverhältnisse haben; diese ihre Empfindungen teilen sie durch den „Gehörnerv" dem Gehirn mit, und nach ihnen beurteilen wir zu einem wesentlichen Teil die Lage, in der wir uns befinden. Es würde zu weit führen, alle die genauen Einzelbeobachtungen durchzugehen, auf welche sich diese Behauptung stützt; wir können nur obenhin das Wichtigere erwähnen.

Die Theorie des Drehschwindels kann nur gestreift werden. Versetzt man einen Menschen allmählich in Drehung, so spürt er die Bewegung, auch wenn er die Augen schließt und keine andern Anhaltpunkte für sein Urteil hat. Ist er einmal in gleichmäßiger Drehung begriffen, so hat er, wenn alle derartigen Anhaltspunkte vermieden sind, keine Empfindung von der Drehbewegung. Hält man ihn aber dann plötzlich an, so wird ihm schwindlig; er glaubt, der Boden drehe sich unter ihm. Die wahrscheinlichste Erklärung dieser Tatsachen liegt darin: das Wasser, mit welchem die halbkreisförmigen Kanäle gefüllt sind, folgt der beginnenden Drehung nicht sofort, sondern erst allmählich. Ist aber die Drehung in ruhigem Gange, so läuft es mit, und hört sie plötzlich auf, so fließt es in der einmal angenommenen Richtung noch eine kleine Weile weiter. Der Mensch empfindet nun, ohne es zu wissen, die Bewegung dieses Wassers. Solange es hinter seiner Bewegung zurückbleibt, merkt er, daß er gedreht wird; wenn es die volle Bewegung angenommen hat, ist es relativ zu den Kanälen in Ruhe und er empfindet nichts mehr; wird aber der Mensch still gestellt und fließt das Wasser noch weiter, so empfindet er wieder ein Drehungsgefühl, und da sein Muskelgefühl ihm sagt, daß er in Ruhe ist, entsteht ein Widerstreit zwischen der Aussage der Muskeln und derjenigen der Kopforgane, der sich in dem unangenehmen Schwindelzustand äußert.

Schneidet man einem Tier den Hörnerv durch, so besteht die nächste und auffallendste Folge des Eingriffs in stürmischen Schwindelerscheinungen, rollenden Bewegungen, Kopfverdrehungen und dergl. Tritt einige Zeit nach der Operation eine ruhigere Periode ein, so nehmen viele Tiere eine auffallende Lage ein: ein Frosch z. B. auf horizontalem Tisch, dem man den rechten Hörnerven durchgeschnitten hat, streckt die beiden Beine der rechten Seite starr nach außen und hält sich mit ihnen von der Tischplatte ab, während er die linken

Extremitäten an sich heranzieht. Er steht dabei schief, die rechte Seite höher als die linke — das Tier hält sich gerade so, wie es sich auf einer nach rechts unten geneigten Platte halten würde; d. h. der Frosch hat das Gefühl, auf einer schräg stehenden Platte zu liegen; das Bewußtsein des Gleichgewichts auf wagerechtem Boden ist ihm abhanden gekommen.

Entsprechende Dinge kommen bei Menschen als Krankheitserzeugnisse vor. Ohrenerkrankungen, die mit Druck auf den Vorhof verbunden sind, können furchtbare Schwindelanfälle erzeugen, offenbar, weil der Druck die Gleichgewichtsorgane stört. Am lehrreichsten ist das, was man bei Taubstummen beobachtet. Bei vielen von diesen ist das ganze innere Ohr mit Inkrustationen ausgefüllt, also nicht bloß der Hör-, sondern auch der Gleichgewichtsapparat unbrauchbar gemacht. Dem entspricht nun einerseits, daß viele Taubstumme (mehr als ein Drittel) überhaupt nicht schwindlig zu machen sind. Diesem Vorteil steht aber auf der andern Seite ein ebenso bemerkenswerter Nachteil gegenüber. Unter gewöhnlichen Verhältnissen ist der Mensch nicht bloß durch seine Kopforgane, sondern auch durch mancherlei andere Wahrnehmungen über seine Stellung orientiert. Insbesondere wirkt das Gewicht des Körpers in der Regel vorwiegend auf bestimmte Körperteile (Füße, Gesäß), und aus dem Druck des Körpers allein können wir bestimmen, in welcher Lage wir sind. Das hört aber auf, wenn wir uns unter Wasser begeben; denn da wird das Gefühl der Schwere völlig unbestimmt, weil das Wasser gegen die ganze Unterfläche des Körpers trägt. Trotzdem weiß der normale Mensch beim Tauchen unter Wasser jeden Augenblick ohne Anstrengung, in welcher

Stellung er sich befindet. Anders viele Taubstumme. Für diese ist das Unterwassersein eine schreckliche Lage; sie wissen nicht mehr, ob sie wagerecht oder senkrecht, ob sie nach oben oder nach unten schwimmen. Einer sagt aus, daß er auf dem Boden eines nur zwei Fuß tiefen Wässerleins sofort nach dem Tauchen alles Bewußtsein von oben und unten verloren hatte; während er über den Boden hinkroch, hatte er das Gefühl als ginge er an einer endlosen senkrechten Wand in die Höhe. Ähnliches berichten viele dieser Kranken, wenn sie den Versuch gemacht haben, sich unter Wasser aufzuhalten; es fehlt ihnen also offenbar ein beim normalen Menschen vorhandenes Orientierungsmittel. Uns sagt eine vorhandene Einrichtung instinktiv, wie wir gerichtet sind, beim Taubstummen ist dieselbe zerstört, und deshalb hat er nichts mehr, wonach er sich richten kann, wenn die gewöhnlichen Schwereempfindungen für ihn aufgehoben sind. Und daß gerade beim Taubstummen dieser Mangel eintritt, beweist wieder, daß der fragliche Gleichgewichtsapparat in engem Zusammenhang mit dem Ohr steht.

Man ist nun in neuerer Zeit darauf aufmerksam geworden, daß gerade die Otolithen geeignet sind, bei derartigen Orientierungsvorrichtungen eine wesentliche Rolle zu spielen. Denn sie sind unabhängige, schwere und harte Körperchen, deren Druck auf die Nervenenden verschieden ausfällt, je nachdem das Tier sich hält. Bei einzelnen Wesen ist ihre Anordnung so einleuchtend, daß kaum ein Zweifel an ihrer Obliegenheit bestehen kann. Bei den Rippenquallen z. B. findet sich in einer besonderen kleinen Höhle ein einzelner Otolith, der zwischen vier elastischen, mit Nerven versehenen Plättchen frei aufgehängt ist. Hat das Tier seine regelmäßige Lage, so drückt der Otolith gleich stark auf alle vier Plättchen; neigt es sich nach einer Seite, so drückt er stärker nach dieser. Die Otolithenkammer ist also ein kleiner Druckmesser, den die Natur nach denselben Grundsätzen eingerichtet hat, nach welchen wir Millionen Jahre später Dynamometer und Seismometer (Kraft- und Erdbebenmesser) bauen.

Zerstört man der Qualle ihren Apparat, so weiß sie nicht mehr, wie sie gerichtet ist; sie schwimmt unregelmäßig und in Richtungen, wo sie nichts zu suchen hat, z. B. senkrecht in die Tiefe. Der Analogie nach ist zu schließen, daß die Steinchen bei höheren Tieren dieselbe Wirkung haben, und wenn man sie dort vernichtet, ist auch die Wirkung dieselbe. Ein Frosch z. B., dessen Ohr oder Hörnerv zerstört sind, schwimmt ebensowohl auf dem Rücken, wie auf dem Bauch, was ein gesunder Frosch nicht tut, und wenn er zufällig in der Rückenlage auf dem Boden seines Behälters anlangt, bleibt er auf dem Rücken liegen; er hat eben kein Gefühl mehr für oben und unten. Zerschneidet man bei einem Haifisch, wo die Operation verhältnismäßig leicht auszuführen ist, vorsichtig die Bogengänge des inneren Ohres, so bemerkt man keine auffälligen Erscheinungen; berührt man aber seine Otolithen zerrend oder drückend, so macht er sofort rollende Bewegungen, die auf Schwindel deuten.

Mit alledem begreift sich die weite Verbreitung der Otolithen; sie sind eben als Orientierungsmittel von unschätzbarem Wert, unersetzlich namentlich für Tiere, die in der Meeresströmung schwimmen; diese würden ohne sie gar keine Anhaltspunkte für die Lage ihres

Körpers besitzen. Beim Menschen sind sie, eben ihrer Wichtigkeit wegen, in der festesten Knochenkapsel des Kopfes, im innern Ohr, untergebracht; bei den niedern Tieren werden sie, weil die Gehörorgane dort im allgemeinen mehr nach außen rücken, vom Ohr abgesondert und schließlich auch noch da erhalten, wo das Gehörorgan überhaupt fehlt.

(Zusatz 1905). Der oben erwähnte Versuch mit Krebsen hat inzwischen eine interessante Erweiterung gefunden. Legt man einem frisch gemauserten Krebs statt des Sandes Eisenfeilspähne hin, so nimmt er diese Eisenfeilspähne in seine Ohrsäckchen auf. Bringt man dann in seiner Nähe, horizontal neben ihm, einen kräftigen Magneten an, so zieht dieser Magnet die Eisenfeilspähne merklich an, dieselben drücken also nicht mehr senkrecht nach unten, sondern in einer schrägen Richtung, welche sich aus der vertikalen Richtung der Schwere und der horizontalen Richtung der magnetischen Anziehung zusammensetzt. Das Ergebnis besteht darin, daß der Krebs sich schräg stellt, weil er diejenige Richtung, in welcher die Feilspähne drücken, gewohnheitsmäßig für die vertikale hält.

28.

Das Unsterbliche auf Erden.

August 1890.

Die Dichter haben schon oft das Leben mit einer Flamme verglichen; es entzündet sich, brennt, flackert und erlischt. Die Aehnlichkeit ist, wie Helmholtz bemerkt hat, noch weit tiefer, als sie bei der oberflächlichen Betrachtung des poetischen Vergleichs erscheint. Eine Flamme ist nicht eine bestimmte Substanz, sie besteht nicht fortwährend aus denselben materiellen Teilen; was in diesem Augenblick in der Flamme brennt, das ist im nächsten verbrannt, in die Höhe gestiegen und aus dem Bereich der Flammenerscheinung entfernt. Dafür treten von unten fortwährend neue Teilchen in sie ein, helfen eine kurze Zeitlang die Flamme bilden und machen dann wieder andern Platz, die das gleiche Schicksal erleiden. Was an der Flamme besteht, das ist nicht ihr Stoff, sondern die Form, und wenn wir einer Flammenerscheinung Dauer zuschreiben, so geschieht es, weil und insofern sie sich ununterbrochen aus einer ursprünglich gegebenen Flammenform entwickelt hat.

Ganz ähnlich steht es um einen lebenden Organismus, sei es Mensch, Tier oder Pflanze. Die materiellen Teile, aus denen wir heute bestehen, sind nicht dieselben, aus denen wir gestern bestanden; in jeder Sekunde werden durch Verdunstung und Verbrennung einige von den Teilen des Organismus abgeschieden und hören auf, ihm anzugehören, während andere durch die Atmung, durch die Wurzeln, durch die Nahrung in den Körper eintreten. Wie die Gase durch die Flamme wirbeln, um eine kurze Sekunde lang aufleuchtend die Flamme zu konstituieren, so gehen die zum Leben erforderlichen Stoffe, langsamer freilich, aber doch immer nur auf begrenzte Zeit, durch das Lebewesen; sie kreisen in seinen Säften, sie nehmen an seinem Leben teil und werden schließlich als verbraucht wieder ausgestoßen. Auch das Lebewesen ist eine bloße Form, und solange die Form ununterbrochen dauert, dauert der Organismus. Der Kohlenstoff, Wasserstoff, Sauerstoff und Stickstoff, welche einen Muskel bilden, sind belebt, solange sie eben ihre Funktion in diesem Muskel ausüben; sind sie erst verbrannt und ausgeatmet oder durch die Nieren ausgestoßen, so sind sie wieder, was sie vorher waren, ehe sie in den Organismus eintraten: tote Stoffe. Nur ein Unterschied besteht zwischen ihrer Beschaffenheit vor und nach dem Durchgang: sie wurden als verbrennungsfähige Körper aufgenommen und werden als verbrannte wieder entfernt; ihre Verbrennungswärme haben sie im Organismus gelassen und dadurch seine Leistungen, vor allem sein Dasein, bestreiten müssen. Das Dauernde an diesem Dasein ist eben nichts anderes, als die bestimmte Form, der alle Teilchen, welche der Reihe nach den Organismus bilden, immer wieder eingefügt werden.

Und wie eine Flamme an der anderen, so entzündet sich ein Leben am andern; das neue Leben keimt nur aus dem schon vorhandenen alten. Wie die Flamme eines Scheiterhaufens bestehen bleibt, wenn man ein

Scheit entfernt, und wie sich an dem Scheit ein zweiter Haufen entzünden läßt, so kann unter Umständen aus der Lebensflamme eines Organismus eine große Zahl von andern hervorgehen. Kann man doch einen Polypen einfach in Stücke schneiden oder von einer Trauerweide einen Zweig abreißen und in die Erde pflanzen; von den Stücken des Polypen wächst jedes zu einem ganzen Polypen aus, und von den Stecklingen der Trauerweide bildet jeder wieder einen Baum für sich; sie haben eben die merkwürdige Fähigkeit, auch isoliert die materiellen Teilchen, welche zum Bau ihres Körpers dienen, aufzunehmen, zu assimilieren und in diejenige Form zu zwingen, welche ihrer Art zukommt. Freilich kann nicht jeder Organismus soviel; wenn man einem Frosch einen Fuß abschneidet, so wächst der Fuß nicht zu einem neuen ganzen Frosche aus, aber man sieht leicht, woran das liegt: dem Fuß fehlen die Organe zur Aufnahme von Nahrung und Luft, darum kann er für sich nichts bilden; der abgetrennten Flamme fehlt in diesem Falle der Docht. Der Polyp dagegen kann mit seiner ganzen Körperfläche Nahrung aufnehmen, die Weide kann es mit jedem Zweigquerschnitt, darum kann auch jedes Polypenstück und jeder Weidenzweig für sich wieder ein Lebewesen bilden.

Eine merkwürdige Frage bietet sich hier dar. Schneidet man einem Pferde den Fuß ab, zerlegt man also das Tier in zwei sehr ungleiche Teile, von denen einer noch lebensfähig ist, der andere nicht, so wird niemand im Zweifel sein, wenn man ihn fragt: welcher von den beiden Teilen ist denn nun das ursprüngliche Pferd? Es ist eben der lebensfähige Teil, dem noch drei Füße geblieben sind. Nun denke man sich aber einen Polypen der Länge nach in zwei oder mehr ganz gleiche Teile geschnitten; welcher von diesen ist der ursprüngliche Polyp? Diese Frage ist offenbar gar nicht zu beantworten. Jeder von den Sprößlingen ist ebenso berechtigt, wie jeder andere, und doch ist keiner ganz das ursprüngliche Wesen. Und dabei kann man nicht einmal sagen, daß der ursprüngliche Polyp gestorben sei, er ist nur geteilt worden, ohne seine Lebensfähigkeit und Lebenstätigkeit einen Augenblick aufgegeben zu haben.

Die Stellung der obigen Frage ist an sich falsch. Sie wird uns nahegelegt durch unsere Erfahrung an uns selbst und an den höheren Tieren, mit denen wir am meisten umgehen. Von diesen ist jedes ein bestimmtes Individuum mit ausgeprägter Zentralisierung der Einrichtung und Empfindung. Ich fühle mich als eine Einheit, das Pferd tut dasselbe, diese Einheit läßt sich nicht spalten, sie kann nur ganz da sein oder aufhören, sterben. Der Polyp ist aber kein zentralisiertes Individuum; wie er sich fühlt, das können wir nicht wissen, daß er sich und sein Leben teilen läßt, das sehen wir; er ist also gar kein bestimmtes „er", sondern wird das erst dadurch, daß wir ihm in unserer Vorstellung eine Individualität andichten, weil wir uns sein inneres Dasein nicht anders vorstellen können, als nach dem Muster unseres eigenen. Ähnlich steht es um Pflanzen. Der Baum ist kein Individuum, weil jeder seiner Zweige für sich leben kann, der Zweig aber ist keins, weil man ihm die Spitze abschneiden kann, ohne daß er verdorrt, während die Spitze vielfach imstande ist, für sich allein Wurzeln zu schlagen und weiter zu leben. Wenn man also Polypen oder Weidenzweige teilt, so teilt man nicht bestimmte Individuen, und damit wird die obige Frage sinnlos.

Was wir nun künstlich an den oben gewählten Beispielen ausführen können, das tun Millionen von Lebewesen regelmäßig aus sich. Es sind dies die kleinsten, „einzelligen" Organismen, d. h. diejenigen, die nur aus einer Zelle, aus einem Schleimteilchen mit oder ohne deutlichen Kern, mit oder ohne deutliche Hülle bestehen. Ob man sie Tierchen oder Pflänzchen nennen soll, mag dahingestellt bleiben; im Grunde sind sie, wenigstens manche von ihnen, nur willkürlich einer von beiden Klassen zuzurechnen; sie stehen jenseits der Grenze, wo die tierischen Wesen sich deutlich von den pflanzlichen sondern. Es gehören dahin die winzigsten Wesen, Spaltpilze, und manches, was populär und ungenau als „Infusionstierchen" bezeichnet wird. Diese Wesen vermehren sich durch Teilung. Die einzelne Zelle, aus der sie bestehen, wächst bei guter Ernährung bis zu einer bestimmten Größe; hat sie diese erreicht, so wächst sie nicht einfach weiter, sondern ihr Inhalt sondert sich in zwei Teile, die aber vorläufig noch zusammenhängen. Allmählich aber bildet sich zwischen den Teilen eine Scheidewand, und nachdem diese sich vollständig hergestellt hat, ist das Wesen in zwei geteilt. Diese können sich voneinander trennen, und statt der ursprünglich einen Zelle schwimmen nunmehr zwei umher, von denen jede soviel wert ist, wie die ursprüngliche. Die neuen Zellen teilen sich nun wieder, und das geht so weiter, oft mit erstaunlicher Geschwindigkeit, sodaß aus einer einzigen Urzelle in wenigen Tagen Millionen von Wesen entstehen, deren jedes der Urzelle gleichwertig ist.

Es scheint allerdings nach neueren Untersuchungen, daß der Teilungsprozeß in dieser vollkommenen Einfachheit nicht ins Unendliche fortgesetzt werden kann.

Die 200ste bis 300ste Generation der durch bloße Teilung entstandenen Zellen wird altersschwach und die isolierten Glieder derselben verlieren allmählich die Fähigkeit, lebenskräftige neue Zellen hervorzubringen. Dann frischen sich die kleinen Wesen wieder auf, indem sie sich konjugieren, d. h. zu zweien aneinanderlegen und wahrscheinlich einen Teil ihres Inhalts austauschen; nachher trennen sie sich, wachsen und haben nunmehr die Kraft gewonnen, neue Generationen abzuspalten.

Es eröffnet sich hier zunächst dieselbe Frage, wie oben beim Polypen, und sie erzielt nahe die gleiche Antwort. Solange eine Zelle sich bloß spaltet, kann man nicht sagen, daß eine der beiden Tochterzellen das Leben ihrer Mutter direkt fortsetze, die andere aber nicht; die beiden Töchter sind vielmehr gleichwertig, und das Leben der Mutter hört nie auf, es verdoppelt sich nur.

Diejenigen Tochterzellen nun, die keiner Auffrischung teilhaftig werden und in den letzten Generationen unfruchtbar zugrunde gehen, erleiden einen vollständigen Tod; bei denen aber, die sich durch Konjugation erholen, hört der in ihnen enthaltene lebende Stoff, das Protoplasma, tatsächlich nie auf, zu leben. Er wird durch fortgesetzte Spaltung auf eine immer wachsende Zahl von Einzelwesen verteilt, verliert dabei an Lebenskraft, gewinnt dieselbe durch Konjugation aber wieder und teilt sich weiter. Dabei ist der natürliche und regelrechte Verlauf offenbar der, daß die große Mehrzahl der kleinen Organismen zur Konjugation gelangt; daß sie keinen Gefährten finden und in der Vereinzelung absterben müssen, ist ein unter den natürlichen Bedingungen nur ausnahmsweise eintretender Notzustand. Bei regelrechtem Verlauf der Dinge ist also die lebende Substanz, das Protoplasma, in den einzelligen Wesen unsterblich. Die Spaltpilze, welche wir heute unter dem Mikroskop beobachten, enthalten noch dasselbe Protoplasma, welches ihre Ahnherren vor Millionen von Jahren enthielten; es ist durch die unzählbaren Generationen herabgewachsen bis in die Gegenwart, ohne jemals seine Tätigkeit und seine Daseinsform aufzugeben; nirgendwo in der langen Reihe kann man eine Grenze ziehen und sagen: Hier starb das Plasma des einen Organismus und hier fing mit dem andern ein neues, ganz selbständiges Leben an.

Wenn man die Sache genau besieht, so findet man, daß es bei den höheren Organismen nicht viel anders hergeht. Diese bestehen nicht aus einer einzigen Zelle, sondern ihr Keim entwickelt ein größeres Aggregat von Zellen und von Umbildungsprodukten derselben. Das einzelne Aggregat dieser Art kann sich, wenn es ein niederes Tier oder eine Pflanze ist, unter Umständen durch einfache Sprossung vermehren. Dann teilt sich allerdings nicht der ganze Organismus in zwei gleichberechtigte Nachkommen, aber er bildet an gewissen Stellen aus seinem eigenen Protoplasma den Anfang eines künftigen Lebewesens, das sich später von ihm trennen und selbständig werden kann, ohne daß eine Pause im Leben eintritt. Solches geschieht z. B. bei Stecklingen. Alle in Europa vorhandenen Trauerweiden z. B. sind angeblich aus Stecklingen eines einzigen Baumes gezüchtet; dieser Urbaum ist längst zugrunde gegangen, aber sein Protoplasma lebte in den Stecklingen, die von ihm gewonnen wurden, es dehnte sich in ihnen zu neuen Bäumen aus, ging in weitere Stecklinge über und so fort;

eigentlich ist also das Leben des Urbaums nie erloschen, sondern grünt noch heute in den Zweigen seiner sämtlichen Nachkommen.

Bei anderen Pflanzen und bei höheren Tieren findet keine Vermehrung durch einfache Abspaltung statt; ein Mensch, ein Krebs oder ein Erbsenstrauch stirbt, wenn er seine Zeit erreicht hat, und man kann von ihm kein Stück abschneiden, welches die Fähigkeit hat, sich auf eigene Hand weiter zu entwickeln. Und doch bleibt in seinen Nachkommen etwas, was einst ein Teil seines Lebens war, und was sich abtrennte, ohne die Kontinuität dieses Lebens zu unterbrechen. Betrachten wir das an einem Beispiel etwas näher. Der Leser untersuche etwa eine Erbse. Er erweiche dieselbe durch Aufquellen in Wasser, so daß er ihre Haut abziehen kann. Da wird er an der Stelle, wo die Erbse äußerlich eine kleine Narbe hat, ein winziges aber mit bloßem Auge schon wahrnehmbares Pflänzchen sehen. Dasselbe hat ein Würzelchen und läuft am oberen Ende in eine zwischen zwei feinen Blättchen verborgene Spitze aus. In dieser Spitze steckt der wichtigste Teil der Lebenskraft unseres Pflänzchens. Sie enthält in ihren Zellen ein Protoplasma, welches alle oberirdischen Teile des Gewächses aus sich entwickelt. Wenn die Erbse keimt, wachsen die Zellen aufwärts, teilen sich und bilden seitliche Auswüchse, aus welchen die Zweige, Blätter und Blüten des Erbsenstrauchs hervorgehen. An der Spitze eines jeden Zweiges bleibt ein Anteil des Plasmas und sorgt für sein Weiterwachsen. Endlich wachsen die Zweigteile zu Blütenstielen und Blüten aus. In jeder Blüte ist wieder ein Anteil des Plasmas vorhanden und bildet einerseits den Fruchtknoten, andererseits den Blütenstaub, und aus dem Plasma dieser beiden Teile entwickelt sich nun die junge Erbsenfrucht. Haben wir also eine Erbse A gepflanzt, und ist aus der Staude eine junge Erbse B hervorgegangen, so ist in der vegetationsfähigen Spitze des kleinen Pflänzchens, welches in B enthalten ist, eine Plasmamasse vorhanden, welche in ununterbrochener Linie aus dem Plasma der Erbse A sich entwickelt hat. Das letztere ist aus der Erbse A, indem es Stamm, Zweige und Blütenstiel hinter sich zurückließ, in die Erbse B hineingewachsen, man kann also geradezu sagen, daß die Erbse B noch dasselbe Plasma enthält, welches in A steckte; denn das letztere ist bei dem Übergang von A zu B nirgends untergegangen, sondern hat nur an Masse zugenommen und sich auf viele Früchte verteilt, ohne je sein eigenes Leben aufzugeben.

Was wir hier von einer Generation aussagen, das bezieht sich offenbar auf alle; in den Erbsen des gegenwärtigen Jahres wächst noch dasselbe Protoplasma, welches vor Millionen Jahren in ihren Ureltern lebte; es mag in der langen Zeit seine Wachstumsform geändert haben, aber es hat nie sein kontinuierliches Leben aufgegeben. Und was wir an dem Beispiel einer Pflanze dartaten, das gilt für alle Organismen: Die ganze Welt des Lebendigen ruht auf einer unsterblichen Grundlage von Protoplasma; solange das Leben einer Art dauert, hört diese Grundlage nie auf, zu sein, sie wächst immerfort und bildet auf ihrem Wege die Einzelformen, welche wir als besondere Pflanzen und Tiere unterscheiden. Bei den einzelligen Organismen ist das Protoplasma der Zelleninhalt selbst, darum läßt sich für diese (soweit sie zur Konjugation gelangen) kein Augenblick des Todes angeben; bei den höheren, vielzelligen Organismen bildet es größere Komplexe, die nur an einzelnen Stellen das Plasma im ursprünglichen Zustand und mit der ursprünglichen Tendenz zu unbegrenztem Weiterwachsen enthalten; diese Komplexe sterben, aber ihr Grundplasma lebt ununterbrochen in den Nachkommen weiter.

Und wenn wir nun die Hypothese, ich möchte fast sagen die Tatsache, hinzunehmen, daß eine organische Form sich aus der andern entwickelt, daß wahrscheinlich alle Lebewesen von gemeinsamen ersten Ahnen abstammen, dann kommen wir zu der Anschauung, daß das Protoplasma dieser Ahnen der unsterbliche Träger alles Lebens auf Erden ist. Rastlos weiterwachsend, lebensgierig ohne Ende, immer neue Formen bildend, immer durch neue Komplexe hindurchvegetierend, läßt es diese Komplexe an seinem Wege als Leichen zurück und sucht sich in ihren Nachkommen neue Wachstumsbahnen. Das ist der tiefste Zusammenhang, der unter den Lebewesen unseres Planeten denkbar ist: sie sind alle nicht bloß „Fleisch von einem Fleische", sondern im Grunde nur vorübergehende Wachstumsformen eines und desselben unsterblichen Daseins.

29.

Wie schützt man sich am besten gegen das Ertrinken?

August 1887.

„Indem man nicht ins Wasser geht oder fällt“, könnte jemand antworten und würde damit vollkommen recht haben; nur kann der Mensch bekanntlich diese Bedingung nicht immer erfüllen; es kommen Fälle vor, wo er gegen seinen ausgesprochenen Wunsch ins Wasser purzelt oder wo das Wasser ihn ergreift und mit sich zieht. Trifft ein solcher Zufall einen geübten Schwimmer, so hat es weniger zu bedeuten; geschieht es aber, daß ein Nichtschwimmer ins Wasser fällt, so ist der Ausgang meist sehr übel — es geht alljährlich eine erschreckende Menge von Menschenleben durch Ertrinken verloren.

Die Frage entsteht, ob man den Nichtschwimmern einen Rat zu erteilen weiß, durch dessen Befolgung sie sich so lange über Wasser halten können, bis irgend eine Rettung kommt. In Zeitungsnotizen, Lesebüchern, Jagd- oder Abenteuergeschichten, selbst in Lehrbüchern der Schwimmkunst hört man manchmal von Mitteln, durch welche jeder Nichtschwimmer, der in die Gefahr des Ertrinkens kommt, in den Stand gesetzt werden soll, sich zu retten. Empfohlen werden hauptsächlich 1. ruhige Haltung, 2. Wassertreten und 3. Hundeschwimmen. Untersuchen wir, wie es sich damit verhält.

„Wenn ein Mensch", hört man sagen, „sich im Wasser vollkommen ruhig hält (und den Kopf in den Nacken legt), so schwimmt er von selbst."

Das ist richtig für die meisten Menschen in gut gesalzenem Seewasser, für einige wenige auch in süßem Wasser, wenigstens wenn sie nicht bekleidet sind, für die große Mehrzahl in süßem Wasser aber unrichtig, und außerdem selbst da, wo es zutrifft, von zweifelhaftem Nutzen für den, der sich in dem beweglichen Element nicht zu helfen weiß. Schreiber dieses schwimmt seit seinem fünften Jahre, kann also von sich sagen, daß er im Wasser leidlich zu Hause ist, und hat in vieler Herren Meeren und Flüssen gebadet; nun wohl, meine Erfahrungen über den fraglichen Punkt lauten folgendermaßen: Wenn ich mich in gut gesalzenem Meerwasser auf den Rücken lege, die Hände senkrecht nach hinten herabhängen lasse und bequem atme, so sinke ich so weit ein, daß eine durch das Kinn und die Gehörgänge gehende Ellipse die Grenzfläche des Wassers bildet. Nase, Mund und Stirn befinden sich dabei in der Luft, die Ohrläppchen noch eben im Wasser; ich atme — ruhige Luft vorausgesetzt — ganz nach Gefallen; selbstverständlich sinkt der Körper beim Ausatmen ein wenig tiefer ein, weil er spezifisch schwerer wird, und steigt beim Einatmen mehr empor; das Wasser reicht im ersten Fall bis nahe an den Mund, im zweiten bis etwas unter das Kinn, doch ist der Unterschied nicht so groß, daß er die Sicherheit der Lage irgendwie störte. Ziehe ich so viel Luft wie möglich ein, so daß die Brust stark ausgedehnt wird, so tritt auch noch der obere Teil des Brustkastens über Wasser; presse ich die Lungen möglichst aus, so sinke ich bis an die Nase ein. Die Beine hängen in allen Fällen in einem Winkel von 45° abwärts; ich bedarf keiner Anstrengung irgendwelcher Art, um mich in der Lage zu erhalten, nur macht sich zuweilen, vermutlich auf Grund von Strömungen, eine leichte Neigung geltend, nach einer Seite überzurollen; um dem entgegenzuwirken wird eine ganz schwache Handbewegung erforderlich. Im ganzen kann ich sagen, daß diese Rückenlage in ruhigem Seewasser wohl die bequemste Stellung ist, die ich kenne — kein Muskel hat sich zu rühren, jedes Glied ist direkt unterstützt, nur die geringfügige Bewegung der Hand, welche das Gleichgewicht herstellt, muß von Zeit zu Zeit gemacht werden —, gerade genug um das Einschlafen zu verhindern. Meine meisten Bekannten liegen ganz ähnlich im Seewasser, nur daß bei vielen die Füße sich mehr der wagerechten Lage nähern; einige wenige, sehr fette oder auch schlanke aber sehr leichtknochige Personen liegen von selbst so flach, daß ihre Zehenspitzen aus dem Wasser hervorschauen. Das sind aber Ausnahmen; bei weitem die meisten Menschen bedürfen einer erheblichen Handtätigkeit, wenn die ruhig gehaltenen Fußspitzen über die Wasserfläche hervorragen sollen. Alles hier Gesagte gilt selbstverständlich nur für ruhige See; ist das Meer bewegt, so ist die beschriebene Rückenlage einfach unmöglich, denn dann geht jede Welle über das Gesicht des Liegenden weg, das Atmen ist folglich so gehindert, das niemand die Lage aushält. Ferner gilt es nur noch zur Hälfte für schwach gesalzenes Wasser, wie die Ostsee, und gar nicht mehr für süßes Wasser. In unsern Flüssen und Landseen ertrinken 95 von 100 Menschen, wenn sie sich ruhig auf den Rücken legen. Nach Versuchen, die ich verschiedentlich mit schwimmkundigen

Freunden angestellt habe, geht der größte Teil ganz unter, wenn er sich vollkommen ruhig hält, der kleinere sinkt nur teilweise ein, aber so weit, daß Nase und Mund untergetaucht sind; dabei gehen die Beine nahe senkrecht nach abwärts, und der Körper zeigt meist Neigung, das Gesicht nach unten zu kehren. Auf kurze Zeit kann man diesem Ergebnis entgegenarbeiten, wenn man so tief wie möglich einatmet und mit stark ausgedehnter Lunge den Atem anhält; der erweiterte Brustkasten dient dann als Schwimmblase und hält die meisten Menschen mit dem Gesicht außer Wasser. Aber die Stellung des übermäßig tiefen Einatmens kann niemand länger als eine halbe Minute aushalten, und sobald das regelmäßige Atmen wieder beginnt, hat auch der Körper sein natürliches spezifisches Gewicht, sinkt also unter. Außerdem sind zwei Dinge nicht zu vergessen: 1. wer durch Zufall ins Wasser fällt, der fällt meist angekleidet hinein, und die Kleider sind, wenn naß, durchschnittlich etwas schwerer als Wasser, erhöhen also das spezifische Gewicht des Menschen; 2. es gehört schon ein ganz ungewöhnliches Maß von Kaltblütigkeit dazu, um nicht bei einem solchen Ereignis in die höchste Aufregung und Angst zu geraten — daß ein Nichtschwimmer, der in tiefes Wasser gerät, sich nicht ängstigen sollte, ist geradezu undenkbar, und für einen Menschen in Angst ist tiefes, ruhiges Einatmen an sich schon eine übermäßig schwere Aufgabe.

Die Vorschrift, sich einfach ruhig zu verhalten, ist hiernach für einen Menschen von mittlerer Beschaffenheit, der in süßes Wasser fällt, völlig wertlos. Aber auch für den Nichtschwimmer in Seewasser wird sie in der Regel unanwendbar sein. Ist das Wasser erheblich vom Winde bewegt, so verbietet sich nach dem Obigen das auf dem Rücken liegen von selbst, weil die Wellen über das Gesicht des Liegenden hinschlagen. Aber selbst wenn es ruhig ist, so ist doch die passende Lage nicht so ohne weiteres gefunden, es gehört vielmehr dazu zweckmäßige Bewegung, die in der Regel nur derjenige richtig ausführen wird, der schon eine gewisse Vertrautheit mit dem Wasser hat. Es schwimmt nämlich zwar ein ruhig gehaltener menschlicher Körper im Salzwasser in der Regel auch dann, wenn er bekleidet ist, aber er schwimmt nicht von selbst in derjenigen Lage, die zum Atmen erforderlich ist. Vielmehr, wenn ein des Tauchens Kundiger sich mit angelegten Armen in die See fallen läßt, so kommt er in solcher Stellung an die Oberfläche, daß das Gesicht nach unten gekehrt ist, und die Schulterblätterspitzen nebst einem kleinen Stück des Hinterkopfs über die Wasseroberfläche hervorragen. Das ist auch die Stellung, die eine menschliche Leiche im Wasser annimmt: sie läßt offenbar kein Atmen zu. Um also atmen zu können, muß der Mensch sich willkürlich in die rückwärts gelehnte Positur bringen, die wir eben beschrieben. Dazu sind aber einige zweckmäßige, wenn auch sehr einfache Bewegungen erforderlich, und es ist bekannt, daß derjenige, dem das Wasser fremd ist, nicht leicht dazu gelangt, zweckmäßige Bewegungen zu machen, weil ihm einerseits die ruhige Sicherheit fehlt, andererseits die Fähigkeit, auf Grund erlangter Übung zu beurteilen, ob er mit Hilfe der gerade angenommenen Bewegung seinen Zweck erreicht. Gerade um diese Sicherheit und Übung zu erlangen, muß man ja das Schwimmen erst erlernen; wenn der Anfänger von vornherein Selbstvertrauen genug hätte, um die zum Schwimmen erforderlichen Bewegungen kaltblütig zu machen, so wäre das Lernen überflüssig, er würde von selbst und ohne Schule schwimmen können. Die Tatsache, daß man das Schwimmen erst lernen muß, beweist also, daß der Nichtschwimmer im allgemeinen nicht kaltblütig und urteilsfähig genug ist, um zweckmäßige Bewegungen im Wasser vorzunehmen; sie läßt daher den Wert jeder Methode gering erscheinen, die von der Voraussetzung ausgeht, daß der Betroffene selbst sich alsbald im Wasser zurechtfinden und dort seine Stellung willkürlich bestimmen soll.

Nach alledem ist von der Vorschrift: „halte dich vollkommen ruhig", selbst wenn man hinzufügt „mit hintenübergelegtem Kopf" in süßem Wasser gar kein, in salzigem fast kein Erfolg zu erwarten. Fast ebensowenig halte ich vom „Wassertreten". Dasselbe besteht darin, daß der Mensch in senkrechter Stellung, die Hände vor sich haltend, mit den Füßen entweder abwechselnd oder gleichzeitig tritt, wie beim Gehen. Der geübte Schwimmer kann das mit Leichtigkeit, findet aber in der Regel, daß er ziemlich schnell treten muß und sich infolgedessen verhältnismäßig stark anstrengt, ferner, daß er leichte Handbewegungen machen muß, um sich in senkrechter Stellung zu halten. Nimmt man junge Leute, die noch nicht schwimmen können, an die Leine, erteilt ihnen die Vorschrift fürs Wassertreten und überläßt sie, während sie darnach verfahren, eine Viertelminute sich selbst, so fallen sie in der Regel um und kommen unter Wasser. In der Tat ist schon die Haltung, welche man beim Wassertreten einnehmen muß, für den Unkundigen recht ungünstig; denn der ganze Kopf, ein schwerer Körperteil, muß über Wasser gehalten werden, das verlangt ziemlich viel und zweckmäßig geleitete Arbeit.

Etwas besser steht es wohl um das „Schwimmen wie ein Hund“. Die Säugetiere, Hunde, Pferde, Schweine, Ochsen, machen die allbekannten Bewegungen, welche das Hundeschwimmen bilden, offenbar ohne alles Nachdenken und ohne besondere Vorübung, weil das nahe dieselben Bewegungen sind, die sie beim Schrittgehen zu Lande vornehmen. So ziemlich jeder Mensch hat gesehen, wie irgend eines der genannten Tiere schwimmt, und kann es ohne große Schwierigkeiten nachmachen. Die Tiere sind dabei übrigens dem Menschen gegenüber erheblich im Vorteil, denn ihre Naslöcher sitzen am äußersten Ende eines meist lang zugespitzten Kopfes, sie können sich bis über die Augen einsinken lassen, ohne ihre Atmung in Gefahr zu bringen; der Mensch dagegen muß, um die Nase außer Wasser zu behalten, wenigstens vier Fünftel seines Kopfes in die Luft heben. Aber auch der Mensch, der einmal schwimmen kann, paddelt mit Leichtigkeit in der hier berührten Weise; manche behaupten sogar, daß das Rudern nach Hundeart länger auszuhalten und auf die Dauer auch besser fördernd sei als das schulmäßige Schwimmen. Höchst wahrscheinlich ist das Hundeschwimmen die ursprüngliche Schwimmart des Menschen, welche dieser den Tieren abgesehen hat; im Süden Europas, namentlich im Orient, wird heutzutage noch viel so geschwommen, ebenso ist das Verfahren bei den Negern weit verbreitet — wie sich die Südseeinsulaner von Tahiti, Sandwichsinseln usw. dazu verhalten, ist mir nicht bekannt. Wenn man nun aber zusieht, wie z. B. orientalische Knaben baden, so bemerkt man, daß sie keineswegs von vornherein zuversichtlich ins tiefe Wasser gehen und sich dort auf ihre Schwimmart verlassen; sie verfahren vielmehr ganz wie unsere Jungen, halten sich anfangs in Untiefen, lernen dort allmählich ihre Hände gebrauchen, und erst, wenn sie einige Sicherheit erlangt haben, wagen sie, die Füße vom Boden zu heben, machen einen oder zwei Stöße, suchen dann wieder den Grund usw. Kurz, das Hundeschwimmen will im allgemeinen gelernt sein, gerade so gut, wenn auch vielleicht mit weniger Mühe, wie das Pfuelsche Kunstschwimmen. Doch mag es immerhin sein, daß ein oder das andere kaltblütige Individuum bei einem plötzlichen Fall ins Wasser Besonnenheit genug behält, um, auch ohne vorher irgend etwas gelernt zu haben, nach dem Beispiel der Tiere das Wasser so mit Händen und Füßen zu bearbeiten, daß er nicht untergeht; das ist wenigstens leichter denkbar, als daß jemand sich durch bloßes Wassertreten mit den Füßen vor dem Ertrinken schützt.

Technisch noch leichter als das Hundeschwimmen, und daher hier zu erwähnen, ist eine Abart des Kunstschwimmens, nämlich das Schwimmen auf dem Rücken, ohne Gebrauch der Hände. Die große Mehrzahl der Menschen lernt allerdings erst das gewöhnliche Schwimmen auf der Brust, ehe sie daran geht, sich auf den Rücken zu legen; aber im Grunde hat der bloße Brustschwimmer ebensowenig vom Rückenschwimmen gelernt, wie derjenige, der des Schwimmens ganz unkundig ist. Und doch findet man, daß die meisten Menschen von dem Augenblick an, wo sie einmal den Mut haben, sich im Wasser auf den Rücken zu legen, die Arme hängen zu lassen und mit den Füßen auszustoßen wie ein Frosch, sofort und ohne weitere Vorübung in dieser Lage schwimmen können. Dabei ist die Lage sehr bequem und das Schwimmen auf dem Rücken sehr wenig anstrengend —

auch solche Personen, die auf der Brust schwimmend rasch ermüden, können es stundenlang aushalten. Ein Verunglückter würde sich also, was das Technische angeht ebenso leicht, ja leichter durch Rückenschwimmen, wie durch Hundeschwimmen retten können. Doch wird der Wert des Rückenschwimmens wieder dadurch herabgesetzt, daß es bei aller technischen Leichtigkeit psychologisch sehr schwierig ist: selbst für den, der das Wasser kennt, erfordert der erste Versuch, sich auf den Rücken zu legen, eine nicht unbedeutende Willensanstrengung, und wenn man gar einen Anfänger zwangsweise auf den Rücken bringt, so zappelt er in der Regel ganz verzweifelt. Das liegt offenbar daran, daß man, auf dem Rücken liegend, das Wasser nicht sehen und nicht beurteilen kann, wie tief man einsinkt; man bildet sich deshalb ein, daß man zu tief sinke. Es ist demnach wenig wahrscheinlich, daß ein des Schwimmens Unkundiger kaltes Blut genug haben sollte, um die Rückenlage richtig einzunehmen und ruhig auszustoßen.

Fassen wir alles Gesagte zusammen, so ergibt sich: Sämtliche Vorschriften, die man einem Nichtschwimmer im Falle der Gefahr geben kann, haben nur ausnahmsweise Wert. Ungewöhnlich leichten Menschen mag es gelingen, sich durch ruhiges Hinlegen, ungewöhnlich kaltblütigen, sich durch Hundeschwimmen oder Rückenschwimmen über Wasser zu halten; im allgemeinen aber wird der Durchschnittsmensch, der ins Wasser fällt, für das eine zu viel spezifisches Gewicht, für das andere zu wenig Ruhe und Übung haben. Am ersten könnte man dem Unerfahrenen noch das Hundeschwimmen anempfehlen, denn es läßt sich wenigstens voraussetzen, daß er sich vorstellen kann, wie es gemacht wird, und wenn er es korrekt versucht, so wird es ihn auch vor sofortigem Untergehen schützen können. Aber eine unsichere Sache bleibt es immerhin; man kann gewiß keinem Nichtschwimmer empfehlen, sich im Vertrauen darauf, daß er sich wie ein Hund an der Oberfläche halten könne, in tiefes Wasser zu begeben. Und so lautet die Schlußmoral der Untersuchung: „Das einzig empfehlenswerte Schutzmittel gegen das Ertrinken besteht darin, daß man regelrecht schwimmen lernt." Vollkommen sicher ist das bekanntlich auch nicht, es kann ja z. B. ein guter Schwimmer dadurch zugrunde gehen, daß andere sich an ihn anklammern; aber es ist doch für den einzelnen ein möglichst sicherer Anhalt, und je weiter sich die Kenntnis des Schwimmens verbreitet, desto geringer ist auch die Wahrscheinlichkeit, daß die Unfähigkeit des einen dem andern zum Verderben gereiche. Also lehrt eure Kinder schwimmen, die Mädchen ebensowohl wie die Knaben, und auf dem Lande sowohl wie in der Stadt; das ist eine treffliche Körperübung, ein angenehmes Spiel und ein Erwerb, der ihnen später gelegentlich sehr nützlich werden kann. Daß der Mensch den Kräften der Natur nicht hilflos gegenüberstehe, sondern sie zu meistern lerne, das ist für seine Ganzheit viel wichtiger, als so manches andere, was unserer Jugend unter dem Titel Bildung beigebracht wird.

30.

Brennende Sonne und dunkle Hautfärbung.

Juli 1887.

Unsere Damen sagen, sie seien an der Sonne verbrannt oder (süddeutsch) abgebrannt, wenn ihre zarte Haut unter den Strahlen des Tagesgestirns eine bräunliche oder rötliche Färbung angenommen hat. Bergkletterer und Tropenreisende kennen einen höhern Grad des Verbrennens, der entschieden schmerzhaft ist, und dessen Ergebnisse wirkliche Ähnlichkeit mit Brandwunden haben. Diese Erscheinung ist merkwürdig genug, um eine kleine Betrachtung zu verdienen.

Bei geringeren Graden des Verbrennung, wie sie in Deutschland in der Ebene gebräuchlich sind, besteht die Wirkung des Sonnenscheins wesentlich darin, daß sich unter der Haut ein bräunliches Pigment bildet. Auch bei stärkeren Verbrennungsgraden bleibt es in der Regel bei dieser Pigmentbildung für die härtesten Stellen der Haut, z. B. für die Hände. Empfindlicher schon ist das Gesicht; wo die Sonne zu scharf strahlt, da fühlt man zunächst eine unangenehme Spannung der Gesichtshaut, nachher beginnt dieselbe sich zu schälen und Risse zu bekommen, namentlich die Nase und die Umgebung der Ohren leidet stark. Die größte Empfindlichkeit besitzen diejenigen Körperstellen, die für gewöhnlich bekleidet sind; wer sich beim Baden der Sonne unvorsichtig aussetzt, der kann erleben, daß sie ihm schon in unsern

Breiten Blasen auf den Rücken zieht. Es begegnet nun dem Europäer im allgemeinen nicht leicht, daß er da, wo die Sonne stark brennt, mit seinem ganzen Körper ihrer Strahlung ausgesetzt wird; aber einige Teile sind vorhanden, die gerade an der Grenze der Bekleidung stehen, für gewöhnlich also halb im Dunkel sind: die Handgelenke, der Nacken und bei Südländern vielfach die Waden; auf diesen Stellen erzeugt das Sonnenlicht eine schmerzende Rötung und bei einiger Dauer förmliche Brandblasen.

Diese schwereren Grade des Verbrennens sind jedem Schweizerreisenden, der nicht bloß die Gasthöfe des Vorberggebietes bereist hat, aus eigener Anschauung bekannt. Und da man von Gletscher- und Firnpartien recht häufig mit Brandmalen der hier besprochenen Art zurückkehrt, so ist der Glaube weit verbreitet, daß zum Verbrennen Schnee erforderlich sei. Man gibt dieser Behauptung wohl eine anscheinende Begründung, indem man hinzusetzt, das vom Schnee zurückgeworfene Licht sei erforderlich, um den direkten Sonnenschein soweit zu verstärken, daß er die Haut angreifen könne. Dem ist aber nicht so; man kann auch ohne allen Schnee in den Alpen verbrennen.

Die Bedingung, unter der die Erscheinung kräftig eintritt, besteht vielmehr einzig darin, daß die direkte Sonnenstrahlung eine gewisse Stärke hat, welche sie in der Tiefebene bei unserm Klima nicht erreicht, und diese Bedingung wird erfüllt in den Alpen bei über 7000 Fuß Höhe, in den Hochpyrenäen bei 5—6000, im kleinasiatischen Gebirge bei 4000, in Nordafrika an recht heißen Tagen schon zu ebener Erde; also kurz: je weiter man nach Norden geht, desto höher muß man senkrecht in die Höhe steigen, um die fragliche überkräftige Sonnenstrahlung anzutreffen. Ob dabei Schnee zugegen ist oder nicht, macht wenig aus; Schreiber dieses ist z. B. von der zweiten Terrasse des asiatischen Olymps, die etwa 4000 Fuß Höhe hat, in Abwesenheit allen Schnees mit völlig zerfetztem Gesicht herabgekommen und hat in den Pyrenäen auf offenem Fahrweg in 6000 Fuß Höhe erhebliche Brandblasen am Gelenk der Zügelhand davongetragen.

Das Gesagte stimmt im ganzen überein mit dem, was direkte physikalische Betrachtungen über die Intensität der Sonnenstrahlung lehren; dieselbe wird um so größer, 1. je mehr man sich den Tropen nähert, 2. je höher man sich über die Erdoberfläche erhebt. Beides findet seine Begründung darin, daß die Luft im Norden mehr Dunst als im Süden und in der Tiefe mehr Staub als in der Höhe enthält; je weniger Staub und Dunst aber in der Luft schwebt, desto besser läßt sie die Sonnenstrahlen durch. Neuere Messungen haben z. B. gezeigt, daß im Juli die gesamte Sonnenstrahlung auf der Spitze des Montblanc etwa $1^2/_3$ mal so groß ist, wie die an seinem Fuße; $^2/_5$ des Lichts werden also auf dem Weg aus der Montblanc-Höhe zum Talniveau durch die Verunreinigungen der Luft verschluckt.

Wie alle physiologischen Wirkungen, so beruht das Verbrennen an der Sonne auf der Gegenwirkung des Organismus gegen ein äußeres Agens; es fällt demnach in etwa verschieden aus, je nachdem der betroffene Organismus beschaffen ist; der eine trägt leichter, der andere schwerer schmerzhafte Sonnenbrandwunden davon; dunkelhäutige Menschen sind dem Verbrennen im allgemeinen weniger ausgesetzt als hellhäutige. Doch sind auch die dunkelhäutigsten Kaukasier nicht vollständig davor gesichert; bei Berbern in Afrika habe ich öfter Brandwunden an den Waden und aus solchen hervorgegangene Geschwüre gesehen. Angebrannte Neger sind mir noch nicht vorgekommen; wie sich die Schwarzen im Innern Afrikas oder von Neu-Guinea gegen Sonnenbrand verhalten, darüber habe ich keine bestimmten Angaben, doch ist wohl mit Sicherheit anzunehmen, daß sie weniger darunter leiden als die Kaukasier; denn sonst könnten sie nicht mehr oder weniger nackt umherlaufen. Ein Europäer, der im Negerkostüm unter den Tropen einhergehen wollte, würde sehr bald um einen beträchtlichen Teil seiner Haut gekommen sein.

Wenn man sich nun die Bedingungen, unter denen das Verbrennen erfolgt, etwas näher ansieht, so bemerkt man sehr bald, daß die schädigende Wirkung der Sonnenstrahlen durchaus nicht im Verhältnis zu dem Wärmegefühl steht, welches sie im Körper erzeugen. Man verbrennt vielmehr dann am schmerzhaftesten, wenn man sich relativ kühl fühlt, nie während man schwitzt. Beim Ersteigen hoher Berge wird man, solange die Muskeln heftig arbeiten, oft intensiv heiß; der Ungeübte leidet an Schweiß dabei, aber solange die Haut feucht ist, verbrennt er nicht. Wenn er sich dagegen nachher in geeigneter Höhe auf einem hübschen Punkte niederläßt, wenn ein leiser, angenehmer Wind ihn verräterisch abkühlt und trocknet, dann mit einem Male verspürt er einen prickelnden Schmerz, etwa im Nacken, und dann — ist es zu spät; wenn er aufsteht, findet er, daß der Hemdkragen wie eine Kreissäge auf seine Halshaut wirkt, und er kann sich auf einige Tage kalter Umschläge gefaßt machen. Ebenso verbrennen Handgelenke und Gesicht beim Reiten auf Bergwegen, wo man kühl bleibt, viel leichter als beim Fußwandern, erstere oft erstaunlich schnell, in einer Viertelstunde und weniger.

Dies könnte wenigstens teilweise dadurch erklärt werden, daß man sagt, die feuchte Haut wird überhaupt nicht so warm wie die trockene. Dieser Satz ist vollkommen berechtigt; daß die Haut eines Schwitzenden durch Verdunstung verhältnismäßig kühl gehalten wird, ist längst festgestellt, und da sie diese Eigenschaft gegenüber allen bekannten Wärmequellen zeigt und zeigen muß, so ist auch anzunehmen, daß sie es der Sonne gegenüber tut. Aber ich glaube, daß damit nicht alles gesagt ist. Läßt man nämlich etwa den rechten Arm absichtlich „verbrennen" und berührt ihn, während die Verbrennung vor sich geht, mit der linken Hand, so findet man die der Sonne ausgesetzte Stelle gar nicht so warm, daß man daraus allein die schmerzhafte Empfindung erklären könnte. In dem Augenblick, wo die Haut verbrennt, ist ihre Temperatur nicht besonders hoch, oft lange nicht so hoch wie nachher, wenn sie der Sonne entzogen wird, aber dann sich unter dem Einfluß der fortdauernden Entzündung rötet. Es scheint also, daß die direkt wärmende Wirkung der Sonnenstrahlen nicht oder wenigstens nicht allein die Ursache des Verbrennens ist, sondern daß vielmehr das durch die Haut dringende Licht im Unterhautgewebe bei seiner Verwandlung in Wärme eine chemisch-physiologische Nebenwirkung ausübt, von der die Schmerzhaftigkeit der beschienenen Stellen herrührt. Hiermit stimmen einige anderweitige Betrachtungen:

1. Wie eine bloß wärmende Strahlung auf die Haut wirkt, davon kann man sich leicht an Hochöfen, Glas-

schmelzen und größeren Feuerungseinrichtungen überzeugen. Geht man zu nahe an eine große glühende Masse heran, so wird ihre Strahlung intensiv schmerzhaft und zieht Brandblasen auf den exponierten Körperteilen, z. B. mit Vorliebe auf der Nase; hält man sich in etwas größerer Entfernung, aber immer noch so nahe, daß die Strahlung sehr stark ist, so hat man ein unangenehmes Gefühl von Hitze, aber wie mir scheint, ist die Qualität dieser Empfindung eine etwas andere als diejenige, welche von der Sonne hervorgebracht wird. Beim Hochofen usw. fühlt man sich mehr direkt angewärmt, bei der Sonne hat man anfangs mehr ein Gefühl von Spannung als von Wärme in der Haut; darum kann man auch die Wirkung der Sonne aus reiner Unaufmerksamkeit unbeachtet lassen, bis es zu spät ist, während es platterdings nicht vorkommt, daß ein Mensch einige Minuten lang achtlos neben einer glühenden Eisenmasse steht und ihre Strahlung erst empfindet, wenn sie ihm schon eine Blase gezogen hat. Die Sonne bräunt den Menschen; Eisengießer und Glasarbeiter sehen nicht wesentlich brauner aus als diejenigen ihrer Standesgenossen, welche mit ihnen die gleiche Luft aber nicht den Aufenthalt in der nächsten Nähe des Feuers teilen. Ein Heizer, der den ganzen Tag in zu starker Strahlung des Feuers zubringt, kann es, was dunkle Hautfarbe angeht, nie mit einem Araber aufnehmen, der bloß seine Sonne hat und diese noch, soviel er kann, vermeidet, indem er sich im Schatten seines Kopftuchs oder eines riesenmäßigen, über den Turban gestülpten Strohhuts bewegt. Alles das spricht dafür, daß das Sonnenlicht noch verbrennende Elemente enthält, welche dem Licht der Hochöfen usw. fehlen. Das können nur die stärker brechbaren, chemisch wirkenden Strahlen des Sonnenspektrums sein.

2. Die physikalische Beobachtung zeigt, daß das Sonnenlicht auf hohen Bergen verhältnismäßig viel reicher an blauen, violetten, überhaupt an chemisch wirksamen Strahlen ist, als in der Ebene. Steigt man aus der Ebene auf den Montblanc, so werden die roten und gelben Anteile des Sonnenlichts etwa auf das Anderthalbfache der ursprünglichen Stärke gebracht, die blauen und violetten dagegen auf das Vielfache. Nimmt man also an, daß die blauen und violetten Strahlen wesentlich bei der langsamen Verbrennung der menschlichen Haut beteiligt sind, so ist sehr einfach erklärt, warum gerade die hohen Berge so starke Brandwirkungen darbieten.

3. Das elektrische Licht enthält bekanntlich viel chemisch wirksame Strahlen; nun wohl, Elektriker machen an ihren Händen nicht selten die Erfahrung, daß starkes elektrisches Licht die Haut ganz ähnlich angreift, wie Sonnenlicht.

Die vorstehenden Bemerkungen tragen vielleicht einiges zur Aufhellung einer oft vergeblich umstrittenen Frage bei, der Frage nämlich: „Wozu nutzt es dem Neger, daß er schwarz ist? Welchen Zweck hat es überhaupt, daß die Natur eine offenbare Neigung hat, ihre Menschen um so dunkler zu färben, je mehr sie der Sonne ausgesetzt sind?"

Wenn die Sonnenstrahlen die Haut nur durch ihre wärmende Kraft schädigten, so wäre der Neger im Süden schlechter gestellt, als der Weiße. Denn eine schwarze Fläche wird im Sonnenlicht heißer als eine helle; je dunkler also der Mensch, desto leichter müßte er verbrennen. Daß das Umgekehrte der Fall ist, begreift sich leicht, wenn man annimmt, das Verbrennen beruhe auf chemischer Strahlenwirkung; denn die chemischen Strahlen, welche die helle Haut des Europäers ungehindert durchsetzen, werden in der schwarzen Pigmentschicht des Negers verschluckt, gelangen also gar nicht bis in das Unterhautgewebe, wo sie Schaden anrichten können. Ebenso ist es eine ganz zweckgemäße Veranstaltung, wenn der Europäer sich unter dem Einfluß von Licht und Sonne bräunt; seine derber und dunkler gewordene Haut läßt dann weniger von dem brechbaren Sonnenlicht durch, er ist eben durch seine braune Färbung abgehärtet, unempfindlich für die Strahlenarten, welche dem Stubenmenschen Blasen ziehen.

(Zusatz 1905.) Die Beobachtung, daß die hochbrechbaren Lichtstrahlen zerstörend auf die Haut wirken, ist, seitdem das Vorstehende geschrieben wurde, an so vielen Beispielen bestätigt worden, daß sie jetzt als allgemein angenommene Tatsache gilt.

31.

Rechts und links.

April 1891.

Bekanntlich ist die große Mehrzahl der Menschen ausgesprochen rechtshändig, so sehr, daß die Hand, welche wir in erster Linie zum Anfassen, zum Darreichen und zum Arbeiten gebrauchen, in den europäischen Sprachen der Gegenwart schlechtweg als die „richtige“ oder „direkte“ (Rechte, right, diritta, droite) bezeichnet wird. Sie gilt deswegen auch als die vornehmere: Kinder werden angehalten, das „schöne Händchen“ zu geben, Erwachsene führen auch bloße Höflichkeitsbewegungen, wie das Hutabziehen, mit der Rechten aus; im Augurium bedeuten die Vögel von rechts Glück, und wenn in einzelnen Fällen das Gegenteil der Fall ist, so liegt das wohl nur daran, daß der Aberglaube es überhaupt liebt, in manchen Dingen die Vorbedeutung aus dem Gegenteil zu schöpfen, wie ja auch im Traumbuch eine Hochzeit Unglück und ein Sterbefall Glück ansagt. Die Linke ist weit weniger geachtet; linkisch heißt eine ungeschickte Person, und im Französischen ist gaucherie eine ungeschickte Leistung oder Haltung. Künstlichere Verrichtungen, wie Schreiben und Zeichnen, werden ausschließlich rechts eingeübt, auch bei denjenigen Nationen, die von rechts nach links (Türken) oder von oben nach unten (Chinesen) schreiben, und da das Schreiben eine Fähigkeit ist, die nur durch bewußte Schulung und

Nachahmung erworben wird, ist wohl anzunehmen, daß dem immer so gewesen sei.

Auch die Füße des Menschen sind nicht gleichwertig. Wer im Halbdunkel über eine Schwelle schreitet oder den Anfang einer schlecht beleuchteten Treppe sucht, der stützt sich in der großen Mehrzahl der Fälle auf den linken Fuß und setzt den rechten prüfend voran. In einem großen, ebenen und sehr gleichmäßig bestandenen Walde, der keine Merkzeichen enthält, läuft ein Mensch, der geradeaus gehen will, bekanntlich fast immer im Kreise herum, und vor einigen Jahren ist durch englische Versuche festgestellt worden, daß dabei die Mehrheit einen Kreis in demselben Sinne beschreibt wie der Zeiger einer Uhr; trennt man die Kreise, welche vom rechten und vom linken Fuß beschrieben werden, voneinander, so liegt derjenige des rechten Fußes im Innern, der des linken auswendig. Das linke Bein hat also bei der Wanderung den größern Kreis beschrieben und den größern Kraftaufwand hergegeben. Daraus folgt aber nicht, daß es das bevorzugte ist, sondern eher das Gegenteil. Der rechte Fuß ist der Tastfuß, hat also die intelligentere Rolle zu spielen; daher befühlt er die Schwelle und daher hat er auch im Walde die Nebenarbeit des Wegbetastens zu leisten und kommt infolgedessen etwas langsamer vorwärts. Beim Springen über ein Seil oder einen Graben setzen die meisten mit dem rechten Fuß an; wenn aber das jenseitige Ufer Schwierigkeiten bietet, wenn z. B. drüben Steine oder weiche Stellen liegen, zwischen denen man sich den Landungsplatz aussuchen muß, dann sorgen die meisten Springer dafür, daß sie mit dem rechten Fuß zuerst auftreffen und auf diesem ins Gleichgewicht kommen.

Wie schon gesagt, ist das rechtshändige Schreiben rein anerzogen; ebenso steht es um andere kleine Fähigkeiten, die man sich unvermerkt auf Grund überlieferter Verhältnisse aneignet. So z. B. knöpfen fast alle Männer mit der linken und alle Frauen mit der rechten Hand, weil es Schneiderregel ist, daß die Herrenknopflöcher links und die der Damenkleidung rechts sitzen. Sieht man aber von derartigen künstlicheren Gewohnheiten ab, so ist die Einseitigkeit des Anfassens und Arbeitens sicherlich nicht vom einzelnen erziehungsmäßig erworben, sondern ein angeborenes, durch lange Generationen von Vorfahren vorbereitetes Erbstück. Die Minderheit der Linkshändigen spricht nicht dagegen, sondern dafür; denn was ein Linkshänder werden will, das ist ein solcher, und zwar ausgesprochen, mit zwei, meistens schon mit anderthalb Jahren, und das oft beliebte Mahnen der Eltern hilft nichts dagegen; die natürliche Neigung macht sich in diesem Falle so dringend geltend, daß man nicht umhin kann, die Rechtshändigkeit der Mehrzahl gleichfalls der Hauptsache nach für angeboren zu halten. Wir bemerken nur beim Rechtshänder die Kraft der natürlichen Vorliebe nicht so sehr, weil wir ihr keine Opposition machen; wollte man einen geborenen Rechtshänder künstlich zur Linkshändigkeit anhalten, so würde er sich ebenso widerspenstig zeigen wie sein linkshändiger Bruder bei dem entgegengesetzten Versuche. Die Neigung zur Einseitigkeit darf hiernach als eine allgemein menschliche Eigenschaft angesprochen werden; warum bevorzugt sie aber in der Regel die rechte Hand? Auf diese Frage hat kürzlich v. Martens eine plausible Antwort gegeben: die Rechtshändigkeit der Mehrheit kann ihren Grund in der Lage des Herzens und der Hauptschlagader haben.

Das Herz liegt bekanntlich beim Menschen links, und da schon die höheren Affen dieselbe Eigentümlichkeit besitzen, wird man dies als eine Tatsache aufzufassen haben, die so alt ist, wie das ganze Menschengeschlecht; sie ist mit dem Menschen zugleich gegeben. Das obere breitere Ende des Herzens ragt aber nach rechts über die Mitte der Brust heraus, und von ihm entspringt die große Schlagader, die Aorta, nach oben rechts, um sich dann im Bogen nach links hinten und unten zu wenden. Dabei geht erst eine Schlagader von ihr zum rechten Arm und dann eine zum linken ab. Obgleich also der rechte Arm in gerader Linie weiter vom Herzen entfernt ist, als der linke, ist er ihm näher, wenn man dem Blutwege nachgeht; der rechte erhält seine Blutzufuhr etwas früher als der linke. Dabei ist die Schlagader, welche zum rechten Arm führt, bei der Mehrheit etwas weiter, als ihre Nachbarin zur Linken, und deshalb bekommt der rechte Arm mehr Blut; er ist besser genährt, also leistungsfähiger. Ob das sich bei Linkshändigen umkehrt, ob bei ihnen die linke Schlagader häufig die weitere ist, müßte erst noch festgestellt werden. Da das Verhältnis sich nicht unveränderlich zeigt, sondern nur in der Mehrzahl der Fälle besteht, ist dies wohl möglich, und die ganze Verschiedenheit der beiden Armschlagadern erscheint als ein noch nicht vollkommen feststehendes, also wahrscheinlich seit nicht allzu langer Zeit vererbtes Ergebnis von Übungen, die erst seit einigen Zehntausenden von Jahren angesammelt wurden.

Welchen Grund aber hatten nun die Urmenschen, vorzugsweise ihre rechte Hand in kräftigen und verwickelteren Bewegungen zu üben?

Wieder die Lage des Herzens. Die Urzeit war eine Zeit steten Kampfes zwischen Mensch und Tier, zwischen Mensch und Mensch. Die Erfahrung mußte bald lehren, daß eine Herzwunde schnell und sicher tötet; außerdem erinnert das Herz den geängsteten Menschen durch sein unbehagliches Klopfen geradezu daran, daß es ein schutzbedürftiger Punkt ist. Der Leser stelle sich nur einmal vor, daß er seine Brust durch Anziehen eines Armes gegen einen eingebildeten Angriff schützen müsse: er wird unwillkürlich den linken dazu nehmen. Instinkt und Erfahrung wirkten also zusammen, um das Herz besonders schutzbedürftig erscheinen zu lassen, und so wurde denn die linke Hand die verteidigende; dadurch blieb die rechte Hand für Angriff und freiere Bewegung überhaupt frei. Links trägt der Mann den Schild, rechts das Schwert, und dadurch, daß auch der Gegner sich angewöhnt, mit der rechten Hand zu schlagen, wird meine linke Seite, gegen die sein Hieb gerichtet ist, erst recht zur Schildseite. Der Gegensatz zwischen Schild und Schwert (Axt, Stein) erklärt den Unterschied zwischen den normalen Händen; links Ruhe, rechts Bewegung, links relative Passivität, rechts lebhafteste Tätigkeit und dadurch erworbene Geschicklichkeit. So kam die Vorliebe für Ausbildung der Rechten zustande; in ihr zeichnet sich noch heute die Tatsache ab, daß unsere Ahnen die Linke nicht ausgiebig zum Angriff benutzen konnten, weil sie derselben als Schutzhand bedurften.

Der Fuß aber mußte sich in seiner Entwickelung nach dem höher stehenden Organ richten. Kräftige Bewegung erfordert ein festes Widerlager. Wer mit der rechten Hand den Speer oder Stein wirft, der stützt sich im Augenblick des Abwerfens auf den linken Fuß;

wer rechts Kegel schiebt, ruht beim Loslassen der Kugel auf dem vorgesetzten linken Bein, und wenn er ein Neuling ist, tut ihm am andern Morgen die linke Hüfte weh. Darum ist bei der Mehrheit der linke Fuß der Stützfuß geworden, der feste Punkt, auf welchem der Körper ruht. Der rechte dagegen ist einerseits das abschiebende Organ, welches den Körper vorwärts drückt und die Wurfleistung der rechten Hand beschleunigt; anderseits ist er freier beweglich, wenn der Leib auf dem linken Bein ruht, und übernimmt deswegen die Rolle des Fühlens; er ist der Tastfuß, welcher den Weg auskundschaftet. Eben in dieser Eigenschaft hat er auch ein feiner entwickeltes Muskelgefühl und findet sich leichter in den Bedingungen des plötzlich aufzuhebenden oder herzustellenden Gleichgewichts zurecht; darum dient er als bevorzugter Springfuß.

31.

Heil- und Rauschmittel.

April 1890.

Gewisse Stoffe, die sich entweder fertig in Pflanzen vorfinden oder aus Pflanzenerzeugnissen durch gärende Umsetzung entstehen, wirken in großen Mengen entschieden giftig, haben aber in kleinen Gaben die Eigentümlichkeit, das Nervensystem in angenehm erregender und betäubender Art zu beeinflussen; man nennt sie Narkotika oder Rauschmittel. Das verbreitetste von allen ist der Alkohol, der aus Zucker durch die Hefegärung entsteht. Wein, Bier, Met, Palmwein, Mate und ähnliche Getränke sind verdünnte Lösungen desselben. Es ist merkwürdig, wie allgemein die Empfänglichkeit der Menschheit für derartige Erzeugnisse ist und auf wie niedriger Kulturstufe sie bereits die verschiedenen Herstellungsweisen erfindet. Wein, Palmwein und Pulque waren freilich verhältnismäßig leicht zu erfinden. Die Menschheit wird, nachdem sie einmal die Trauben kannte, bald gefunden haben, daß ihr süßer Saft teils von selbst auslief, teils sich mit Leichtigkeit auspressen ließ. Die zufällige Verwundung einer Weinpalme wird zu der Entdeckung geführt haben, daß aus der verstümmelten Stammspitze eine süße Flüssigkeit tropfte; ebenso wird irgend jemand, der den Blütentrieb einer mexikanischen Agave abbrach, in deren Höhlung süßen Saft bemerkt haben. Man sammelte derartige Säfte und versuchte sie aufzubewahren; dabei veränderten sie sich von selbst; anfangs mag man geglaubt haben, sie seien verdorben; aber der Wilde ist nicht wählerisch; er probierte auch die „umgegangene" Flüssigkeit, und siehe da, sie war nicht schlecht, sie hatte einen pikanten Geschmack bekommen, und sie machte den Trinker fröhlich — der Wein, der Palmwein und der Pulque waren entdeckt. Wenn sie jetzt spurlos verloren gingen, würden sie sicherlich binnen wenigen Jahren wieder aufgefunden werden. Ganz ähnlich konnte die freiwillige Gärung des verdünnten Honigs auf die Metbereitung führen. Schon schwieriger aber muß die Erfindung des Bieres und der Mate gewesen sein. Im Gerstenkorn haben wir zunächst nur Stärke; bei der Keimung verwandelt sich diese zum Teil in Zucker; wird dann die Keimkraft durch Hitze getötet, so hat man ein süß gewordenes Gerstenkorn, das Malz, und erst wenn dies mit heißem Wasser ausgelaugt wird, entsteht eine zuckerhaltige Flüssigkeit, die Würze, aus der sich durch Gärung das Bier bildet. Oder man kaut das Gerstenkorn bezw. ähnliche mehlhaltige Körner und Wurzeln; dabei verwandelt der Speichel einen Teil seiner Stärke in Zucker, und wenn es darnach wieder an die Luft befördert wird, bildet es mit Wasser eine gärungsfähige Masse, aus der durch die Gärung ein Gebräu entsteht, das u. a. den Namen Mate führt. Beides sind recht verwickelte Vorgänge, und wenn ein Glied in der Kette fehlt, führen sie nicht zum Ziel. Dennoch haben unsere Vorfahren das Bier schon ziemlich früh gekannt, und die Südseeinsulaner trinken Mate, dessen Unappetitlichkeit sie freilich dadurch zu mildern suchen, daß sie die Rohstoffe von ihren hübschen jungen Damen kauen lassen. Man kann sich denken, daß der Zufall zu der Kenntnis der Zuckerbildung im gerösteten Getreide führte; man hat nachweislich aus diesem mit Wasser den süßen Saft ausgelaugt, hat ihn eingedickt und als Honig benutzt, dann mag ein weiterer Zufall die Vergärung des letzteren gelehrt haben. Welcher Art aber die Zufälle sein konnten, die den Wilden auf die Spur der Matebereitung brachten, das wollen wir lieber nicht ins einzelne ausmalen; ziemlich verwickelt müssen sie jedenfalls gewesen sein. Die bloße Existenz eines solchen Getränks ist bezeichnend für das Bedürfnis der Menschheit nach „geistigen" Genüssen; wenn sie dieselben nicht anders haben kann, so nimmt sie solche auch unter Bedingungen, die ihr im übrigen widrig erscheinen.

Wo der Alkohol nicht zugänglich war oder nicht genügte, da griff man zu andern, meist heftiger wirkenden Mitteln. Samojeden und Jakuten brauen ein berauschendes Getränk aus Fliegenschwämmen. Peruvianer kauten die Blätter des Kokabaums; Humboldt schildert, wie dieselben bei mäßigem Genuß stark anregend wirken: sie verscheuchen Hunger und Ermüdung; im Übermaß gebraucht, zerrütten sie den Körper; der von der Kokaleidenschaft Ergriffene wird ungesellig und unfähig, er denkt schließlich nur daran, wie er sich in der Einsamkeit mit dem Giftkraut sättigen könne, und geht zugrunde, geistig zur Ruine geworden, noch ehe er leiblich verkommt. Das heiße, mystische Indien erfand das Haschisch, den Saft des betäubenden Hanfs, und vermutlich aus demselben Klima stammt das schwerste aller Rauschmittel, das Opium, der Saft des Mohns. Gutbereitetes Haschisch geht noch an, es erzeugt einen fröhlichen Größenwahn, wer aber den bestialischen Rausch der Opiumraucher einmal mit angesehen hat, dem vergeht die Lust, die Pfeife mit der aufgelegten Pille auch nur zu versuchen.

Eine besondere Stelle unter den Narkoticis nimmt der Tabak ein, schon weil er dem Organismus nur oberflächlich einverleibt wird. Entweder man raucht ihn, oder man bringt ihn nur auf die mehr nach außen gelegenen Schleimhäute, Matrosen durch Kauen, andere durch Schnupfen, die Amerikaner neuerdings auch auf eine Art, die hoffentlich bald wieder abkommen wird, durch Aufstreichen von Schnupftabak auf das Zahnfleisch. Das sind lauter Genüsse, bei denen das Genossene dem innern Menschen noch einigermaßen fernbleibt, und dies hat seinen Grund offenbar darin, daß der im Tabak wirksame Stoff ein besonders starkes Gift ist; die Menge von Nikotin, welche in einer etwas schweren Zigarre steckt, genügt, wenn sie auf einmal genommen wird, um einen erwachsenen Menschen tödlich zu vergiften. Die störenden Erscheinungen, welche das Rauchkraut beim Anfänger hervorbringt, sind bekannt genug. Der erste Wilde, der ein Tabakblatt aufrollte, anzündete und schmauchte, muß einen ungewöhnlich guten Magen und eine ungewöhnliche Empfindlichkeit für das anregende Aroma des Tabaks gehabt haben, sonst hätte er den Versuch gewiß nicht wiederholt.

Bekanntlich haben alle Narkotika die gemeinsame Eigenschaft, daß sie, wenn der Genuß bis zu merklicher Anregung getrieben wurde, hinterher eine unangenehme Abspannung zurücklassen, die bei uns unter der ehrenden Bezeichnung Katzenjammer geht. Diese

Abspannung wird innerhalb gewisser Grenzen am leichtesten durch erneuten Genuß des Narkotikums gehoben, zugleich schwächt sich die anregende Wirkung des letztern bei wiederholtem Gebrauch, und daher der durchgehende Zug: der Genuß der Narkotika wird zum Bedürfnis, zur Gewohnheit, und bei Personen, die ihn nicht zu mäßigen verstehen, zum Laster. Tabak tut das am wenigsten, weil er die geringste Abspannung hinterläßt, Opium am meisten, weil es die Nerven am stärksten angreift. Der dem Laster Verfallene kennt schließlich kaum noch eine andere Befriedigung als diejenige, welche aus der Erfüllung seines Rauschbedürfnisses hervorgeht, und das schlimme Ende wird unabwendbar, wenn nicht eine gewaltsame Kur eingreift.

Ein Teil der Narkotika hat nur einen beschränkten Kreis von Anhängern gefunden, zwei aber machen ihren Einfluß in der ganzen, vor allem in der ganzen zivilisierten Welt geltend. Das sind die beiden, deren berauschende Wirkung unmittelbar am wenigsten stark ist: Alkohol und Tabak. Dem Tabak wird viel übles nachgesagt, doch ist er tatsächlich nicht zu einer Gefahr für die Menschheit geworden; nervöse Leute bekommen darnach allerlei Beschwerden, Zittern, subjektive Gefühlserscheinungen, unter denen die eigentümlichste die Empfindung einer heftigen fliegenden Hitze ist, eine besondere Sehstörung und bei schwerem Mißbrauch wohl auch Lähmungen oder Herzerkrankungen; ob er das Gedächtnis schwächt, ist noch fraglich, an nikotinöse Geistesstörungen glauben die Irrenärzte nicht recht, und jedenfalls hat er nie ein Verbrechen oder massenhafte Degeneration einer Rasse verursacht. Anders der Alkohol, der gradezu als der gefährlichste aller bekannten Stoffe bezeichnet werden muß. Das liegt daran, daß er den übrigen Rauschmitteln geschichtlich um einen Schritt voraus ist.

In der Geschichte der Narkotika sind nämlich drei Schritte von großer Bedeutung: 1. der Übergang vom schwächern ersten Erzeugnis zur mehr oder weniger reinen Essenz; 2. der vom Heil- zum Genußmittel; 3. die Verbreitung in die Massen. Verfolgen wir diese Stufen beim Alkohol: ursprünglich hatte man Wein und Bier oder ähnliche einfach gegorene Getränke. Der Fortschritt ging zunächst darauf aus, diese Stoffe reiner, haltbarer, schmackhafter zu machen. Zum Teil erreichte man das durch reinlichere Bereitungsmethoden, zum Teil durch wohlschmeckende und aromatische Zusätze, wie Hopfen oder Bowlenstoffe. Schon was die Römer der Kaiserzeit unter dem Namen Wein getrunken haben, das würden wir nach den erhaltenen Behandlungsvorschriften zum guten Teil als Bowle bezeichnen. Dem gleichgeartet sind die oft ziemlich verwickelten Vorschriften aus dem Mittelalter. Dann aber kommt ein Fortschritt: man lernt den Wein destillieren und den konzentrierten Alkohol unter dem Namen „gebrannter Wein" herstellen. Der älteste Autor, bei dem sich in Europa die Kenntnis dieses Verfahrens findet, ist Chalaf Abul Kasan, oft Abulkasis genannt, der um das Jahr 1100 Professor an der arabischen Hochschule zu Cordoba war. Wahrscheinlich haben aber schon die Griechen des vierten und fünften Jahrhunderts Wein destilliert, wie sie noch heute Wein kochen, um ihn haltbarer zu machen, und wahrscheinlich haben die Chinesen schon viel früher die Kunst verstanden, Arrak aus gegorenem Reis zu brennen. Für Europa kam der Branntwein zunächst als eine von den Arabern überlieferte Medizin in Gebrauch; zuerst war er ein teures, selten und vorsichtig gebrauchtes Heilmittel, allmählich erkannte man ihn als Genußmittel, dann kam die billige rationelle Herstellung, und damit tat er den letzten Schritt: er wurde eben in der konzentrierten Form des Schnapses das allgemeine Massengetränk. Was er als solches geleistet hat, darüber wollen wir statt aller statistischen Auszüge nur einen Satz aus einer Rede anführen, die ein amerikanischer Minister vor einiger Zeit in einer Versammlung zu Washington hielt: „Seit zehn Jahren haben die Vereinigten Staaten Amerikas eine direkte Auslage von drei Milliarden für Alkohol gehabt, er hat 300000 Individuen umgebracht, 100000 Kinder in die Wohltätigkeitsanstalten, 100000 Verurteilte in die Gefängnisse, 10000 Geisteskranke in die Irrenhäuser geschickt, hat 1500 Morde, 3000 Selbstmorde verursacht, 200000 Witwen und eine Million Waisen gemacht." Diesen furchtbaren Einfluß verdankt er eben dem Umstand, daß das ursprünglich wissenschaftliche Präparat, der Branntwein, zum allgemein verbreiteten Schenkgegenstande popularisiert worden ist.

Opium und Kokablätter haben eine ähnliche, aber noch nicht so weit entwickelte Geschichte. Ursprünglich sind sie wohl Heilstoffe gewesen, als schlafmachende oder ermunternde Mittel von den Medizinmännern des asiatischen oder araukanischen Altertums unter frommen Sprüchen verschrieben. Dann wurden sie Genußmittel, kamen unter das Volk und richteten dort entsprechenden Schaden an. Aber eben die Heftigkeit ihrer Wirkung mußte ihre ganz allgemeine Verbreitung verhindern. Man kann sich wohl an Wein und Branntwein berauschen, ohne selbst recht zu wissen, wie, aber nicht an Opium. Dem gesunden Geschmack aber widersteht der roh intensive, planmäßig herbeigeführte Rausch, und er gewöhnt sich nicht an ihn, wenn ihm die Gewohnheit nicht unmerklich angeschmeichelt wird. Da kam aber nun das zweite Stadium; die Chemie stellte aus dem Opium das reine Morphium, aus den Kokablättern das reine Kokain her, wie sie 1000 Jahre früher aus dem Wein den reinern Alkohol hergestellt hatte. Beide wurden äußerst wertvolle Arzneimittel und beide sind bereits für eine Anzahl von Menschen zu Genußmitteln geworden. Heutzutage weiß schon so ziemlich jeder, wie man Morphinist wird: gelegentliche Schmerzen werden durch eine Injektion gelindert, aber die Wirkung hält nicht lange vor. Die Schmerzen kehren wieder, man nimmt eine neue Injektion, dann macht sich der Morphiumkatzenjammer geltend; wer ihm nicht von Anfang an wiedersteht, macht noch mehr Injektionen, um ihm zu wehren, das Bedürfnis ist geschaffen und der Morphinist ist fertig. Anfangs haben die Ärzte das größte Kontingent zu den Kranken dieser Art geliefert, weil ihnen eben das Injektionsverfahren gar nahe lag; jetzt liefern es neben noch manchen Ärzten die Frauen, weil sie am empfindlichsten gegen die Abspannung sind, die der Anwendung des Mittels folgt. Ganz ähnlich geht es mit dem Kokain, welches früher mehrfach zum Abgewöhnen des Morphiums gebraucht wurde, aber noch schlimmer als dieses die Nerven zerrüttet. Würde das Verbot der Aushändigung von Morphium und Kokain nicht so scharf gehandhabt, so wäre die Gefahr, daß beide Stoffe als Genußmittel weitere Verbreitung fänden, nicht ganz abzuweisen.

Denn das Rauschbedürfnis der Menschheit geht immer weiter. Durch die weite Verbreitung stärkerer Genüsse und Aufregungen erhöht, nimmt es bei einzelnen Individuen immer heftigere Formen an, und es schleichen sich stets neue Mittel zu seiner Befriedigung ein.

Es gibt heutzutage schon Menschen, denen der Alkohol nicht mehr genügt und die zur Betäubung durch Schwefeläther greifen. Für Nichtchemiker sei bemerkt, daß Schwefeläther als eine Art von chemisch erhöhtem Alkohol angesehen werden kann; seine berauschende Wirkung ist bekanntlich so stark, daß er als Betäubungsmittel bei chirurgischen Operationen benutzt wurde und wird. In Amerika sind bereits Fälle von Leuten bekannt, die sich periodisch mit dem Stoff betäuben, in Irland sind ganze Distrikte dem Äther ergeben, den sie sich angewöhnt haben, weil der Schnaps verteuert wurde. Dann kommen die neuern Arzneimittel, wie Antipyrin und Antifebrin. Sie wurden als herrliche Bereicherungen des Arzneischatzes begrüßt, und das mit Recht; aber schon jetzt gibt es Antipyrinisten, und die Antifebrinisten werden nicht ausbleiben. Wegen einer Migräne nimmt man Antipyrin, der Kopfschmerz bleibt weg, kommt aber öfter wieder. Erneuerung des Mittels; dasselbe verliert, wie alle Narkotika, durch die Gewohnheit an Wirksamkeit, man nimmt mehr und mehr, öfter und öfter; es stellt sich Abspannung und Katzenjammer ein, wenn der Patient nicht mit Antipyrin gesättigt ist, und das Bedürfnis der Selbstvergiftung ist geschaffen. Wie gesagt, die ersten Fälle dieser Art machen seit einiger Zeit schon die Runde durch die medizinischen Blätter.

Und die Reihe der „inismen" wird mit dem Antipyrinismus nicht abgeschlossen sein. Die Menschheit kann nicht genug auf sich acht geben, wenn nicht immer neue Substanzen den Weg vom Heilmittel zum Rauschmittel, vom Nützlichen zum Verderblichen machen sollen.

33.

Empfindungen eines Ätherisierten.

März 1888.

Fragt man Leute, die eben aus dem Äther- oder Chloroformrausch erwachen, was sie in dem Zustande der Betäubung verspürt und empfunden haben, so bekommt man meistens ziemlich unbestimmte Antworten; viele wissen nur anzugeben, was sie im letzten Augenblick vor dem Schwinden des Bewußtseins gesehen oder gehört haben: „Ich sah noch die Umstehenden, auf einmal schienen sie sich mit dem Zimmer zu heben und alles verschwand wie im Dunkeln; als ich wieder zu mir kam, wußte ich erst nicht recht, woran ich war, dann aber bemerkte ich, daß die Operation vorüber sei." So oder ähnlich lautet gewöhnlich ihre Erzählung. Andere sprechen von einem unbehaglichen Gefühl des Versinkens ins Leere, wieder andere leiden so erheblich unter den Erscheinungen des Katzenjammers, der für sie den Rausch begleitet, daß ihnen nicht leicht etwas anderes zum Bewußtsein kommt als Übelkeit und Kopfschmerz.

Es ist daher recht dankenswert, daß uns ein amerikanischer Arzt namens Shoemaker mitgeteilt hat, was er während einer Äthernarkose empfunden hat, der er sich unterwarf, um an sich eine Operation in der Nase vollziehen zu lassen. Shoemaker war nie vorher weder mit Äther, noch mit irgend einem andern Mittel betäubt worden, er hatte sich vorher keine Vorstellung über das, was er etwa fühlen würde, gebildet und, wie er hinzufügt, hatte er sich auch nicht bestimmt vorgenommen, seine Empfindungen während der Narkose zu beobachten, sondern sie waren ihm von selbst im Gedächtnis geblieben; die Gewohnheit der Selbstbeobachtung hat da offenbar mitgespielt. In seiner Eigenschaft als Arzt ließ er sich ohne Widerstreben und mit großer Ruhe ätherisieren; störende Reizungserscheinungen traten nicht auf; die Einatmung der Ätherdämpfe selbst hatte nichts Unangenehmes für ihn und die ganze Betäubung verlief ruhig. Der Patient teilt die Zeit derselben in drei Abteilungen.

Erster Abschnitt: Übergang zur Betäubung. Er atmete langsam und tief. Einmal wollte er einen, wie er behauptet, bewußten und vernünftigen Satz aussprechen, aber die Sprechwerkzeuge versagten ihm den Dienst; er hatte das Bewußtsein, daß seine Unfähigkeit, sich auszudrücken, eben nur von der Unfähigkeit des Willens, die Sprechmuskeln zu beherrschen, herrührte. Den Satz hatte er übrigens beim Erwachen vergessen, und es mag nebenbei bemerkt werden, daß die Behauptung, derselbe sei vernünftigen Inhalts gewesen, nicht bewiesen ist; denn was dem Berauschten noch ganz vernünftig scheint, kann in Wirklichkeit bereits sinnlos sein. Nach jenem vergeblichen Sprechversuch empfand er etwas wie eine hauchende Luftbewegung, die aus seinem Innern nach den Außenteilen des Körpers hinging, dann verschwand, wie er sich ausdrückt, das „Ich". (Das Gefühl einer hauchenden Luftbewegung geht auch in andern Fällen, z. B. bei Epileptikern, nicht selten der Störung des Bewußtseins voran.)

Zweiter Abschnitt: Bewußtlosigkeit. Während dieser Zeit hatte er eine deutliche Empfindung, und zwar bezog sich dieselbe auf einen Gesichtseindruck. Er sah zwei endlose Linien, die sich parallel vor einem dunkeln einförmigen Hintergrund abhoben. Jede derselben hatte eine wellenförmige Ausbiegung, die beiden Wellen der beiden Linien kreuzten sich. Die beiden Linien schienen aus sehr nahe aneinanderstehenden Punkten zusammengesetzt zu sein und bewegten sich rasch; die untere verschob sich von links nach rechts, die Verschiebungsrichtung der obern hatte der Patient nach dem Erwachen nicht mehr deutlich im Gedächtnis. Dabei hörte er, solange die Linien da waren und sich bewegten, einen dauernden Ton, wie das Schnurren eines Rädchens, der zugleich mit den Linien wieder verschwand. (Im Zimmer befand sich eine rauschende Gaslampe, doch erklärt der Patient, der eben erwähnte Ton sei von dem Geräusch dieser Lampe durchaus verschieden gewesen.) Außer dem Ton und dem Erblicken der beiden Parallellinien soll in der ganzen Zeit der Bewußtlosigkeit keinerlei Empfindung bestanden haben, kein Gedanke und keine Gemütsbewegung. (Siehe übrigens unten.) Nach einiger Zeit zeigte die wellenförmige Ausbuchtung der untern Linie kleine Formänderungen, verschwand auch einmal, aber nur für einen Augenblick.

Dritter Abschnitt: Beginn des Erwachens. Der Patient ist sich eines tiefen, einwärts gerichteten Atemzuges bewußt, dem eine längere Atempause folgte; die Einatmung war von einer Art schnarchenden Geräusches begleitet. Es besinnt sich darauf, daß ein derartiger Atmungszustand der fachmännischen Erfahrung gemäß eine tiefe, totenähnliche Betäubung anzeigt. Er spürt aber keine Furcht, sondern nur eine Art von Neugier auf das, was vor sich gehen wird. Die beiden vorhin erwähnten Parallellinien verschwinden schnell, obgleich er lebhaft wünscht, ihren Anblick vor Augen zu behalten. Es ist ihm unmöglich zu sprechen oder sich zu bewegen. Dann schießen ihm merkwürdige Gedankenverbindungen durch den Kopf, unter denen die folgende die bemerkenswerteste ist: „Ich hatte," sagte er, „die tiefe Überzeugung, daß es mir gegeben sei, den einfachsten Ausdruck, ja, die Wesenheit des Daseins selbst zu erschauen. Es schien mir vollkommen klar, daß die beiden Parallellinien meine Existenz als (unvergängliche) Seele darstellten oder vielmehr waren, und daß die Wellen auf ihnen meine (vorübergehende) zeitliche, tierische Existenz als Mensch bedeuteten; anders ausgedrückt, die Wellen (mein zeitliches Leben) erschienen als vorübergehende Modifikation eines primären Daseins. Die Wellen waren in der Tat sehr zart, und die kleinste Störung hätte sie zum Verschwinden bringen können, so daß nichts übrig geblieben wäre, als die beiden Linien. Mir kam der Gedanke, das sei eine für mich und die Menschheit ganz neue Auffassung, ich müßte sie im Gedächtnis festhalten und nach dem Erwachen aufschreiben. In der Wiederkehr meines Bewußtseins gab es bestimmt eine Art von Wellenschlag; ich beschloß, die neuen Eindrücke, wie sie sich bei zunehmendem Erwachen darbieten würden, zu beachten und meinem Gedächtnis einzuprägen. Anfangs bestand für mich kein Zweifel, daß ich das leicht können würde, so klar erschien mir alles; aber wie ich mehr und mehr die Fähigkeit erlangte, zu begreifen, was um mich herum im Zimmer vorging, fand ich es immer unmöglicher, mir ins Gedächtnis zurückzurufen, was ich mir hatte einprägen wollen. Ich wußte mit voller Überzeugung, daß es eine nicht sichtbare, aber unmittelbar zu fühlende unpersönliche Macht außer mir und der Menschheit gab. Das schien mir damals so greifbar deutlich, wie jetzt das Dasein der mich umgebenden Körper. Unter den Händen dieser Macht wurde mein Gedächtnis kraftlos, bezwungen. Mit unerbittlicher Festigkeit verwischte sie meinen Entschluß, mich zu erinnern, und wie sehr ich es auch wünschte und mich deshalb anstrengte, es war mir unmöglich, mit voller Kenntnis derjenigen Dinge, die immer ein Geheimnis für den Menschen bleiben werden, zum Bewußtsein zu erwachen."

So die Hauptschilderung; aus der Zwischenzeit zwischen dem ersten und zweiten Abschnitt gibt er noch an, er habe gefühlt, wie man ihn aufrichtete. Dann hat er eine recht unangenehme, wenn auch nicht eigentlich schmerzhafte Empfindung von Erweiterung der Nasenöffnung gehabt und schließlich auch die operativen Eingriffe wenigstens teilweise gefühlt. „Es war kein Schmerz", sagt er, „aber etwas noch Schlimmeres, wohl die unangenehmste Empfindung, die mir in meinem Leben vorgekommen ist. Ich hätte ausweichen mögen, konnte mich aber nicht bewegen. Dabei hatte ich indessen weder von meiner eigenen Person, noch von der des operierenden Arztes eine bewußte Vorstellung; aber es schob sich ein Gefühl ein, als ob ein Freund, dem ich sonst vertraute, von meiner Hülflosigkeit Nutzen zöge, um mich zu kränken."

Soweit die Aussagen Shoemakers; nach dem Erwachen hatte er ein lebhaftes Schreckgefühl, zu dessen Abschüttlung er mehrerer Stunden bedurfte. Sieht man sich den Bericht nun kritisch an, so bemerkt man zunächst, daß seine Chronologie augenscheinlich die Größenverhältnisse der Zeiträume nicht richtig wiedergibt. Der längste Teil, während dessen er bewußtlos war, ist offenbar derjenige, der über der Nasenoperation verging; denn der operierende Arzt arbeitet immer während der tiefsten und dauerndsten Periode der Narkose. In dieser, in der Zeit der vollständigsten Bewußtlosigkeit, scheint er also nichts anderes gespürt zu haben, als eine dumpfe, immerhin noch unangenehme Wahrnehmung von dem Schmerz, den der operative Eingriff hervorbrachte. Was dann folgt, die Wahrnehmung der Parallellinien und ihre Deutung als Repräsentanten des Daseins, das gehört offenbar innig zusammen, und das ist so echt traummäßig, daß kaum ein Zweifel bestehen kann, der Patient habe uns in seiner Schilderung eben die Traumempfindungen wiedergegeben, welche das Erwachen aus dem Ätherrausch begleiten; die Parallellinien gehören nicht mehr zu dem Abschnitte des völlig ausgelöschten Bewußtseins, sondern sie stehen am Anfang des Erwachens, sie gehören schon zum Anfang des dritten Abschnittes. Daß die Parallellinien im Bewußtsein Shoemakers als eine Erscheinung von verhältnismäßig langer Dauer auftreten, beweist nichts für ihre wirkliche Dauer: wer hat nicht schon in minutenlangem Halbschlaf Jahre zu durchträumen geglaubt? Und wer weiß nicht, daß man in wenigen Sekunden eines Traumes endlose Zeiträume durchschaut?

Ja, man kann noch weiter gehen und fragen: wo ist ein lebhafter Träumer, dem nicht das ganze Bild, welches der amerikanische Patient gibt, in nahe derselben Form bekannt wäre? Man erlebt Unendliches, man sieht durch das ganze Geheimnis des Daseins, man hat eine Formel oder eine Gedankenzusammenstellung begriffen, die das Unbegreifliche klar macht; beim Erwachen aber hat man die Formel vergessen, oder wenn man sie teilweise noch weiß, so ist sie einfach eine sinnlose Redensart, etwa wie die folgende: „Das Geheimnis des Vierecks wird durch die Wasserhaftigkeit ergründet; der Zusammenhang aber liegt in der Natur des Grünen." Derartiges glaubt man mit einer rührenden Sicherheit, ja, Notwendigkeit zu erkennen und fühlt sein Bewußtsein entsprechend gehoben. Der Grund solcher Träume liegt einfach darin, daß der Schlafende sich zufällig ungewöhnlich behaglich fühlt; die eben aufdämmernde Seelentätigkeit konstruiert sich zu diesem Behagen eine äußere Ursache, und da sie noch viel zu träge ist, um nach der richtigen Ursache fragen zu können, nimmt sie die erste beste an, die ihr die schläfrige Phantasie vorspiegelt; sie glaubt fliegen zu können, oder sie sieht eine wunderbar schöne Landschaft, oder sie glaubt auch, wenn sie philosophischen Gedanken nachhängt, das Weltgeheimnis ergründet zu haben. Dabei bewegt sie sich, eben ihrer Trägheit wegen, in der Regel in sehr einfachen Bilderkreisen; wie die Mittel zum Fliegen beschaffen sind, danach fragt sie nicht, ihre Landschaften setzt sie sich aus ein paar formlosen Felsen zusammen, die Unendlichkeit aus dem Bilde zweier Parallellinien und eines endlosen Tons. Dabei glaubt sie aber wunders welche Neuheit geleistet zu haben, wie denn auch unser Amerikaner im Traume meint, er habe etwas für die Menschheit unsäglich Wichtiges erfunden, indem er das irdische Leben als eine bloße Welle im ewigen Dasein auffaßt. Im Wachen wird er vermutlich wissen, daß dieser Gedanke ungefähr so alt ist wie die ganze Unsterblichkeitslehre, wohl auch als Bild noch einige Jahrtausende älter.

Im ganzen also darf man annehmen, daß die Empfindungen und Vorstellungen, von denen unsere Quelle berichtet, nicht dem Abschnitte der tiefsten Bewußtlosigkeit, sondern dem Traumzustande des beginnenden Erwachens angehören, und daß er in der eigentlichen Narkose nichts anderes verspürt hat, als ein dumpfes, unangenehmes Gefühl vom Schmerz der Operation. Ob dieses Gefühl nur im Anfang der Betäubung oder während ganzen der Dauer der Operation vorhanden war, läßt sich nicht entscheiden, doch ist das erstere wohl wahrscheinlicher, aus Gründen, auf die wir hier nicht eingehen können. Im ganzen erfährt man hiernach aus Shoemakers Erzählung nicht viel über den eigentlichen Betäubungszustand, und das ist auch vollkommen in der Ordnung; denn aus dem tiefsten, traumlosen Schlaf oder Rausch gibt es überhaupt nichts zu berichten.

Ein Mr. Holden, dem Shoemaker seine Erfahrungen mitteilte, lieferte eine interessante Parallele dazu. Er erklärte, öfter Äther eingeatmet zu haben, und erzählt unter anderm: Ich atmete einmal eine kräftige Dosis Äther ein, mit der Absicht, den Gedanken aufzuschreiben, der in meinem Geiste beim Anfang des Erwachens herrschen würde. „Die mächtige Musik des Triumpfmarsches ins Nichts erklang in meinem Gehirn und erfüllte mich mit einer Empfindung unendlicher Möglichkeiten, die mich für den Augenblick zum Erzengel machte. Der Schleier der Ewigkeit war aufgehoben. Die eine große Wahrheit, die aller Erfahrung zugrunde liegt, die den Schlüssel zu all den unfindbaren Mysterien der Philosophie bildet, erschien meinen Augen wie eine plötzliche Offenbarung. Da war alles klar, und wenige Worte hatten meine Intelligenz zur Höhe eines Cherubs erhoben. Als mein natürlicher Zustand einigermaßen wiederkehrte, erinnerte ich mich meines Entschlusses und taumelte zum Schreibtisch, um in unregelmäßigen, schlechten Schriftzügen die ewige Wahrheit niederzuschreiben, die noch in meinem Bewußtsein flimmerte." Nachher stand auf dem Papier: „Es riecht überall stark nach Terpentin."

Das klingt wie ein schlechter Witz, ist aber genau dasselbe, was der gewöhnliche Traum sehr häufig leistet, und ist deswegen durchaus wahrscheinlich. Holden selbst macht dazu die philosophische Bemerkung: „Die Kinder mögen darüber lachen, die Weisen werden nachdenken." Schließlich ist noch ein dritter, ein Mr. Blood, dazu gekommen, der gleichfalls nach Ätherbetäubungen an sich die Neigung beobachtet hat, sich während des allmählichen Erwachens transzendente Kenntnisse zuzuschreiben.

Wenn man die Shoemakersche Beschreibung liest, namentlich der Schlußsatz zum dritten Abschnitte, hat man den Eindruck, als könne sich der Verfasser auch nachträglich nicht ganz von dem Gedanken frei machen, daß er während seiner Betäubung „einen Blick in die Ewigkeit getan" oder die Tiefe des Daseins in Form zweier Parallelen erschaut habe.

Das wäre eine Annahme, die den Verehrern des Rausches zu innigster Befriedigung gereichen kann. „Man betäube sich mit Äther oder, was im Grunde beinahe dasselbe sagt, man bedusele sich in Branntwein, und man hat die schönste Gelegenheit, Blicke in die Ewigkeit zu tun. Alles menschliche Wissen ist nichts gegen die Offenbarungen, die dem in der Gasse liegenden Trunkenbold das Hirn durchblitzen." Die ernsthafte physiologische Betrachtung wird sich aber schwerlich zu einer solchen Apotheose des Rausches herbeilassen. Sie wird vielmehr in den Offenbarungen Shoemakers und Holdens nichts anderes sehen, als daß der Ätherrausch die Eigenheit hat, in seinem letzten Stadium eine Art von intellektuellem Größenwahnsinn zu erzeugen, unter dessen Einfluß der Berauschte ungewöhnliche Kenntnisse zu haben glaubt. Das paßt ganz gut zum Charakter des Rausches überhaupt; denn die Empfindung der Gehobenheit, welche denselben vielfach begleitet, ist im Grunde nichts anderes als ein leiser Anfang von Größenwahn. Der Haschischrausch ist, wie jeder weiß, der ihn einmal versucht hat, von ganz ausgesprochenen Größenwahnideen begleitet.

34.

Die gewaltsamen Todesarten der Strafrechtspflege.

August 1888.

So sehr den meisten Menschen der Gedanke an gewaltsames Sterben widerstrebt, es gibt doch kaum einen, der sich nicht schon gefragt hat, was wohl der Ertrinkende oder der Gehängte oder gar der Guillotinierte empfinden mag. Wohlverstanden, es handelt sich dabei nicht um die etwaige Angst, die der Katastrophe vorangeht, nicht um die qualvollen Anstrengungen des Kampfes mit übermächtigen Wellen; diese wesentlich auf Furcht beruhenden Zustände kann sich jeder der Art nach vorstellen; es fragt sich vielmehr, welches die rein physischen Gefühle des Ertrinkenden unter Wasser, des Hängenden am Seil, des Geköpften in den ersten Sekunden nach dem Falle des Beils sind. Diese Zustände erregen die leise schaudernde Neugier eben deshalb, weil nur derjenige, der sie selbst durchgemacht hat, glaubwürdig über sie berichten könnte, und weil dem, der in der Lage wäre, der Mund meist für immer geschlossen ist. Sie erregen dieselbe so stark, daß mir z. B. im eigenen Bekanntenkreise schon zwei Fälle vorgekommen sind, wo unnütze Jungen einander versuchsweise gehängt haben, „um zu probieren, wie es geht."

Kant sagt, man müsse sich den eigentlichen Tod als ein vollkommen sanftes Einschlafen vorstellen, und es ist sehr glaublich, daß er recht hat. Bei Leuten, die im Wasser untergegangen sind oder am Strick gehangen haben, kommt es nicht selten vor, daß sie im Zustande voller Bewußtlosigkeit fremder Hülfe anheimfallen und nach einiger Mühe wieder zum Leben gebracht werden. Man darf sicher annehmen, daß diese Personen die ganze Reihe von Empfindungen, deren ein Ertrinkender oder ein Erdrosselter fähig ist, schon durchgemacht haben, und daß sie von allem, was bei noch längerer Dauer der wirksamen Schädlichkeiten in ihrem Körper vorgegangen wäre, nichts mehr empfunden haben würden. Sie würden aus dem Zustande, in dem man sie fand, ohne Bewußtsein in den Zustand völligen, endgültigen Todes übergegangen sein. Nun wissen aber die Leute, welche in solcher Art dicht vor der großen Pforte umgekehrt sind, in der Regel äußerst wenig zu berichten.

Was zunächst die Ertrunkenen angeht, so habe ich von einem, der den Prozeß für unsern Zweck der Forschung weit genug durchgemacht hatte, die Äußerung gehört, „es sei gar nicht unangenehm gewesen"; ein anderer erinnerte sich mit Schaudern der verzweifelten Anstrengungen, welche er gemacht hatte, um einen Weidenbusch zu erreichen und sich festzuhalten, wußte aber über den Zeitraum des Untersinkens nicht anzugeben. Ein achtjähriges Mädchen, welches ins Wasser fiel und wieder herausgezogen wurde, erklärte nachher auf die Frage: Wie war dir denn zu Mute? „Ich habe geglaubt, ich sei im Himmel." Da ist also der physische Eindruck des ganzen Vorganges so schwach gewesen, daß er die angelernte Ideenverbindung „Ins Wasser fallen — Sterben — In den Himmel kommen" nicht überwunden hat.

Was das Hängen betrifft, so ist bekanntlich ein Unterschied zu machen zwischen dem offiziellen Verfahren, wie es noch jetzt in England geübt wird, und der einfachen Erdrosselung. Der englische Nachrichter bringt in der Schlinge des Strickes einen Knoten an, der, wenn der Verbrecher herabfällt, den Kopf desselben gewaltsam schief beiseite drückt, sodaß das Genick bricht. Dabei wird das obere Ende des Rückenmarks gequetscht, die Verbindung des Rumpfs mit dem Gehirn ist aufgehoben, Herzschlag und Atmung stehen augenblicklich still und ein nachträgliches Wiederaufleben ist unmöglich. Diesen Fall schließen wir vorläufig aus.

Anders, wenn das Seil einfach den Hals umschließt, ohne sein Knochengerüst zu zerbrechen. Die Ansicht ist weit verbreitet, daß in diesem Fall der Tod durch Zusammendrücken der Luftröhre eintrete, daß er also von gleicher Art mit dem sei, was geschehen würde, wenn man dem Menschen Mund und Nase zuhielte. Sie ist aber, wenigstens für die ungeheure Mehrzahl der Fälle, nicht richtig. Mir ist nur ein Beispiel (aus Zeitungen) bekannt, bei dem nach der Beschreibung Tod durch bloße Luftentziehung anzunehmen sein könnte. Als die Mörder des Präsidenten Lincoln hingerichtet wurden, berichteten die Blätter, daß bei einem von ihnen, einem Menschen mit ungewöhnlich stark entwickeltem Halse, ein peinlicher Todeskampf mit krampfhafter Atmungsanstrengung eingetreten sei. Für gewöhnlich wird derjenige, der in die unangenehme Lage kommt, einer Erhängung zusehen zu müssen, seine Verwunderung über die Leichtigkeit und Schnelligkeit des Verscheidens nicht ganz unterdrücken können. Schreiber dieses hat in Tunis, einige Jahre vor der französischen Besetzung, einer Hinrichtung beigewohnt, wo die Delinquenten ganz patriarchalisch am Strick in die Höhe gezogen wurden; sie schlossen die Augen, machten einige konvulsivische Bewegungen und waren ruhig, wenn nicht gleich tot, so doch sicher bewußtlos. Mancher Journalist, der den russisch-türkischen Krieg von 1878 in Bulgarien mitmachte, hat Dutzende von Menschen hängen sehen, und ich habe mehrere von ihnen sich verwundert über die anscheinende Leichtigkeit der Operation äußern hören.

Von den oben erwähnten Burschen, die an sich selbst Erhängungsversuche gemacht hatten, war einer so weit bewußtlos geworden, daß er nur mit Mühe zum Leben zurückgebracht wurde; nachher wußte er nichts weiter zu sagen, als „es sei ihm beklommen und schwarz vor den Augen geworden.“ Es ist auch wohl nur durch dieses schnelle Schwinden des Bewußtseins zu erklären, wenn man mehrfach von Menschen hört, die einen Strick in Mannshöhe befestigt, die Schlinge um ihren Hals gelegt und sich dann durch Niederknien bezw. durch Anziehen der Füße ums Leben gebracht haben; denn daß ein Mensch die wirkliche Erstickungsnot aushalten sollte, wenn es ihm freisteht, sich derselben durch einfaches Aufstehen zu entziehen, ist im höchsten Grade unwahrscheinlich.

Über einen Soldaten, der einen Selbstmordversuch gemacht hatte, erzählte mir sein Vorgesetzter, der die Untersuchung leitete: Der von Haus aus geistig schwache Mensch erhängte sich im Pferdestall an einer Stange, die kaum stark genug war, um sein Gewicht zu tragen. Herzugekommene Kameraden fanden ihn, rissen ihn kurzerhand herab, so daß die Stange brach, und riefen einen Arzt, der ihn wieder zum Leben brachte. Als er befragt wurde, „wie haben Sie das denn gemacht", sagte er einfach: „So!" nahm einen Strick und schickte sich an, die Erhängung behufs Demonstration noch einmal vorzunehmen. Auf die weitere Frage: „Wie war es denn?" erzählte er nur, er habe zwischen den Pferden einen fremden, großen Mann stehen sehen. Er erinnerte sich also bloß an eine Halluzination, und das Erlebte war ihm so wenig schrecklich gewesen, daß er keine Scheu vor der Wiederholung hatte.

Zu erklären ist dieses schnelle Eintreten der Bewußtlosigkeit durch das Zusammendrücken der Halsarterien, welches durch die Erdrosselung bewirkt wird. Das Organ des Bewußtseins, das Gehirn, arbeitet nur, solange es von stets frischem Blut durchspült ist. Werden die Pulsadern des Halses zusammengedrückt, so hört die Blutzufuhr zum Gehirn auf, und die höchste, zugleich die empfindlichste Blüte der Gehirntätigkeit, das Bewußtsein, nimmt alsbald ein Ende.

Eben dieser Satz muß nun auch in Berücksichtigung gezogen werden, wenn man denjenigen Fall betrachtet, wo man rein auf die wissenschaftliche Vermutung angewiesen ist, die Enthauptung nämlich. Der Schnitt des Fallbeils zerlegt den Geköpften, sei es nun Mensch oder Tier, in einen vordern und einen hintern Teil. Die Bewegungen, welche der letztere etwa noch macht, haben nichts mit Bewußtsein und Empfindung zu tun; denn bei allen höheren Tieren kommen nur diejenigen Reize zur Wahrnehmung, welche durch die Nerven zum Gehirn geleitet werden. Bliebe der Kopf des Enthaupteten minutenlang am Leben, so würde er, und er allein, den Schmerz des Schnittes fühlen. Wie groß derselbe sein würde, darüber läßt sich, selbst nach Versuchen an Tieren, nichts Bestimmtes sagen; es spielen da ungenügend bekannte Faktoren mit, auf die wir hier nicht eingehen können. Das aber läßt sich sagen, daß jedenfalls eine gewisse, wenn auch kleine Zeit vergehen müßte, ehe der Schnitt empfunden würde. Denn die Fortleitung der Empfindung durch die Nerven beansprucht Zeit; man fühlt eine Wunde nicht in dem Augenblick, wo sie entsteht, sondern einige Hundertstel Sekunden später. Ein heftiger, plötzlicher Schmerz aber bedarf noch einer Zusatzzeit, um deutlich zum Bewußtsein zu gelangen; davon kann sich jeder überzeugen, der etwa mit dem Knie gegen eine scharfe Ecke stößt. Bis zur vollen Ausbildung des Schmerzgefühls vergeht da oft mehr als eine halbe Sekunde, jedenfalls ein Zeitraum, der so lang ist, daß ein nur einigermaßen aufmerksamer Beobachter ihn ohne alle künstlichen Hilfsmittel wahrnimmt.

Im Kopf des Enthaupteten steht nun die Bewegung des Pulsaderblutes augenblicklich still, sobald seine Verbindung mit der Herzpumpe abgeschnitten ist: ja, sie geht rückwärts, denn die elastischen Pulsadern ziehen sich ein wenig zusammen und pressen das Blut durch die frisch geschnittenen Öffnungen zurück. In weniger als einer halben Sekunde ist also die Durchspülung des Gehirns mit frischem Pulsaderblut vollständig eingestellt und damit die Bedingung für das sofortige Erlöschen des Bewußtseins gegeben. Man kann also nur annehmen, daß der Kopf des Enthaupteten überhaupt nicht die Zeit hat, den Schmerz des Schnittes deutlich zu empfinden.

Einen entsprechenden Fall bieten Menschen dar, die vom Blitz getroffen werden. In der Regel wird bei diesen der Tod durch augenblickliche Lähmung derjenigen Nervengebiete erfolgen, welche Herzschlag und Atmung in Gang halten. Leute, die vom Blitz betäubt wurden, wissen dementsprechend gewöhnlich nichts über ihre Empfindungen zu berichten; sie waren durch die Unterbrechung des Blutlaufs bewußtlos, ehe der Hergang der Unterbrechung zur Wahrnehmung gelangte. Wahrscheinlich verhalten sich diejenigen Gehängten, welche durch Genickbruch sterben, ähnlich; doch fehlt da eben jede Möglichkeit, etwas anderes als bloße Vermutungen aufzustellen.

Bei Geköpften haben in jüngster Zeit französische Gelehrte Beobachtungen angestellt und, da Experimente an Menschen naturgemäß ausgeschlossen sind, Hunde als Versuchsmaterial verwandt. Die Experimente können vom Gefühlsstandpunkt aus als grausam bezeichnet werden, sind es aber weniger, als es den Anschein hat. Denn in einer großen Stadt wie Paris müssen ohnehin allwöchentlich Dutzende von herrenlosen Tieren zum Tode gebracht werden; und da erhält man keine Vermehrung der Summe tierischen Leidens, wenn der Physiologe derartige Fälle für seine Wissenschaft benutzt. Der Hund aber eignet sich am ersten von allen Tieren zu derartigen Versuchen, weil er eine so sprechende Physiognomie hat.

Das Tier wird leicht gefesselt auf eine kleine Guillotine gebracht und beruhigt, dann fällt das Beil, während der Beobachter den Kopf des Hundes fest ins Auge faßt. Einer von den Experimentatoren will im ersten Augenblick auf dem Gesicht des Hundes den Ausdruck eines heftigen Schrecks erkannt haben. Ein anderer, bei dem für möglichste Schnelligkeit des Prozesses gesorgt war, hat diese Erscheinung nicht wahrgenommen. In jedem Falle folgen der Enthauptung während der ersten zehn

Sekunden folgende Phänomene: zuerst eine übermäßig weite Öffnung des Maules, als ob das Tier einen tiefen Atemzug tun wollte, die Augenlieder schließen sich sofort, öffnen sich dann aber wieder und machen Zuckungen, während die Augäpfel rollen. Die Kinnladen schlagen heftig zusammen und die Ohren spitzen sich. Nähert man dem Auge drohend ein Instrument, so findet kein Zucken der Lider statt.

Es entsteht nun die Frage, ob die hier beschriebenen Bewegungen bewußte, aus Schmerz und Schreck hervorgehende sind, oder nicht. Hierüber gibt ein einfacher Versuch Aufschluß: man chloroformiert den Hund vor der Enthauptung, dann hat er kein Bewußtsein und keine willkürliche Herrschaft über seine Muskeln mehr; wenn also Bewußtsein und Wille bei den fraglichen Bewegungen mitwirkten, müßten sie unter der Einwirkung des Chloroforms ausbleiben. Der Versuch zeigt aber, daß das Gegenteil der Fall ist; chloroformierte Hunde machen bei der Enthauptung genau dieselben Bewegungen wie nicht chloroformierte. Und daraus folgt denn, daß alles, was man schon in den ersten zehn Sekunden nach dem Köpfen am Hunde wahrnimmt, nur unwillkürliche, vom Bewußtsein unabhängige Reflexbewegung ist.

Es kann also nur angenommen werden, daß die sofortige Unterbrechung des Blutstroms, welche die Enthauptung begleitet, die Folge wirklich hat, welche sie theoretisch haben muß; sie schneidet das Bewußtsein so schnell ab, daß der Hund vielleicht noch Zeit hat, zu erschrecken, aber nicht, noch etwas bestimmtes zu empfinden. Beim Menschen ist das gleiche noch wahrscheinlicher; denn je feiner ein Gehirn organisiert ist, desto empfindlicher ist das entsprechende Bewußtsein gegen

Zirkulationsstörungen; man kann einen Menschen schon durch mäßigen Druck auf die Halsschlagadern ohnmächtig machen.

Nach allem Vorstehenden kann man nur sagen, daß die gewaltsamen Todesarten, deren sich die Strafrechtspflege bedient, nicht als grausam gelten dürfen; sie sind, rein physisch betrachtet, wahrscheinlich viel gelinder als das, was der Tod im Bett als Durchschnittssumme von Leiden für die Kranken mit sich bringt.

Nachschrift, Juli 1890.

In Amerika hat man neuerdings die Elektrizität als Hinrichtungsmittel in Anwendung gebracht: durch den Körper des Delinquenten wird ein starker Wechselstrom geleitet, der ihn vom Leben zum Tode bringen soll. Wir haben den ersten Versuchen dieser Art mit einigem Mißtrauen entgegengesehen; es ist oft leicht, mit Elektrizität ein Unglück anzurichten, aber wer an Tieren experimentiert hat, weiß, daß gerade dann, wenn man ein Wesen möglichst schnell töten will, der Erfolg nicht immer sicher ist. In der Tat ist die erste öffentliche Hinrichtung mit Elektrizität nicht zufriedenstellend gewesen; die Zuschauer entsetzten sich über das Peinliche der Szene, und eins der geachtetesten Fachblätter bezeichnete den Vorgang als „Torture succeeded by death", Quälerei mit nachfolgendem Tode. Die neueren Apparate mit Transformatoren liefern allerdings Ströme von so hoher Spannung, daß sie zur unmittelbaren Tötung eines Menschen ausreichen dürften, und soeben kommt aus New York die Nachricht, daß vier Verbrecher „mit vollem Erfolg" elektrisch hingerichtet worden seien. Was sie noch von den elektrischen Schlägen empfunden haben mögen, das ist schwer zu bestimmen; indessen wenn die Apparate stark genug sind, so ist wohl anzunehmen, daß schon die beiden ersten Stromstöße, die in $^1/_{50}$ Sekunde verlaufen können, das Leben durch Hirn- und Herzlähmung plötzlich unterbrechen, daß also nicht viel von der Operation zum Bewußtsein des Patienten gelangt.

35.

Bewohner anderer Welten.

Januar 1876.

Indem wir dieses Thema anschlagen, begeben wir uns in das Feld der reinen Spekulation; es gibt wenige Dinge, über die so viel phantasiert worden ist, wie über die Bewohnbarkeit und Bewohntheit der Weltkörper. Vor uns liegt noch in diesem Augenblick eine kleine Schrift, worin der Verfasser mit verhältnismäßiger Seelenruhe den Satz aufstellt: Alle Weltkörper sind bewohnt. Er geht ferner von dem Grundsatz aus: die Körperlängen verhalten sich wie die Durchmesser der Himmelskörper; und so gelingt es ihm, herauszurechnen, daß auf der Sonne Menschen von 25 Meilen Länge existieren. Dabei wird uns zum Troste bemerkt, sie müßten freilich ganz anders organisiert sein als wir, weil sie sonst von der Hitze und von anderen Unzuträglichkeiten erheblich zu leiden hätten. Das letztere wollen wir nicht bestreiten. Die Zeit ist übrigens noch gar nicht so lange vorüber, wo die gelehrte Welt unter Humboldts Leitung die Ansicht protegierte, die Sonne sei ein im Innern dunkler, kühler, von leuchtenden Gasen umhüllter Weltkörper, offenbar, um auf ihrem kühlen Kern eine behäbige Menschheit anbringen zu können. Erst Kirchhoff hat dieser Phantasterei durch nüchterne Betrachtung der Verhältnisse den Garaus gemacht.

Über keinen Körper ist mehr phantasiert worden, als über den Mond, und man muß zugeben, daß hier die Versuchung nahe lag. Oft hat der Unsinn sehr ergötzliche Formen angenommen. Als Herschel im Anfang dieses Jahrhunders mit seinem Riesenfernrohr am Cap der guten Hoffnung arbeitete, verbreitete sich in Europa die Sage, er habe menschenähnliche Bewohner auf dem Monde wahrgenommen. Der Physiker Fechner, der unter dem Pseudonym Mises verschiedentlich humoristische Schriften hat erscheinen lassen, machte sich das Gerede zunutze, um eine der gelungensten Mystifikationen auszuführen, die in der Geschichte der Wissenschaft erhört worden sind. Er ließ eine Broschüre folgenden Inhalts erscheinen: „Es ist möglich, durch Kombination von Brennlinsen ein Bild eines leuchtenden Körpers auf eine weiße Wand zu werfen, und zwar ist es theoretisch tunlich, dieses Bild in ganz beliebiger Vergrößerung herzustellen. Praktisch aber scheitert das Verfahren an der Schwierigkeit, daß mit der Zunahme der Vergrößerung das Bild immer dunkler wird, weil sich das Licht auf eine immer größere Fläche ausbreitet. Geht man also über eine gewisse Grenze hinaus, so sind in dem Bilde die Einzelheiten nicht mehr erkennbar. Herschel hat nun den sinnreichen Einfall gehabt, ein riesengroßes Bild des Mondes zu entwerfen und die vor lauter Vergrößerung unkenntlich gewordenen Details dadurch wieder deutlich zu machen, daß er dieselben mit einer eigens dazu hergestellten Lampe beleuchtete. (!!) So entdeckte er eine eigene Nation, die Seleniten, auf dem Monde: 14 Fuß hohe, menschenartige Wesen mit Fledermausflügeln, welche, um sich vor den enormen Temperaturwechseln ihres Satelliten zu schützen, in unterirdischen oder vielmehr untermondischen Gängen leben, namhafte Beweise von angeborener Schlauheit liefern usw. usw." Die Idee, undeutliche Lichtunterschiede 'auf einer beleuchteten Wand dadurch deutlich zu machen, daß man eine Öllampe daneben stellt, macht dem Humoristen Fechner alle Ehre. Der hatte denn auch die Genugtuung, alle Physiker und Astronomen Deutschlands in ein homerisches Gelächter ausbrechen zu sehen; einzelne Laien dagegen, denen die Unsinnigkeit des Verfahrens nicht sofort einleuchtete, nahmen die Schrift für bare Münze und interessierten sich lebhaft für die Schicksale ihrer selenitischen Daseinsgenossen. Glücklicherweise kam es nicht zu theologischen Disputationen über die Orthodoxie der Seleniten, und niemand fragte, ob sie die Zivilehe perhorreszierten. Aber wenigstens ein Philosoph Gruythuisen, wenn wir nicht irren, Professor in München, biß auf den Köder an und versuchte mit rührender Sorgfalt, die sozialen und moralischen Verhältnisse der Mondbewohner aus der Tiefe seines Bewußtseins zu konstruieren. Börne zauste ihn erklecklich in der „Frankfurter Laterne", was nebenbei gesagt, für einen Börne eine ziemlich billige Erheiterung war. Der Lärm dauerte so lange, bis Herschel aus Afrika zurückkam, und dieser mußte sich ernstlich gegen die ihm zugeschobene Entdeckung zur Wehr setzen.

Die Frage, ob Organismen von ähnlicher Art, wie wir sie auf der Erde kennen, an der Mondoberfläche existieren können, ist aber auch, und mit Recht, ernsthaft in Erwägung gezogen worden. Die Antwort ist ein sehr wahrscheinliches Nein. Die irdischen Organismen sind sämtlich an Lebensbedingungen geknüpft, die auf dem Monde durchaus fehlen. Sie bedürfen einer

Atmosphäre, die für die Pflanzen Kohlensäure, für die Tiere Sauerstoff von einer gewissen Dichtigkeit enthalten muß. Sie verlangen ferner Temperaturen, die, wenn man weit geht, zwischen — 60 und + 70° schwanken dürfen. Die Beobachtung zeigt nun, daß auf der uns zugekehrten Hälfte des Mondes eine Atmosphäre von mehr als 1/1000 der Dichtigkeit, welche unsere Erdatmosphäre hat, nicht existiert. Theoretische Rechnungen machen es wahrscheinlich, daß die Dichtigkeit der Mondatmosphäre noch weit geringer ist. Dieselben Rechnungen lassen annehmen, daß die Mondatmosphäre auf der hintern Mondseite, auf derjenigen, die uns ewig unsichtbar bleibt, etwas dichter sei als auf derjenigen, die wir kennen, aber sie geben auch für diese verschwindend kleine Zahlen. Ferner ist die ganze Mondfläche, weil Tag und Nacht auf ihr je 14 unserer Tage dauern, und weil die ausgleichende Potenz des Wassers und der Luft fehlt, Temperaturwechseln ausgesetzt, von denen der Unterschied zwischen dem glühendsten Tropentag und der eisigsten Polarnacht keine Vorstellung gibt; sie muß Unterschiede zeigen, die sich auf Hunderte von Graden belaufen. Endlich fehlt mit der Atmosphäre auf ihr das Wasser, der unentbehrlichste Faktor unseres Lebens. Aus alledem folgt: eine organische Welt, die mit der unsrigen nach Art und Quantität verglichen werden könnte, existiert auf dem Monde nicht. Dem entsprechend hat keine Beobachtung mit den besten Instrumenten auf dem Mond irgend etwas entdeckt, was auf die Wirksamkeit von Organismen schließen ließe. Wäre dagegen ein Rosse mit seinem Teleskop auf dem Monde stationiert, so würde er nicht lange nach unsern Städten zu suchen haben, und selbst, wenn kein Mensch, kein Baum existierte, würden allein die Myriaden der farbigen Infusorien ihm gelegentlich bemerklich werden.

Andere Verhältnisse als auf dem Monde herrschen auf den nächsten Planeten. Auf der Venus sehen wir Luft, Berge, und wahrscheinlich Wolken; wir schließen auf Wärmeverhältnisse, die in den gemäßigten Teilen der Venus denen unserer Tropen analog sind; die Schwere wirkt in ähnlichem Maße wie bei uns. Möglicherweise, wenn die Atmosphäre ähnlich zusammengesetzt ist wie die unsrige, würde ein terrestrischer Mensch dort einige Tage lang leben können. Auf dem Mars sehen wir Festland, Wasser, Polarmeere mit unverkennbaren Eisfeldern, die sich im jeweiligen Winter ausdehnen, im Sommer verkleinern. Wo Wasser ist, muß eine Atmosphäre sein; es ist theoretisch wahrscheinlich, daß die Marsatmosphäre erheblich dünner, aber übrigens der unsrigen nicht ganz unähnlich sei. Dort also könnte ein wirkliches organisches Leben existieren. In der Tat, es ist bekannt, daß der Mars sich durch rote Färbung seines Lichtes auszeichnet. Diese rote Färbung ist nicht immer dieselbe, sondern nach der Jahreszeit verschieden; die Spektralanalyse macht es sehr wahrscheinlich, daß sie nicht von einer roten Atmosphäre herrührt; sie ist auf den Festlandteilen des Planeten stärker als auf den Meerespartien, an den Polen fehlt sie. Die Ansicht macht sich daher mehr und mehr geltend, daß sie von einer rot gefärbten Vegetation herrühre. Kennen wir doch bei uns ganze Mengen von roten Pflanzen. In jedem Falle kann die Möglichkeit, und wenn man die unzähligen Mannigfaltigkeiten der Sterne und ihre Begleiter in Betracht zieht, die Wahrscheinlichkeit, ja fast Gewißheit nicht ausgeschlossen werden, daß auf irgend welchen andern Planeten im Sternenraume Verhältnisse und Bedingungen vorhanden sind, welche die Existenz von Organismen gestatten, und zwar von Organismen, die den irdischen analog sind. Von der speziellen Ursache, welche die belebten Wesen der Erde entstehen ließ, haben wir keine Idee; anzunehmen, daß der schaffende Wille nur auf unserm verschwindenden Stäubchen von Welt tätig gewesen sei, wäre Vermessenheit; wir können also nur sagen: der Gedanke, daß auf andern Weltkörpern Bewohner, und zwar Bewohner von der uns bekannten Art vorhanden sein können, vorhanden sind, drängt sich mit unwiderstehlicher Kraft auf. Aufgabe der Wissenschaft ist es, nach ihnen zu suchen; bis jetzt bietet nur der Mars einen Anschein von Möglichkeit dar, sie zu finden. Erschwert wird dieselbe durch die Größe der kosmischen Entfernungen, $5^1/_4$ Millionen Meilen für Venus, 8 Millionen Meilen für Mars in der nächsten Nähe!

Ganz anders aber gestaltet sich die angeregte Frage, wenn man sie allgemeiner faßt, wenn man die weitere Frage hinzunimmt: Ist es denn nötig, daß die organischen Wesen ferner Welten ähnlich konstruiert seien wie die der unsrigen? Können sie nicht in einer Art leben, für die uns die Erde gar keine Analogien darbietet? Können nicht auf dem Polarstern Wesen existieren, die statt Blut geschmolzenes Eisen mit Platinzellen und statt des Phosphors Silicium von 3000° Hitze im Gehirn führen? Kann nicht die Sonne selbst ein Stäubchen im Gehirn eines riesenhaften fühlenden Wesens sein, dessen Jahrtausende dauernde Bewegung von Empfindung begleitet ist, wie in unserm Gehirn die Bewegung eines verbrennenden Fettmoleküls, die ein Tausendstel einer Sekunde in Anspruch nimmt?

Die Antwort auf diese Fragen lautet verschieden, je nachdem man das uns bekannte organische Leben auffaßt. Einerseits zeigt dasselbe bestimmte chemische Eigentümlichkeiten, andererseits ist es durch die Besonderheiten des geistigen Daseins charakterisiert. Wir Menschen sind uns unseres Denkens bewußt; im Hund, in der Schnecke lebt nicht bloß der materielle Stoff mit seinen Anziehungen und Abstoßungen, sondern auch noch das Gefühl und der zweckmäßige, wenn auch noch so dumpfe Gedanke; in den Tausenden von Wesen, die den Übergang zum Pflanzenreich vermitteln, webt noch ein dem Gefühl gleichartiges Etwas; wie wir die Reihe der Geschöpfe hinabsteigen, verliert sich mehr und mehr die Individualität des geistigen Daseins, und das Dasein selbst wird uns dadurch mehr und mehr unvorstellbar, aber es ist vorhanden, und da der Übergang vom Tier zur Pflanze sich ohne feste Grenze vollzieht, müssen wir auch im fühllosen Gewächs noch ein Besonderes voraussetzen, wodurch es sich vom fühllosen Stein unterscheidet. Der Hund denkt noch, das Infusionstier fühlt noch, die Schwärmsporen eines Mooses bewegen sich noch wie wollende Wesen; wo ist die Grenze, durch welche sich der Eichbaum von ihnen unterscheidet? Und wer hat die Tiefe ergründet, aus der unseres eigenen Geistes unbegreifliches Produzieren hervorknospt? Die ganze organische Welt hat ein Gemeinsames; wir glauben sein Wesen zu begreifen, wenn wir uns selbst ansehen, wir aber verstehen nur die Blüte, die es im menschlichen Selbstbewußtsein treibt, sein tiefster Grund ist absolut verborgen; wollen wir es in der Pflanze, ja, nur im niederen Tier erfassen, so entzieht es sich dem Begriffe, der an die Bedingung der eigenen Individualität geknüpft ist; wir können leere Worte darüber machen, aber nicht uns seine Daseinsart vorstellen. Daß aber ein Gemeinsames existiert, welches alle unsere Organismen verknüpft, ist nicht zu bezweifeln; nennen wir es Geist; beim Menschen fühlen wir, wie es wirkt, wissen aber nicht was es ist, beim niederen Wesen ist „Geist" ein leeres Wort, aber es sagt so viel wie jedes andere, es sagt: das Besondere, was im Organismus außer anziehenden, abstoßenden und richtenden Kräften vorhanden ist.

Soweit wir nun aber die Reihe der Organismen verfolgen, immer finden wir den Geist an ganz bestimmte chemische Bewegungen geknüpft. Kein Organismus ist auf der Erde bekannt, der nicht wesentlich aus Kohlenstoff, Wasserstoff, Sauerstoff und Stickstoff bestände, mit geringen Beimischungen anderer Substanzen. Vor allem sind es die wunderbaren chemischen Eigentümlichkeiten des Kohlenstoffs, die uns immer wieder in der lebenden Welt entgegentreten. Schroff formuliert lautet die letzte Tatsache der Physiologie: Der Verkehr des Geistes mit der Materie ist an die chemischen Bewegungen der Kohlenstoffverbindungen geknüpft. Daraus folgt ohne weiteres: Organische Wesen auf beliebigen Weltkörpern können wir uns rationellerweise nur als Kohlenstofforganismen vorstellen. Soweit uns nun aber das wundervolle Instrument der Spektralanalyse von der Stoffverteilung im Weltraume Kunde gibt, zeigt es uns Stoffe, wie die der Erde, zum Teil dieselben Elemente und in ähnlichen Zuständen. Kohlenstofforganismen also müssen wir uns unter ähnlichen Bedingungen wie bei uns denken, und dadurch wird die Möglichkeit, ferne Himmelskörper zu bevölkern, wesentlich beschränkt. Es bleibt auch denkbar, daß irgend ein anderer Stoff bei irgend einer uns unbekannten Temperatur organogene Eigenschaften entwickelt, wie wir sie bei uns nur am Kohlenstoff kennen. Dann wären also, vielleicht selbst auf der Erde, Organismen ohne Kohlenstoff möglich, die, obgleich materiell von den unsrigen verschieden, doch eine Wesensähnlichkeit mit ihnen besäßen.

Wir wissen nun aber durchaus nichts von den Bewegungen der Materie, welche in irdischen lebenden Wesen mit der Tätigkeit des Geistes verknüpft sind. Wir können also prinzipiell die Möglichkeit nicht leugnen, daß irgend eine Bewegung, z. B. die der Sonne, eine geistige Funktion repräsentiere. Aber wenn wir die Bedeutung der Worte „Geist“ und „Leben“ so weit ausdehnen, müssen wir auch zugeben, daß wir uns unter denselben nichts Faßbares mehr vorstellen können; es sind dann „leere“ Worte. Bis auf weiteres bleibt also der Wissenschaft nichts übrig, als die Möglichkeit festzuhalten, daß in anderen Welten noch etwas existiert, was wir mit unserem menschlichen Fassungsvermögen als organisches Leben erkennen können, und — so lange zuzusehen, bis sie es findet. Und das ist die Moral aller vernünftigen Spekulation. Die Wahrscheinlichkeit, daß man etwas finde, ist, wie gesagt, bei den nächsten Planeten vorhanden.

36.

Der Weltuntergang am 12. November 1881*).

Aus dem Tagebuche des h. Petrus.

November 1881.

11. November. Abends 10 Uhr. Hübsch ist es von dem alten Herrn, daß er mir ein Stück von der Martinsgans und zwei Flaschen herausgeschickt hat. Mein Posten hier draußen am Himmelstor ist zwar an sich ganz interessant und erfreut sich einer vortrefflichen Aussicht; indessen, wenn drinnen eine Festlichkeit veranstaltet wird, wie heute, so kann er etwas langweilig werden. Verlassen darf ich ihn nun einmal nicht, und so bin ich denn weit ab und allein, während die andern sich fern hinter der Milchstraße im großen Saal unterhalten. Nun, die Bowle ist gut, St. Rochus versteht seine Sache, und die Kometengesellschaft da unten, wenn auch auf jedem ein kleiner Teufel reitet, sie hat heuer ein ganz merkwürdiges Getränke zurechtgebraut, säuerlich aber erheiternd. Fast zu sehr erheiternd: ist mir doch, als ginge die manierliche Feststimmung da drüben allmählich in Lärm über, ja, ich glaube Vater Noah gehört zu haben, der den „kühlen Keller" anstimmt — sonst pflegt das nur der alte Lot zu tun.

*) Im Jahre 1881 lief eine viel verbreitete Prophezeiung um, welche das Datum des Weltunterganges auf den in der Überschrift genannten Tag festsetzte.

11 Uhr. Die Sache wird bedenklich. Aus dem Festsaal höre ich schon seit einiger Zeit nichts mehr. Die Sterne blinzeln ganz seltsam, ein paar Nebelflecke sehe ich schwanken, es geht ein Hauch von Direktionslosigkeit durch die Welt, und da, wahrlich, da hat sich schon ein Komet aus dem Geleise gerissen und saust gradeswegs in die Ekliptik hinein. Halloh! Josua, ein Komet geht durch! .... Keine Antwort! Alles ist still geworden. Ich rufe noch einmal. Wieder nicht! Josua! du vernachlässigst das Sonnensystem! Kopernikus! Newton! .... Nichts rührt sich! O List des Teufels und Kometenwein! Nun sind sämtliche himmlische Heerscharen bezecht, und ich muß hier zusehen, wie der geschwänzte Vagabund auf Untaten ausgeht!

Mitternacht. Da fährt er hin, grinsend spornt ihn der Teufel Apollyon und durch die Schwänze beider zuckt ein unheilfreudiges Wedeln. Auf der Erde fangen sie schon an zu merken, daß etwas Unheimliches im Anzug ist. Ein altes Weib träumt von ihren Zähnen, und zwei Mitglieder der Oberrechnungskammer fühlen den stillen Drang, unter die Spiritisten zu gehen. Auf den Straßen stecken einzelne Leute die Köpfe zusammen und wundern sich über den nebligen Stern, der so groß und rot zu leuchten beginnt. Wartet nur, es wird schon besser kommen!

1 Uhr. Die Annäherung nimmt rasend schnell zu, und die Anziehung, welche die Erde auf den Kometen ausübt, beginnt mit der der Sonne zu wetteifern, so daß jener immer rascher und immer gradliniger auf den Planeten losstürzt. Unglücklicherweise macht sich aber auch das Umgekehrte schon geltend: der Komet zieht zurück und die alte Mutter Erde fängt an, leise auf

ihren Angeln zu schwanken, als ob auch sie vom Heurigen genossen hätte. Ein unnennbares Gefühl regt sich im Busen aller Kreatur, aus der Tiefe des Magens steigt langsam die Seekrankheit empor; schon macht einer den Anfang — ich glaube es ist ein Pessimist aus der v. Hartmannschen Schule, andere folgen nach, Menschen, Hunde, Katzen, Enten, Hühner, Heuschrecken — o heiliger Ulrich, wenn du die Bescheerung ansehen könntest!

2 Uhr. Das Meer rauscht auf; die Annäherung des fremden Körpers ruft eine kolossale Flutwelle hervor, in der aber vorläufig nur einige Holländer ertrinken. Auch der unterirdische Zentralfeuerherd wirft mächtige Wellen, die Vulkane fangen an zu speien, und mitten auf dem Gensdarmenmarkt öffnet sich ein neuer Feuerschlund, der aber nur ungeheure Schlammassen und gekochte Leitartikel über die Wahlen auswirft.

3 Uhr. Es riecht ahnungsvoll nach Petroleum; das sind die ersten Dünste des Kometen, die sich voraneilend bis an die Erdoberfläche durchgearbeitet haben. Er ist jetzt merkwürdig genug anzusehen: durch den Erdmagnetismus beeinflußt, ist auch er ins Schwanken geraten und dreht sich so, daß er dem irdischen Nordpol im allgemeinen seine südmagnetischen Teile zukehrt, dabei aber um diese mittlere Stellung hin- und herschwingt. Die baumelnde Bewegung gibt ihm ein unregelmäßiges Ansehen, so daß er als eine große, neblige Lichtmasse am nördlichen Himmel erscheint, die bald auf der einen, bald auf der andern Seite an Helligkeit und Ausdehnung zunimmt.

3½ Uhr. Die Bewegungen des magnetischen Kometen wirken induzierend auf die Erde, so daß in dieser die mannigfachsten magnetoelektrischen Strömungen entstehen.

Die Menschheit fühlt sich unangenehm durchzuckt und die Reichstelegraphen tragen das ihrige zum allgemeinen Zähneklappern bei.

4 Uhr. Nun besitzt der Unhold auch noch eine furchtbare elektrische Ladung, und schon macht diese ihre Wirkung geltend. Der gesamten Erdbevölkerung sträuben sich die Haare, hohe Gegenstände führen knisternd helle Büschel in die Höhe, und bald steht Wald und Stadt in dämonischer Beleuchtung mit tausend St. Elmsfeuern da, sich selber die Fackel zum Untergange tragend. Dabei bleibt es aber nicht; der Komet, dessen Dunstschicht sich schon auf den obern Teilen der Atmossphäre ausbreitet, nähert sich und seine Ladung der Erde so sehr, daß er die beweglichen Gegenstände vermöge seiner elektrischen Anziehung emporhebt. Er spielt mit der Menschheit das elektrische Korkkugelspiel. Eine Milchfrau mit ihrem Karren macht den Anfang und schwebt sachte in die Höhe, nicht ohne zu protestieren, andere tun desgleichen, und bald tanzen Männer und Weiber, Pferde und Hunde, Elefanten und Kaninchen in wildem Durcheinander auf und nieder, abwechselnd angezogen und abgestoßen, häuptlings und beinlings, stoßend und gestoßen, gequetscht und zerschunden nach allen Richtungen. Eben pariert Windthorst, der seinen Regenschirm bei sich führt, 1000 Meter über dem Meere den Anprall des Protestanten der Germania, während Gambetta das Unglück hat, im Herabfahren mit einem jungen Nashorn zu kollidieren und sich an seinem Auswuchs schwer zu beschädigen. Stöcker sah ich verzweifelt um sich greifen und sich am nächsten besten Gegenstand festhalten; als aber unter seiner Rechten hervor eine Stimme ertönte: „Gott der Gerechte, Herr Hofprediger, was woll'n Se geben für'n

alten Frackschwanz so gut wie nai? Se werden en brauchen, um Sech su präsentieren mit Eleganz beim heiligen Haman" — da ließ er voll Entsetzen los und verschwand im zappelnden Getümmel auf Nimmerwiedersehen.

4 1/2 Uhr. Während sich so die gesellige Unterhaltung auf der nördlichen Halbkugel entwickelt, weil da der Komet unmittelbar herankommt, ist die südliche bis jetzt verhältnismäßig in ruhiger Verfassung geblieben. Nun aber beginnt auch dort der Skandal: Die Dunst- und Flüssigkeitsmassen des Kometen sind schon zum Teil rings um die Erde herumgeflossen und schlagen jenseit derselben wieder zusammen. Da sie aber unterwegs durch die Reibung der Erdatmosphäre ihre Geschwindigkeit eingebüßt haben, so fliegen sie nicht weiter, sondern sammeln sich an, bilden kolossale glühende Wolken und fallen in Tropfenform herab. Sie liefern nur das, was sie enthalten, es regnet Petroleum und ähnliche Kohlenwasserstoffe. Die ersten Tropfen kühlen sich in der Luft noch ab und werden von der südlichen Menschheit nicht unangenehm empfunden — teils töten sie das Ungeziefer, teils hofft man auf die Gründung einer Aktiengesellschaft „Neu-Ölheim". Die Freude dauert aber nicht lange; der Regen fällt zu massenhaft, bald ist die Luft nicht mehr imstande, ihn abzukühlen, er bricht heiß und brennend herab auf die unselige Mensch- und Tierheit. Ja, ein neues Schrecknis tritt ein. Mein braver Schützling Schiaparelli hat richtig erkannt, daß die Kometen aus Schwärmen von festen und flüssigen Meteorsteinen bestehen, und sein Leipziger Kollege Zöllner hat dazu bemerkt, daß diese Steine die Trümmer eines geborstenen Planeten sind. Was er

aber nicht gewußt hat, das ist, daß auf diesem Planeten bereits Menschen lebten, ehe er platzte, und daß diese Menschen ihre Landesprodukte hübsch ordentlich in Fässer und Kisten zu verpacken pflegten. Die fliegen nun mit den übrigen Trümmern im Weltraum umher und kommen auch jetzt mit ihnen zu Boden: es regnet schließlich Petroleum in Kisten und Teer in Fässern. Auch sausen bereits vereinzelte Schinken und Würste, sowie Mausefallen und kleinere Haushaltungsgegenstände herab, ehrwürdige Reste antiker planetarischer Kultur, die vor Millionen von Jahren bei dem großen Krach durch Zufall dem vorliegenden Kometenschwarm einverleibt wurden und bei der niedrigen Temperatur des Weltraums sich bis heute konserviert haben.

5 1/2 Uhr. Nun steht die Katastrophe nur noch minutenlang aus; der Kern des Kometen ist nur noch 7000 Meilen weit von der Erde entfernt. Es hat auch jetzt nicht viel mehr zu sagen, was noch geschieht; denn was auf der Erde lebte, ist schon so ziemlich vernichtet: verschwemmt, verbrannt, verelektrisiert. Die Meteorsteine schießen zu Tausenden aus der Luft herab und entzünden, was noch von den Flammen verschont war. Die ganze Erde brennt kurze Zeitlang wie eine einzige Riesenleuchtkugel, dann ist der Sauerstoff der Luft verzehrt und es bleibt nur eine schwarze verrußte Masse übrig.

Jetzt kommt er! Der Boden erzittert unter den immer häufiger niederschmetternden Felsstücken; hoch in der Luft zeichnet sich eine riesenhafte Steinmasse ab, deren Aufglühen selbst durch den allgemeinen Dunst und Qualm noch hindurchleuchtet, und dann ein Krach, wie ihn das Weltall nur alle Jahrhunderte einmal hört, ein Tosen und Donnern, ein Bersten und Quellen, und mitten durch das alte Europa hindurch fährt er hinein, daß der Boden sich spaltet, die flüssige Lava hoch aufspritzt und der Erdball in zwei Hälften zerrissen wie eine Auster auseinanderklappt. Ein Stück von England ist hinübergequetscht nach Patagonien — das ist das letzte, was ich sah, dann verschwand alles im feurigen Brodem, der den Schauplatz des grausigen Schicksals nunmehr verhüllt. Auf dem unermeßlichen Rauchball aber sitzt Freund Apollyon und meckert äffische Schadenfreude. Na warte! Eben ist der alte Herr wach geworden. O Herr, schau hinab — von deiner ganzen Erde ist nichts übrig geblieben als ein Klumpen ausgesuchten Gestankes!

Der Herr, lächelnd: „Hat mein alter, treuer Wächter die zwei Flaschen auch nicht mehr vertragen können! Wach auf, Petrus, und träume kein dummes Zeug; dort hinten kommt gerade einer von den Menschen, die diese Kometenaffäre zum dreißigsten Male ausgeheckt haben. Den schickst du zur Strafe für seine Dummheit vorerst auf einige Jahrhunderte ins Fegefeuer!"

37.

Das Ende der Welt.

September 1890.

Es scheint, daß wieder einmal ein amerikanischer Reverend untrügliche Anzeichen für das bevorstehende Ende der Welt entdeckt hat; wenigstens wird auf dem Berliner Pflaster die harmlos einherwandelnde Menschheit mit einer Broschüre belästigt, welche den alten Unfug neu aufwärmt, — zum Zeichen dessen, daß wir mitten in unserer gerühmten Zivilisation die naiven Standpunkte des Wilden nie ganz überwinden. Glücklicherweise sind wir wenigstens so weit gekommen, daß derartige Offenbarungen kaum mehr eine durchgreifende Wirkung auf größere Schichten des Publikums haben werden. Daß ganze Gemeinden sich, wie es noch im vorigen Jahrhundert vorkam, auf den jüngsten Tag einrichten, indem sie ihr Hab und Gut verschlemmen und verwüsten, das mag noch etwa in Rußland geschehen, aber anderswo dürfte es schwerlich soweit kommen, wenn die Propheten auch noch so untrügliche Anhaltspunkte für sich aufzuführen wissen.

Die Alten waren in solchen Fragen viel vernünftiger als die Menschen des Mittelalters und als diejenigen Modernen, welche sich noch heute an die mittelalterliche Denkweise anklammern. Die klassischen Griechen hatten, wie keine eigentliche Schöpfungsgeschichte, so auch keine

Weltuntergangssage. Bei ihrem Anfang ist die Welt schon gegeben. Kronos und seine Söhne sind da, und die materielle Welt besteht neben ihnen, ohne daß man erfährt, woher sie gekommen; Venus steigt aus dem Meer, aber das Meer ist schon vorhanden; wann und wie die schönen Götter untergehen sollen, darüber ist nichts ausgesagt. Bekannt ist die Sage von dem Schiffer auf dem mittelländischen Meer, dem eine Stimme zurief: „Wenn du an den ionischen Inseln vorbeikommst, so sage, der große Pan sei gestorben". Sie klingt wie eine seltsame Ahnung, daß der jüngste Tag der klassischen Götter angebrochen sei, aber sie läßt nur den Gott zugrunde gehen und die übrige Welt bestehen. Ähnlicher Art ist auch der Gedankengang der griechischen Philosophen; Thales läßt die Welt aus dem Wasser entstehen, aber er setzt das Wasser voraus, ebenso seine Kollegen, welche das Feuer als den Urgrund des Seienden bezeichneten. Die Griechen haben eben, wie es scheint, eine ganz richtige Ahnung davon gehabt, daß das Dasein des Stoffs nicht zu erklären sei; was sie mit ihrer Urgeschichte erklären wollen, das ist nicht die Materie, sondern die Ordnung, besonders die sittliche Ordnung. Diese führen sie auf ihre Göttersage zurück, und damit begnügen sie sich. Dementsprechend haben sie auch keine Weltuntergangssage ausgebildet; sie sahen kein Ende der Ordnung in der Welt voraus.

In der nordgermanischen Göttersage wird der Anfang des Daseins gleichfalls im Dunkel gelassen. Der Weltbaum Yggdrasil existiert schon, als die Tätigkeit Odhins beginnt, und wie bei den Griechen, liefern die göttlichen Gewalten nicht den Stoff der Welt, sondern die Ordnung desselben. Aber im Gegensatz zu den

Hellenen hielten die Germanen ihre Ordnung nicht für endlos. Die Sünden der Menschheit häufen sich und wachsen, die Götter selbst werden schuldig, und darum müssen sie schließlich alle zugrunde gehen. Die Höllenmächte, der Fenriswolf und die Midgardschlange, reißen sich am Ende los und verschlingen Walhalla, wie die Erde. Aber der Weltuntergang ist kein endgültiger: auf den Trümmern der Erde und des Himmels erwächst ein neues Geschlecht von Menschen und Göttern, die in erneuter Unschuld ein verjüngtes, freudig reines Leben führen. Darin ist dieselbe Idee zu erkennen, welche sich bei den Griechen kundgibt: der Weltstoff bleibt, wenn auch die gegenwärtige Form desselben durch eine Katastrophe zu Ende gebracht wird. Die Materie und ihre Fähigkeit, Leben zu erzeugen, ist ein für allemal gegeben; nur die Art des Lebens kann sich ändern, und für eine bestimmte Art desselben wird ein plötzlicher, großartiger Untergang vorausgesagt.

Die Wissenschaft der Gegenwart kann aus diesen Gedanken etwas herausfühlen, was ihren eignen Anschauungen verwandt ist. Auch sie muß die Materie als dauernd gegeben ansehen, denn sie kennt keinen Prozeß, der imstande wäre, neuen Stoff zu schaffen oder vorhandenen zu vernichten. Die Anordnung und die Wirkungsfähigkeit der Materie aber sind veränderlich und gewisse kosmische Anordnungen können wohl einmal zu Schaden kommen. Die Physik lehrt, daß das Universum einem bestimmten Endzustande zustrebt: die in der Welt vorhandenen getrennten Massen vereinigen sich mehr und mehr durch Zusammenfallen, die chemisch getrennten Substanzen verbinden sich zu Produkten, die immer beständiger werden, die Bewegung (auch elektrische und Lichtbewegung) verwandelt sich immer mehr in Wärme, und die Wärme kann sich nur da in Bewegung zurückverwandeln, wo Temperaturverschiedenheiten gegeben sind. Die Temperaturverschiedenheiten in der Welt aber gleichen sich durch Leitung und Strahlung der Wärme immer mehr aus, werden also fortwährend kleiner, und die Rückverwandlung der Wärme wird demgemäß in steigendem Grade unmöglich. Die Welt strebt also nach einem Zustand, wo alle in ihr vorhandenen Massen zusammengestürzt sind, wo alle in ihr vorhandene gegenseitige Bewegung zu Wärme geworden ist und wo sie in allen Punkten dieselbe Temperatur besitzt. Erreicht sie diesen, so gibt es kein Rückwärts, keine Erneuerung der Gliederung, keine Mannigfaltigkeit mehr; es bleibt nur ein toter Klumpen, der sich um seine Achse dreht und überall gleich warm ist; an ihm kann sich nichts mehr ändern, also auch nichts mehr werden und leben. Aber wohlverstanden, die Welt strebt diesem Zustande zu, ohne daß sich behaupten ließe, sie werde ihn jemals erreichen; denn da die Größe der Welt keine Grenze hat, so hat auch die Zeit, in der ein solcher Zustand erreicht werden könnte, keine Grenze. Das Ende der Gesamtwelt liegt in unendlicher Ferne vor uns. Für uns, deren Daseinsdauer notwendig auf endliche Zeiträume begrenzt ist, hat es also eigentlich kein praktisches Interesse.

Wenn man aber so schlechthin vom Ende der Welt spricht, so meint man damit gewöhnlich nicht das Ende der Gesamtwelt, sondern das Ende der Bedingungen, unter denen die Menschheit ihr Dasein fristen kann. Das Ende der Welt wäre für uns schon da, wenn die Erde ein Ende nähme oder wenn sie auch nur unbewohnbar würde. Läßt sich über dieses Ende etwas Bestimmtes angeben?

Die Frage ist zu verneinen. Es sind allerdings dauernde Einflüsse vorhanden, welche die Zukunft unseres Planeten nach bestimmten Richtungen hin zu lenken streben. Nämlich:

1. Die Erde bewegt sich nicht in einem vollkommen leeren Raum, sondern die ganze Gegend der Welt, in der sie schwebt, enthält Meteorsteine, wahrscheinlich auch verdünnte Gase. Dadurch wird die Erde bei ihrer Drehung um die Sonne aufgehalten, ihre Umkreisungsgeschwindigkeit wird, wenn auch nur sehr wenig, vermindert. Es mag Millionen von Jahren dauern, ehe diese Verminderung bemerkbar wird, aber endlich muß sie eintreten. Wenn nun die Geschwindigkeit der Erde abnimmt, so gewinnt die Anziehungskraft der Sonne die Oberhand, die Erde besitzt nicht mehr die Schwungkraft, welche jener widersteht, und unser Weltkörper fällt in die Sonne.

2. Es fallen fortwährend Meteorsteine in die Sonne und es treten fortwährend Meteorsteine in den Raum zwischen Erde und Sonne ein. Dadurch nimmt die Masse, mit welcher die Sonne uns anzieht, fortwährend zu, also auch die Anziehung selbst, und dies hat wieder die Folge, daß die Erde schließlich in die Sonne stürzen muß. Ob die Massenzufuhr der Rede wert ist, ob sie Millionen oder Billionen von Jahren gebrauchen würde, um merkliche Wirkungen zu haben, das wissen wir nicht; ihr Betrag ist zurzeit nicht einmal schätzbar.

3. Die Sonne erzeugt auf der Erde Ebbe und Flut, und diese Erscheinung muß nach Rechnungen von

G. Darwin unter andern die Wirkung haben, daß die Erde sich allmählich, wenn auch sehr wenig, von der Sonne entfernt.

4. Die Sonne verliert fortwährend Wärme, kühlt sich also ab. Freilich wird sie auch durch einstürzende Meteorsteine gefüttert; aber erstens wissen wir nicht, ob diese Fütterung hinreichend groß ist, um ihre Strahlungsverluste zu ersetzen, und zweitens vermindern sich auch die Meteorsteine, die Verproviantierung der Sonne muß sich also auch einmal einem Ende nähern. Irgend einmal muß also die Sonne kälter werden und auf der Erde muß Vereisung eintreten.

5. Etwaige Zusammenstöße der Erde mit Planeten und Kometen sind kaum in Betracht zu ziehen. Trifft die Erde mit einem Kometen zusammen, so erleben wir nach allem, was bis jetzt bekannt ist, nichts weiter, als das Schauspiel eines großartigen Sternschnuppenfalls. Mit einem Planeten aber könnte sie nur zusammenstoßen, wenn die Einflüsse, welche die Erde selbst in die Sonne zu stürzen streben, mächtig genug geworden wären, um andere Planeten weit aus ihren gegenwärtigen Bahnen abzulenken. Das steht aber in eben so weitem Felde, wie der Sturz der Erde selbst in die Sonne.

Wie man sieht, handelt es sich hier um astronomische Möglichkeiten, zu deren Berechnung uns die ziffermäßigen Grundlagen fehlen. Zwei derselben weissagen uns einen feurigen Sturz in die Sonne, zwei aber ein Ende in der Kälte. Auf welcher Seite das Übergewicht liegt, läßt sich nicht sagen. Die astronomischen und meteorologischen Beobachtungen lassen weder erkennen, daß die Erde sich in 2000 Jahren der Sonne genähert, noch daß sie sich von ihr entfernt hat oder daß sie merklich kälter geworden ist. Die Erfahrung führt also zu dem Schluß, daß die Ursachen, welche unsere Erde nach einem bestimmten Ende hinzutreiben suchen, entweder einzeln äußerst geringfügige Wirkungen haben, oder daß sie auf Jahrtausende hin sehr genau kompensiert sind, oder daß beides zugleich der Fall ist. Und das letztere ist das wahrscheinlichste. Ein endgültiges Zugrundegehen des Erdenlebens liegt also jedenfalls noch so fern, daß wir uns keine bestimmte Vorstellung davon machen können. Und wir können auch nicht angeben, welche von den wirksamen Kräften dabei die Oberhand haben werden; ob die Sonne erlischt und alles Lebende bei uns erfroren ist, ehe die Erde in die Sonne fällt, oder ob dereinst noch lebende Exemplare unserer Nachkommen die Ehre haben werden, auf der stürzenden Erdkugel in die Sonne zu reiten, das muß vorläufig dahingestellt bleiben. Das erstere mag wohl das wahrscheinlichere sein, doch wollen wir die Möglichkeiten nicht näher abwägen, da im Grunde wenig darauf ankommt.

6. Endlich ist noch daran zu erinnern, daß die Erde in den letzten 500000 Jahren zwei sogenannte Eiszeiten durchgemacht hat. Es hat zwei, vielleicht auch noch mehr Zeitabschnitte gegeben, in denen ungeheure Eisanhäufungen auf ihrer Oberfläche eintraten. Die Schweiz z. B. sah damals etwa so aus, wie heutzutage Grönland; das ganze Tal zwischen den Berner Alpen und dem Jura war von einer Fortsetzung des Rhonegletschers erfüllt, und entsprechende Eisdecken überzogen die Umgebung aller größeren Gebirge. Man hat die Ursache dieser Eiszeiten in gewissen astronomischen Eigentümlichkeiten der Erdbewegung gesucht, auf die hier nicht

näher eingegangen werden kann. Ist die Vermutung richtig, so können wir nach etwa 200000 Jahren eine neue Eiszeit erleben. Und es ist allerdings anzunehmen, daß eine solche für die Menschheit einen schweren Notstand herbeiführen dürfte. Aber das organische Leben hat die beiden ersten Eiszeiten überdauert, es wird also auch voraussichtlich die etwa noch folgenden ertragen können. Und die Natur weiß sich in solchen Fällen zu helfen; sie ändert ihre Organismen ab und rüstet sie mit neuen Eigenschaften, mit neuen Waffen aus, vermöge deren sie aus den Notständen verfeinert und gekräftigt hervorgehen. Der Mensch aber hat der Not gegenüber eine Waffe von besonderer Dehnbarkeit, seinen Verstand, und es wird erst abzuwarten sein, wie weit er seine Hülfsmittel zu vervollkommen wissen wird, wenn erst die (nur mögliche) Schwierigkeit an ihn herantritt.

Wie man sieht, handelt es sich, wenn vom Ende der Welt, auch der bloß menschlichen Welt die Rede ist, nur um sehr unbestimmte, fernliegende Möglichkeiten. Wir müssen uns eben dahin bescheiden, daß die Menschheit als ganzes mit ihren Daseinsbedingungen auf ebensowenig sicher erkennbarem Boden steht wie der einzelne. Auch der einzelne weiß nicht bestimmt, ob morgen noch die Sonne für ihn aufgehen wird, und doch lebt er verhältnismäßig ruhig dem heutigen Tage. So mag die Menschheit sich wissenschaftlich mit Vermutungen über ihr Ende beschäftigen, praktisch aber sich mit der Erkenntnis begnügen, daß dies Ende für sie zurzeit noch keine Bedeutung hat. Bis es in absehbare Ferne rückt, soll sie unbefangen ihre Schuldigkeit tun. Mir fällt dabei der Hodscha Nasreddin, der türkische Eulenspiegel ein. Den fragten eines Tages seine Schüler: Meister, wann geht das Ende der Welt los? Er antwortete mit der Gegenfrage: „Welches Ende der Welt?“ Sie sagten verwundert: Nun, Meister, wie viel Enden der Welt gibt es denn? Da erwiderte er: „Zwei. Wenn meine Frau stirbt, ist das kleine, und wenn ich sterbe, das große.“ Es steckt viel Lebensweisheit in dem Witz.

38.

Der Mann im Monde und Verwandtes.

November 1889.

Die Nacht erscheint dem naiven Menschen wie ein Abbild des Nichts, des verschlingenden aber auch des gebärenden Nichts; sie ist das Ende des Tages, aber sie ist auch seine Mutter. Darum tritt sie in so vielen Zeitrechnungen als Anfang des 24 stündigen Zeitraumes auf, den wir „Tagnacht" nennen würden, wenn wir das Wort hätten. Bekanntlich beginnt der biblische Tag mit dem Abend; auch in der nordischen Sage, z. B. in der Edda, geht die Nacht dem Tage voran. Spuren der alten Rechnung finden sich bei den modernen Völkern bis in Zeiten, die nicht weit zurückliegen. Noch im 16. Jahrhundert befahlen die französischen Gerichte den Angeklagten zu erscheinen „dedans quatorze nuits"; die Engländer haben noch heute die Benennung „fortnight", vierzehn Nächte, für unsere „vierzehn Tage"; aus dem deutschen Sprachgebrauch ist das Zählen nach Nächten ziemlich vollständig verschwunden; aber wir haben in Norddeutschland noch die zwölf „Nächte" der Weihnachtszeit, in denen Julklapp geworfen wird. Jul war ja auch ursprünglich das Fest der Wintersonnenwende, der längsten Nacht, aus der die längern Tage und der Frühling hervorgehen.

Ist die Nacht an sich schon dem Menschen auf der ersten Bildungsstufe ein Gegenstand halb des Schauers, halb der Verehrung, so mußten ihre Gestirne ihn ganz besonders zur Mythenbildung reizen; denn wenn auch bei Tage Wichtigeres am Himmel geschieht, bei Nacht ist mehr und Wundersameres zu schauen. Sieht man von den Sonnenfinsternissen ab, die jedem Naturmenschen den Eindruck der Furchtbarkeit machen müssen, die aber dafür auch verhältnismäßig selten sind, so ist die Erscheinung der Sonne bei aller Wohltätigkeit doch ziemlich eintönig; der Mond mit seiner schnellen Stellungsänderung und seinem auffallenden Größenwechsel ist viel mannigfaltiger und rätselhafter; er fordert den Mythus geradezu heraus. Gewiß haben schon vor Zehntausenden von Jahren, als der Kampf mit dem Mammuth und dem grimmen Schelch ihnen noch das Leben sauer machte, die Menschlein in stillen Nächten ihre ruhigen Augenblicke dazu benutzt, Sagen über das Vergehen und Wiedererstehen des Mondes zu erfinden und dieselben ihren Kindern als religiöses Vermächtnis zu hinterlassen. So finden wir denn eine reiche Sammlung darauf bezüglicher Legenden, wenn wir die Berichte von verschiedenen Völkern ansehen.

Die alten Peruaner ließen den Mond während der drei Tage, wo er unsichtbar ist, sterben. Die Khasier des nordwestlichen Indiens glaubten, daß die Sonne den Mond verbrenne. Mehrere Völker fassen das Verhältnis von Sonne und Mond als ein eheliches mit der zugehörigen Abwechslung von Liebe und Zank auf; der Mond ist dabei wegen seiner geringern Stärke der weibliche Teil, er setzt seinen Willen durch und herrscht vierzehn Tage lang immer ausschließlicher am nächtlichen Himmel, aber am Ende muß er doch zur Sonne zurückkehren und wird von dieser bestraft. Bei den alten Slaven war der Mond seinem Gemahl untreu geworden und deshalb verurteilt, am Himmel umherzuirren. Diejenigen Völker, in deren Schöpfungsgeschichte die Tierwelt eine hervorragende Rolle spielt, schreiben den Tieren auch beim Monde eine solche zu; nach dem Glauben der Dakota-Indiander z. B. wird der abnehmende Mond von kleinen Mäusen angenagt. Die Polynesier ließen die Geister der Toten sich von ihm nähren. Die Hottentotten nehmen an, der Mond leide an Kopfschmerzen; werden sie zu arg, so bedeckt er seinen Kopf mit der Hand und verbirgt ihn so vor unsern Blicken. Sehr echt ist die Auffassung der Eskimos; wenn der Mond drei Wochen lang seinen Lauf ausgeführt hat, so ist er müde und hungrig, sehr hungrig; deshalb zieht er sich zurück und nährt sich, nährt sich wie ein Eskimo, der genug zu essen hat, so daß er vierzehn Tage lang zusehends dicker wird.

Der Gedanke, daß die alten Monde verwendet werden, um kleine Sterne daraus entstehen zu lassen, liegt eigentlich sehr nahe, scheint aber überall mehr Sache der Kinderfabel zu sein. Im türkischen Volksbuch Hodja Nasreddin z. B. wird er verspottet. Bei den Kindern aber wird er wohl unsterblich sein. Ich habe einmal eine Beratung meiner eigenen Sprößlinge über die Frage: „Wie macht der liebe Gott die Sternchen?" belauscht; sie kamen richtig zu dem Schluß: „Er schlägt die alten Monde in Stückchen, und das werden die Sterne." Die Auffassung kann also noch heute alle Tage aufgefrischt werden.

Die sehr auffallenden Flecken des Mondes werden in verschiedener Weise als Bilder irdischer Gegenstände gedeutet. Im ganzen östlichen Asien sehen die Leute in ihnen ein Kaninchen oder einen Hasen; die Chinesen insbesondere sehen einen Hasen, der auf seinem Hinterteil sitzt und in einem Mörser Reis stößt. Die Siamesen erkennen zum Teil im Monde gleichfalls einen Hasen, zum Teil aber einen Mann und eine Frau, welche das Feld beackern. Die nordamerikanischen Indianer sehen merkwürdigerweise gleichfalls ein Nagetier; auf alten Denkmälern Mittelamerikas erscheint der Mond als ein Krug oder als eine Muschel, aus der ein kaninchenähnliches Tier hervorspringt. Im Süden Amerikas dagegen erblickt man eine menschliche Gestalt; die Inkas erzählen, daß ein Mädchen sich in den Mond verliebte, zu ihm emporsprang und von ihm festgehalten wurde. Die Samoainsulaner erkennen eine Frau mit ihrem Kinde, viele andere Völker des Südens sehen eine menschliche Gestalt, meistens eine alte Frau, die spinnt oder Lasten trägt. Die Eskimos haben wieder eine gut eskimotische Ansicht für sich: eines Tages verfolgte Aninga, der Mond, seine Schwester, die Sonne; als er sie aber erreicht hatte, drehte die Sonne sich um und schmierte ihm das Gesicht voll Ruß, von welcher Überraschung er noch heute die Spuren trägt. Die oben erwähnten Khasier, welche das allmonatliche Verschwinden des Mondes als Verbranntwerden deuten, haben die Flecken mit diesem Vorgang in Verbindung gebracht; sie erklären dieselben für Aschenreste. Unsere nordischen Vorfahren hatten eine eigene Legende; nach der Edda hat der Mond einst zwei Kinder entführt, als sie vom Wasser kamen und einen Krug trugen; man sieht sie noch mit ihrem Kruge.

Und bei uns? Aus Deutschland sind mir nur zwei Auffassungen persönlich bekannt. Die eine haben wir

Rheinländer als Kinder gehabt; sie sieht in den Flecken einfach ein Gesicht. In Übereinstimmung damit steht das alte Märchen, welches den Trunkenbold seine glühende Nase an der Mondscheibe kühlen läßt, „daß es zischte" und daß der Abdruck seines Gesichts für immer am Monde hängen blieb. Ich gestehe, daß es mir noch heute leicht wird, die Mondscheibe als Gesicht zu fassen, während ich verwickeltere Figuren nicht in ihr sehen kann. Auch Mühlers Kneiplied „Was für ein schief Gesicht, Mond, machst denn du?" geht offenbar von derselben Auffassung aus. Daneben aber findet sich eine zweite, und auch ihr entspricht ein (süd)deutsches Märchen; ein Bauer, der Sonntags gearbeitet hat, ist mit seinem Holzbündel und seiner Laterne in den Mond versetzt.

In Frankreich sind sehr mannigfache Anschauungen verbreitet. Am seltensten ist das einfache Gesicht, und dann ist es die Physiognomie des Judas Ischarioth, die sich am Himmel verewigt hat. Nebenher kommt auch derselbe Judas in ganzer Figur vor, wie er sich an einem Hollunderbaum erhängt hat. Am verbreitetsten sind Bauern, die zur Strafe für eine ländliche Untat in den Mond versetzt wurden: Johann, der Rübendieb, der einen Schubkarren voll gestohlener Rüben vor sich herfährt; ein Bauer, der Sonntags ausging, um seinen Acker einzuzäunen und der mit seinem Bund Knüppelholz dafür büßen muß; ein Jäger und sein Hund; ein Hirt, der seine Ziege neben einer Dornhecke melkt usw. Ein Zusammenhang zwischen diesen französischen Figuren und den süddeutschen ist offenbar vorhanden. Merkwürdig ist die Rolle, welche das Bündel Holz dabei spielt: wo man einen Franzosen fragt, was er als Kind im Monde gesehen habe, fast immer schließt die Beschreibung „avec un fagot de bois". Das muß wohl einen Grund haben; sollte er darin liegen, daß einzelnen sehr scharfen Augen gewisse Unebenheiten der Mondoberfläche, die man schon mit dem schwächsten Operngucker wahrnimmt, als kritzelige Linien sichtbar werden? Bemerkenswert ist auch, daß der Mond in allen französischen Auffassungen als Strafstation gilt; alle die Männer mit dem Holzbündel, welche auf ihm erscheinen, sind zur Sühne einer bösen Tat dorthin versetzt, und von manchen sagen die Kinder ausdrücklich, daß sie frieren müssen.

Zur Ergänzung mag noch bemerkt werden, daß unsere südlichen Bildungsvorfahren, die Griechen, im Monde das Antlitz einer Jungfrau erblickten; ihre Dianagestalt hängt offenbar damit zusammen.

Wir kommen schließlich zu den Mondfinsternissen. Sie wirken nicht so schauerlich wie die Sonnenfinsternisse, aber sie sind dafür viel öfter, weil auf weiterm Gebiete sichtbar. Partielle Sonnenfinsternisse gehen an Naturvölkern gewiß oft unbemerkt vorüber, weil man überhaupt nicht leicht in die Sonne sieht; totale sind nur auf einem ziemlich schmalen Strich total, eine Mondfinsternis aber wird jedesmal der ganzen Erdhälfte sichtbar, für welche das Gestirn über dem Horizont steht. Sie mußten daher sehr auffallen. Und wenn wir uns nun in die Lage eines völlig unwissenden Menschen versetzen, der darauf angewiesen ist, einen so merkwürdigen Vorgang legendenmäßig zu deuten, so können wir ihm ganz wohl nachfühlen, daß er im Grunde nur eine Erklärung haben konnte: der Mond wird von irgend einem himmlischen Ungeheuer verschlungen. Das ist denn auch die am weitesten verbreitete Vorstellung; nebenher läuft noch eine zweite: der Mond ist krank, ohnmächtig; er kann sich nicht mehr halten und läuft Gefahr, auf die Erde herabzufallen. Die erste geht von den Indianern und Javanesen bis zu den Griechen und Nordländern. Bald ist es ein Dämon, bald ein Drache, bald, z. B. in der altdeutschen Sage, ein Wolf, der den Mond verschlingt. Und das Mittel, mit welchem man den Schreck zu bannen suchte, ist allüberall dasselbe, Lärm, um das Untier zu verscheuchen, oder auch Lärm, um dem Monde selbst klar zu machen, daß er sich ermannen und lieber den Sturz auf die Erde vermeiden soll. Plato und Plinius berichten, daß man bei ihren Landsleuten während der Finsternisse großen Lärm machte. Die Christen selbst läuteten ihre Glocken bis ins Mittelalter hinein nicht bloß bei Gewittern, sondern auch bei Finsternissen, um die bösen Geister und „Phantasmata" zu verjagen, welche die Welt verdunkelten. Alle Wilden ohne Ausnahme greifen zur Pauke und zum Kessel, kneifen auch ihre Hunde in die Ohren, daß sie schreien, wenn eine Finsternis eintritt. In China, wo derartige Ereignisse schon vor 4000 Jahren von den Astronomen vorhergesagt wurden, bereitete sich der Hof durch Fasten und geistliche Exerzitien auf sie vor, und wenn der Zeitpunkt gekommen war, griff Seine Majestät der Sohn des Himmels selbst zum Trommelschlägel und schlug „den Wirbel der Gewalt auf der Trommel des Donners." Wir brauchen aber gar nicht so weit zu gehen; in der Türkei steigen noch heute, wenn eine Mondfinsternis eintritt, die Männer auf die Dächer und schießen mit s c h a r f g e l a d e n e n Revolvern, „um den Drachen zu verscheuchen", vielleicht gar, um ihn zu treffen.

39.

Tornados.

September 1890.

Im laufenden Sommer haben zerstörende Luftwirbel in Europa mehrfach von sich reden gemacht, und einige derselben scheinen fast die Heftigkeit der amerikanischen Tornados erreicht zu haben; da mag es von Interesse sein, einiges über die letztern Beobachtete zusammenzustellen.

In den achtziger Jahren sind Tornados wiederholt aus einer Entfernung von wenigen Kilometern photographiert worden; das Bild sieht dem allbekannten einer Windhose durchaus ähnlich: aus einer dunklen Wolke hängt eine Dunstsäule wie ein Elefantenrüssel herab; die Säule ist oben dicker als unten, also trichterförmig; vor und hinter, besonders aber vor ihr, sieht man eine mächtige Staubwolke aufsteigen; wo die Spitze des Rüssels den Boden berührt, da gehen die zerstörenden Sturmwirkungen vor sich.

Tornados kommen in der Regel in der heißen Jahreszeit vor, und zwar bei warmer, verhältnismäßig ruhiger Luft, während im Nordwesten, etwa 300 bis 600 km entfernt, ein größeres Sturmzentrum vorüberzieht. Die Tornados bilden sich also als Anhängsel einer großen Zone von schlechtem Wetter, ungefähr südöstlich von ihrer Mitte und in einem Teil der Zone, der an der allgemeinen Störung im ganzen weniger beteiligt ist. „The dangerous octant", der gefährliche Octant heißt dieses Viertel der Sturmzone bei den Amerikanern. In dem ganzen Octanten sind Gewitter häufig, und an einzelnen Stellen desselben entstehen die Tornados als schärfst ausgesprochene lokale Erscheinungen. Sie bewegen sich, d. h. der ganze oben beschriebene Elefantenrüssel zieht über die Erde hin, mit einer meist bedeutenden Geschwindigkeit. Die Strecke, welche sie in einer Stunde zurücklegen, beträgt selten weniger als 50 oder 60, manchmal über 100 km, und diese Eigentümlichkeit ist ein Glück für die Betroffenen, denn sie macht, daß der Rüssel an jeder einzelnen Stelle nur kurze Zeit, höchstens einige Minuten, verweilt; bliebe er länger auf demselben Fleck in Tätigkeit, so würde ihm nichts widerstehen. Der Tornado schreitet fast ausnahmslos von Südwesten nach Nordosten fort, und selten allein; in einer Region, welche die für ihre Entwicklung günstigen Bedingungen darbietet, ziehen gewöhnlich mehrere unabhängig voneinander ihre verderblichen Streifen, sämtlich parallel und getrennt durch Zwischenräume, in denen normales Wetter herrscht. Sie kommen am liebsten nachmittags, dehnen ihr Auftreten aber auch bis die späten Abendstunden aus.

Versetzen wir uns nun einmal an die Stelle derjenigen, die von der verderblichen Wetterhose überfallen werden. Schwüle, drückende Luft, Gewitterstimmung. Mit einem Mal nimmt der Himmel im Südwesten eine seltsame, drohende, grünliche Färbung an. Dunkle, drohende Wolken liegen im Westen. Auffallend häufig ist in den Beschreibungen der Betroffenen davon die Rede, daß zwei dunkle Wolken, eine von Süden, die andere mehr aus nördlicher Richtung heranschossen, und daß, als sie zusammentrafen, der Schrecken seinen Anfang nahm. Ebenso auffallend ist, daß die rüsselförmige Dunstsäule trotz ihrer charakteristischen Form meist nicht von weitem gesehen wird, sondern erst in dem Augenblick, wo sie den Opfern unmittelbar auf den Kopf kommt. Beides findet wahrscheinlich seine einfache Erklärung in der kolossalen Staub- und Trümmerwolke, welche dem Tornado vorangeht; sie verhüllt den Rüssel und den mittlern Teil der ihn tragenden Wolke, die Bedrohten sehen also nicht den eigentlichen Tornado und sehen von der Wolke nur zwei durch die Staubwand getrennte Hälften, die erst in dem Augenblick zu einer einzigen Wolke verschmelzen, wo der Staub durch den Tornado selbst ersetzt wird.

Ein unbeschreibliches Geräusch verkündet nun, daß dieser seinen Einzug hält. Die Amerikaner erschöpfen alle Bilder, um es darzustellen: Wie das Brüllen von Millionen wütender Stiere, wie das Rauschen und Rasseln unzähliger Eisenbahnzüge, wie Donner und Geschützrollen soll es klingen; auch von Saint Claude wird über den ungeheuren Lärm des dortigen Wirbelsturmes berichtet. Manche Meteorologen, Hazen an der Spitze, zweifeln nicht daran, daß dieses Geräusch elektrischen Ursprungs, eine Art von unaufhörlichem Donner sei; indessen, wer beobachtet hat, wie ganz kleine Windhosen von 30 cm Durchmesser da, wo sie die Erde berühren, schon ein auffallend lautes Schnarchen hervorbringen können, der wird geneigt sein, anzunehmen, daß wenigstens ein guter Teil des Lärms auf Rechnung der wilden und unregelmäßigen Luftbewegung bezw. ihres Zusammenpralls mit der Erdoberfläche zu setzen ist.

Dem warnenden Schall folgt alsbald die Wetterhose selbst. Wild rast die Spitze des Rüssels auf dem Boden umher, mit unglaublicher Wut bewegt sich die Luft, wenige Minuten lang ist alles Finsternis, Sturm, ein wahnsinniges Wirbeln und Tosen, dann ist es vorüber; gleich darauf hat man den blauen Himmel über sich, man sieht im Nordosten die verderbliche Wolke abziehen, und der Schaden ist geschehen.

Gewöhnlich erstreckt sich die Breite des vom Tornado in voller Kraft bestrichenen Streifens auf etwa 60 bis 100 Meter, in einzelnen Fällen auf 300, fast nie auf mehr. Auf dieser Strecke widersteht, wenn die Erscheinung zu ganzer Großartigkeit entwickelt war, kein Baum, kein Haus, kein menschliches Bauwerk. Eiserne Brücken werden aufgehoben und verbogen, schwer beladene Karren wie Kinderspielzeug fortgeblasen, Häuser fallen nicht bloß ein, sondern explodieren zuweilen förmlich, so daß die Wände nach außen stürzen. Auch die weniger starken Tornados liefern immer noch erhebliche Zahlen von umgeworfenen Bäumen, abgetragenen Dächern usw. Ein eigentümliches Ergebnis, welches recht häufig in den amerikanischen Berichten wiederkehrt, ist, daß den Hühnern sämtliche Federn vom Leibe geblasen werden. „Die Tatsache ist unzweifelhaft richtig", sagt Hazen in seiner Zusammenfassung, und die amerikanischen Meteorologen haben sich bereits Mühe gegeben, sie künstlich nachzumachen. Loomis hat sogar ein frisch geschlachtetes Huhn in eine Kanone geladen und mit schwacher Ladung abgefeuert; die Federn fielen allerdings ab, aber das ganze Huhn ging in Stücke, während bei der Wirkung der natürlichen Stürme die Tiere am Leben bleiben; man hat alte Hähne tagelang ohne eine Feder auf dem

Rücken umherlaufen und krähen sehen. Das Merkwürdige an der Sache liegt wohl überhaupt nicht darin, daß der Wind die Federn fortreißt, sondern darin, daß er das Huhn nicht zugleich mitnimmt, und die Erklärung hierfür dürfte wohl eher in den Eigenheiten der Hühner als in denen des Windes zu suchen sein.

Wie schnell sich die Luft im Tornado bewegt, das ist schwer zu schätzen, jedenfalls ist ihre Gewalt ungeheuer. Vielleicht das zuverlässigste Beispiel, d. h. dasjenige, welches sich am ersten in bestimmten Zahlen ausdrücken läßt, hat der Tornado vom 9. August 1878 zu Wallingford in Connecticut geliefert. Dort blies die Luft auf dem Kirchhofe einige Grabsteine glatt von ihrem Piedestal, ohne das letztere zu beschädigen; der dazu erforderliche Druck läßt auf eine Geschwindigkeit von über 100 Metern in der Sekunde schließen. Selbstverständlich werden, wenn eine Luftmasse plötzlich in Bewegungen von dieser Schnelligkeit gezogen wird, im Innern derselben mancherlei Unregelmäßigkeiten auftreten; es können also in einem und demselben Tornado recht verschiedene Geschwindigkeiten vorkommen.

Starke elektrische Erscheinungen scheinen fast ausnahmslos mit dem Tornado verbunden zu sein. Man sieht Blitze, ein Teil des Geräusches ist vielleicht auf Donner zurückzuführen, nicht selten haben die Berichterstatter die ganze Tornadosäule leuchten sehen, selbst am Tage.

Der Verlust an Menschenleben, den die Tornados bis jetzt herbeigeführt haben, ist im Verhältnis zu der Furchtbarkeit ihrer Gesamterscheinung auffallend gering; man rechnet im Durchschnitt einen getöteten Menschen auf den Tornado. Diese Statistik beruht aber zum Teil auf Beobachtungen aus einer Zeit, wo der mittlere Teil von Nordamerika noch wenig bevölkert war, und sie dürfte sich mit der Zeit zum Ungünstigen ändern;*) es ist offenbar nicht gleichgültig für die Wirkungen einer Naturerscheinung, ob die Städte auf ihrem Wege 10 oder 300 Meilen weit auseinander liegen.

Wie bewegt sich nun aber die Luft in dem eigentlichen Tornàdo, in dem oben mehrfach genannten Rüssel? Das ist die schwierige Frage, die noch lange nicht für sicher gelöst gelten kann. Direkte Beobachtungen darüber sind nur in geringer Zahl und in noch geringerer Zuverlässigkeit vorhanden; ein Mensch inmitten der wildesten Zerstörung, dem sein Dach zusammenbricht, oder der selbst vom Sturm davongetragen wird, ist eben nicht in der Lage, genau zu beobachten, sondern denkt nur daran, sich nach Möglichkeit gegen die Schrecken des Augenblicks zu schützen, — wenn er einen Halt findet. Einige der Betroffenen geben allerdings an, die Luft habe im Kreise gewirbelt, rechts herum sagt die kleinere, links herum die größere Zahl der Zeugen. Es ist ganz wohl möglich, daß verschiedene Tornados in verschiedener Richtung wirbeln, und daß hierauf der Widerspruch der Zeugnisse beruht. Andere Anhaltspunkte liefert die Betrachtung der Trümmer, namentlich der umgeworfenen Bäume, welche der Zerstörer hinter sich zurückläßt. In einzelnen Fällen wurden Bäume mit den Wurzeln ausgerissen und hinterließen eine Spur auf dem ganzen Wege, über den sie geschleppt waren; diese Spur zeigt einigemal deutlich an, daß der Baum im Kreise herumgetragen ward, sie deutet also auf

*) Das ist inzwischen geschehen (1905).

Wirbelbewegung. Ganz zu verachten ist auch wohl nicht die gesammelte Volksbeobachtung, welche sich in dem Namen Tornado, Drehsturm ausspricht; auch sie weist darauf hin, daß die Namengeber an die Drehbewegung des Windes glaubten; ferner ist die Bildung einer festbegrenzten Luftbewegung in Form eines Rüssels physikalisch kaum denkbar ohne die Annahme, daß der Inhalt des Rüssels in rotierender Bewegung sei. Man wird also wohl die alte Annahme, der Tornado sei ein Drehsturm, für die wahrscheinlichste halten müssen, ohne sich zu verhehlen, daß es zurzeit noch an ausreichenden Erfahrungszeugnissen dafür fehlt.

Nun aber sind noch zwei grundverschiedene Möglichkeiten vorhanden: erstens kann der Tornado ein saugender, zweitens kann er ein blasender Wirbel sein. Im ersten Falle strömt die Luft von allen Seiten in den Tornado hinein, immer schneller, je näher sie ihm kommt, um in seinem Innern mit rasender Geschwindigkeit umherzuwirbeln und dann nach der einzigen Richtung, welche ihr offen steht, nach oben, abzuströmen; der Tornado enthält also eine aufsteigende Luftsäule und schlürft am Boden die Gegenstände ein. Im zweiten Falle stürzt die Luft mit kolossaler Heftigkeit im Tornado herab und bläst unten aus ihm nach allen Seiten, am meisten aber nach vorn, wo die innere Geschwindigkeit des Wirbels sich zu der Schnelligkeit seines Fortschreitens addiert.

Daß die Tornados Gegenstände vom Boden aufheben und oft kilometerweit forttragen, ehe sie sie fallen lassen, ist früher immer als Beweis für ihre saugende Natur angesehen worden; indessen ein blasender Wirbel, der mächtig vom Boden abprallt, kann das auch; die riesige Staub- und Trümmerwolke, welche den Tornado namentlich an seiner Vorderseite begleitet, sieht eher nach Blasen als nach Saugen aus. Doch ist anderseits nicht zu leugnen, daß auch ein saugender Wirbel, der voll unregelmäßiger Luftstöße ist, eine solche Staubwolke hervorbringen kann. Als einigermaßen sicher kann nur das Zeugnis der umgeworfenen Bäume gelten, und auch das ist nicht so eindeutig, wie es auf den ersten Blick aussieht.

Geht z. B. ein Wirbel über einen Baum fort, so wird derselbe zweimal angegriffen; der vordere Teil des Wirbels zerrt ihn nach links, der hintere nach rechts, und es wird oft schwer zu sagen sein, welche von beiden Wirkungen ihm seine endgültige Lage gegeben hat bezw. wie sie zusammengewirkt haben. Im allgemeinen aber wird man annehmen dürfeu, daß der zweite Angriff das meiste für die schließliche Lage der Trümmer tut, und dann ergibt sich ein einfaches Kennzeichen: saugt der Wirbel, so liegen die Bäume mit den Wipfeln nach innen, bläst er, so liegen die Wipfel nach außen; im ersten Fall zeigen sie nach der Bahn hin, welche der Tornado genommen hat, bezw. hinter ihm her; im zweiten muß das Umgekehrte eintreten.

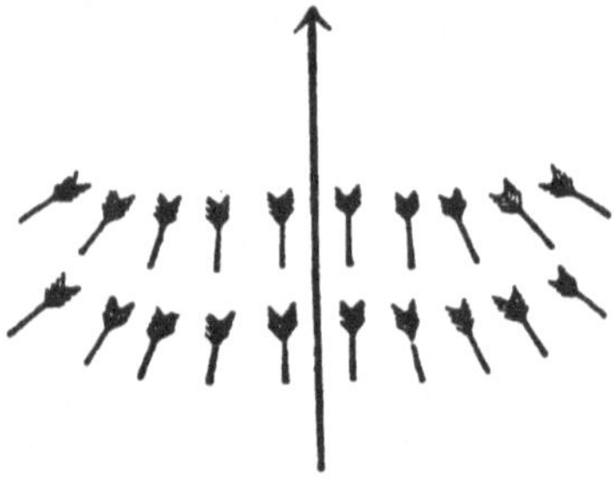

Es gibt nun eine große Anzahl von Zeichnungen über die Lage der umgeworfenen Bäume; eine der deutlichsten, welche mir bekannt geworden, rührt von Hazen selbst her und gibt die Lage der Bäume in einem Baumgarten, über welchen der obengenannte Tornado von Wallingford hingegangen war. Der Pfeil weist nach der Richtung, in welcher der Tornado fortschritt.

Man sieht, alle Bäume drehen ihre Wipfel nach der Bahn hin, und die mittlern zeigen hinter dem Tornado her; sie sind offenbar umgesogen, nicht nach außen umgeblasen worden. Denselben Charakter haben die Zeichnungen anderer Beobachter; immer liegen die äußern Bäume so, daß sie ihren Kopf der Mitte zuwenden, und aus diesem, dem zuverlässigsten Zeugnis, folgt dann, daß der Tornado saugt, daß er also ein von unten nach oben gehender Wirbel ist. Bei dieser Auffassung, die auch schon vor 18 Jahren von Reye physikalisch wahrscheinlich gemacht wurde, wird man wohl zunächst stehen bleiben müssen.

Aber es ist noch lange nicht alles deutlich an den Wetterhosen, und wenn sie sich in etwas kleinerm Maßstabe bei uns wiederholen sollten, könnten gebildete Beobachter sich durch unbefangene, ungeschminkte Feststellung der Tatsachen ein Verdienst erwerben. Die Frage, ob eine Wirbelbewegung wirklich gesehen (nicht erschlossen) worden ist, die Lage der Trümmer, die Stärke der Zerstörung zu beiden Seiten der Bahn, und ganz besonders das Aussehen der Stelle, wo die Wetterhose den Boden zum erstenmal berührt hat, wären dabei von Interesse.

40.

Das Verwittern öffentlicher Denkmäler.

März 1889.

Denkmäler von Stein und Metall, welche der freien Luft ausgesetzt sind, leiden bekanntlich mit der Zeit, und zwar bei uns unverhältnismäßig viel schneller als in südlichen Ländern. Die granitnen Obelisken Ägyptens stehen in ihrer Heimat noch heute fast so da, wie sie aus der Hand des Steinmetzen hervorgingen, wenn nicht der Vandalismus ihnen mitgespielt hat; ihre Brüder, die seit ein paar Jahrhunderten in Rom aufgestellt sind, haben sich in ziemlich unversehrter Scharfkantigkeit erhalten; aber von dem, der auf dem Pariser Eintrachtsplatze steht, rieselt jetzt schon alljährlich eine recht meßbare Menge feinen Staubes herab, zum Zeichen, daß seine Oberfläche ihren Zusammenhang verliert. Hundert Jahre in Frankreich schaden ihm mehr als dreitausend am Nil. Schlimmer noch als in Paris steht es um die Denkmäler in Berlin und London. Das bequemste Beobachtungsfeld für Studien über die Haltbarkeit der Steine liefern die Kirchhöfe, einfach weil die dort stehenden Denkmäler fast ohne Ausnahme datiert sind und weil sich viele unter ihnen befinden, die, einmal hingestellt, nach 30 bis 40 Jahren keiner Reparatur mehr unterzogen werden. Auf dem alten Dorotheenstädtischen Kirchhof in Berlin fand ich keine Marmorgrabsteine aus dem Anfang dieses Jahrhunderts, wohl aber solche von Eisen und Sandstein. Ein Teil derselben trägt unverkennbare Spuren nachträglicher Erneuerung und dauernder Pflege. Diejenigen, bei denen das nicht der Fall ist, zeigen folgendes Verhalten. Eiserne Kreuze sind schon nach 30 bis 40 Jahren mit einer dicken, etwas krümeligen Rostschicht überzogen, die ungefähr so aussieht, als ob man den Rost künstlich mit einem Klebemittel aufgetragen hätte. War das Eisen ursprünglich lackiert, so hebt der Rost den Lack allmählich ab, so daß man Reste des letztern in Form kleiner Schuppen obenauf sitzen sieht. Wo Buchstaben in Relief über die Oberfläche hervorragen, da entwickelt sich der Rost in den einspringenden Kanten besonders stark, kriecht auch, wenn die Buchstaben, wie häufig, vergoldet waren, unter die Vergoldung und hebt diese ab. Nach etwa 50 Jahren unterscheidet sich infolgedessen die Schrift in der Farbe oft nicht mehr merklich vom Hintergrunde, ihre Kanten verlieren zugleich durch den Rost an Schärfe, doch bleibt sie noch lange nachher lesbar. Sandsteindenkmäler zeigen nach etwa 30 Jahren einzelne kleine Rauhigkeiten; bei denen vom Jahre 1840 sieht man schon deutliche kleine Löcher und längliche Risse, deren Tiefe und Breite vorläufig noch nach Millimetern zählt. Bei Steinen aus den Jahren 1820 bis 30 sind diese Beschädigungen schon bedeutend größer, ganze Stücke von Talergröße blättern sich ab und hinterlassen Löcher von etwa 4 mm Tiefe; doch kann man noch bemerken, daß eingeschnittene Buchstaben, die mit schwarzer Ölfarbe angestrichen waren, sich scharf erhalten — sie scheinen durch den Anstrich widerstandsfähiger geworden zu sein. Die ältesten Steine, welche ich fand, datieren aus den Jahren 1815 bis 1818; bei ihnen ist das Ausspringen von Stücken so weit vorgeschritten, daß die Oberfläche große zusammenhängende Wunden darbietet und daß die Buchstaben sehr in Mitleidenschaft gezogen sind. In weitern zehn Jahren wird die ganze ursprüngliche Oberfläche dieser Steine abgeschält und von den Buchstaben nichts mehr zu lesen sein.

Ganz ähnlich hat man in London beobachtet, daß Sandsteinoberflächen in der dortigen Atmosphäre in 60 bis 80, marmorne in 80 bis 100 Jahren zugrunde gehen.

Man schob diese Erscheinung früher auf das kalte, feuchte Klima des Nordens, und man hatte damit zum Teil auch unzweifelhaft recht. Feuchtigkeit und Kälte allein genügen, um porösem Gestein den Garaus zu machen. Bei Sand- oder Backstein z. B. dringt Regen-, Schnee- und Tauwasser in die Poren ein. Dieses Wasser an sich kann schon in etwa lösend auf den Kitt wirken, welcher die Teilchen des Steines zusammenhält,. und kann seine Festigkeit dadurch verringern. Tritt nun aber ein Frost ein, während der Stein sich voll Feuchtigkeit gesogen hat, so gefriert das Wasser zuerst an der Oberfläche desselben, stopft also die Poren von außen her zu. Dringt die Kälte nun tiefer ein, so gefriert auch das innere Wasser, dehnt sich, wie alles Wasser, beim Gefrieren aus und sprengt somit die Oberfläche ab. Dieser Prozeß wiederholt sich von Jahr zu Jahr; jedes neue Gefrieren schafft neue und größere Ritzen, in welche das Wasser eindringt, um immer mehr Unheil anzurichten, und dadurch nimmt das, was anfangs in unmeßbar kleinen Verhältnissen vor sich ging, allmählich so großen Maßstab an, daß die Zerstörung jedem Auge deutlich wird.

Das ist, was die Techniker das „Auseisen" der Steine nennen. Es ist im kleinen an unsern Denkmälern derselbe Vorgang, der von den Alpenhäuptern jeden Morgen viele Zentner losgefrorener Felsstücke herabschafft. Aber es trifft in merklichem Maßstab doch nur die Stoffe, welche von vornherein porös genug sind, um meßbare Wassermengen in ihr Gefüge aufzunehmen. Polierter Marmor hat diese Eigenschaft nicht, Granit und Metall ebensowenig, und doch gehen beide, namentlich der erstere, bei uns noch ziemlich schnell zugrunde. Woran liegt das?

Die genauere Beobachtung hat zunächst gezeigt, daß in bezug auf die Haltbarkeit der Denkmäler ein erheblicher Unterschied zwischen den großen Städten und dem platten Lande besteht. In der Städten leidet der Marmor viel mehr als da, wo Landluft weht. In Berlin z. B. hat man bemerkt, daß dort Statuen, welche erst 60 Jahre alt sind, bereits deutlichere Spuren der Verwitterung zeigen als die Marmorbilder, welche Friedrich der Große 50 Jahre früher im Park von Sanssouci aufstellen ließ. Pettenkofer hat in München gefunden, daß die starke Verwitterung der Grabsteine erst vor etwa 50 Jahren begonnen hat, d. h. erst um die Zeit, wo München anfing, als Hauptbrennstoff die Steinkohlen zu benutzen. Damit stimmt das starke Auftreten der Verwitterung in London, wo doch der Frost im allgemeinen keine hohe Intensität hat, der Kohlenrauch aber um so mehr. Es scheint demnach, daß in der Luft großer und namentlich industrieller, raucherfüllter Städte des europäischen Nordens Bestandteile enthalten sind, die sich dem Marmor ebensowenig zuträglich erweisen wie dem lebenden Menschen.

Diese Bestandteile sind nicht schwer anzugeben: der Steinkohlenrauch enthält schweflige Säure, die sich teilweise zu Schwefelsäure oxydiert, und diese beiden Stoffe greifen die meisten Gesteine, besonders aber den Marmor und die Metalle an. Marmor ist bekanntlich kohlensaurer Kalk; die Schwefelsäure treibt die Kohlensäure aus ihm aus und verwandelt ihn in schwefelsauren Kalk, der keine feste Textur besitzt. Wenn indessen die Säuren bloß in Dampfform mit dem Stein in Berührung kämen, so würden sie ihm wenig Schaden verursachen; denn die Menge der Dämpfe, welche einen bestimmten Stein angreifen, würde nur eine äußerst geringe sein. Es bedarf, um die beobachteten Verwitterungserscheinungen zu erklären, der Annahme, daß ein vermittelnder Stoff vorhanden sei, welcher die schädlichen Dämpfe den Denkmälern in einiger Konzentration zuführt. Eine neuere interessante Untersuchung von Sendtner hat uns über diesen Vermittler aufgeklärt: der Übeltäter ist der Schnee.

Schon der Regen bringt in den Städten eine recht merkliche Menge von Schwefelverbindungen mit herab; man findet im Liter Regenwasser etwa 2 Zentigramm Schwefelsäure. Aber was der Regen mitbringt, das läuft an den Denkmälern zum größten Teile wieder herunter, so daß es bei weitem nicht vollständig zur Wirkung gelangt. Der Schnee dagegen bleibt liegen. Sendtner fand, daß der Schnee, welcher in München und in dem eine Meile von dort entfernten Dorfe Forstenried fiel, frisch aufgenommen, am Tage des Falles im Liter Schneewasser etwa 7 bis 8 Milligramm an schwefliger Säure und Schwefelsäure enthielt. 14 Tage später enthielt der alte Schnee in Forstenried noch dieselbe Menge von Säure, der im Hofe des hygienischen Instituts zu München dagegen schon 61 Milligramm, also etwa das Achtfache des Anfangswertes. Dabei zeigte sich ferner, daß im Anfang im frischen Schnee die beiden Säuren in fast gleicher Menge vorkommen, daß aber schon am zweiten Tage fast alle schweflige Säure zu Schwefelsäure oxydiert war, und die Schwefelsäure ist ein stärkeres, gefährlicheres Reagens als die schweflige. Wenn nun der Schnee den Steinen und Metallen solche Mengen von der stärksten Säure zuführt und sie außerdem Wochen und Monate lang mit dem Ätzmittel in Berührung hält, dann ist es gewiß nicht zu verwundern, daß das nordische und zugleich städtische Klima den Denkmälern so schlecht zu statten kommt; sie werden jeden Winter mit einem der zerstörendsten Erzeugnisse städtischen Kohlenrauchs systematisch angeätzt, und zwar durch die anscheinend so friedsame Hülle, mit welcher der Winter sie überkleidet.

Wahrscheinlich verdanken auch unsere städtischen Gärten demselben stillen Feinde manche bis jetzt nicht genügend erklärte Beschädigung. Bäume wie Fichten, die draußen im Freien der härtesten Winterkälte leicht widerstehen, gehen oft in den Städten auffallend rasch zugrunde. Zum Teil liegt das gewiß an dem Staub und der Dürre des Sommers, zum Teil bemerkt man aber auch eine auffallend deutliche Einwirkung des Winters. Der Winter 1879/80 z. B. hat unter den Koniferen Münchens merkwürdig aufgeräumt. Es lag in jenem Winter eine mächtige Schneedecke von Mitte November bis Ende Dezember und von Mitte Januar bis gegen die Mitte des Februar. Wahrscheinlich sind die Bäume infolge der lange dauernden Absorptionstätigkeit, welcher dieser Schnee entwickeln konnte, an Schwefelsäurevergiftung eingegangen.

Die Praxis hat der Theorie bezüglich des Schneeschadens schon lange vorgegriffen. Sie deckt Bäume und feinere Denkmäler im Winter mit Holz oder Stroh zu. Bei den zartern Bäumen konnte sie von dem Gedanken ausgehen, daß dieselben zunächst gegen die Kälte zu schützen seien; das oben Mitgeteilte zeigt, daß auch die Nebenwirkung der Decke, der Schutz gegen vergiftende Tätigkeit des Schnees, in manchen Fällen von Belang sein kann. Wenn man die Denkmäler zudeckte, so kann dem nur die Bemerkung zugrunde liegen, daß der Winter eine speziell schädliche Wirkung auf die Steine übt; das Volk hat also die Tatsache, welche die wissenschaftliche Untersuchung jetzt herausstellt, schon lange obenhin bemerkt, und sein Mittel ist das richtige.

Warum die Denkmäler im Süden besser halten als bei uns, das bedarf nach dem Gesagten keiner Erläuterung mehr; sie haben dort keinen Frost, keinen Schnee und außerdem keinen Rauch, also keine Schwefelsäure; es fehlt somit alles, was bei uns vernichtend auf sie wirkt.

41.

Über Petroleumexplosionen und über die Art, wie man eine Petroleumlampe löschen soll.

November 1890.

Ich bin mehrfach in Besitz von Petroleumlampen gekommen, welche stark genug waren, um eine Explosion ohne Schaden zu vertragen, d. h. das über dem Öl angesammelte Gemisch von Luft und Dampf konnte explodieren, ohne den Ölbehälter zu zerschmettern, und ich habe diese Exemplare benutzt, um Studien über die Bedingungen anzustellen, von denen das Explodieren abhängt. Die Untersuchung führt zu einigen einfachen Zweckmäßigkeitsregeln, und da die Befolgung der letztern vielleicht ein oder das andere Unglück verhüten kann, erlaube ich mir, sie hier zu veröffentlichen.

Die Bedingungen, auf welche man zu achten hat, wenn man die Gründe einer Explosion finden will, lassen sich von vornherein angeben; sie folgen aus den Verhältnissen, die bei einer brennenden Petroleumlampe stattfinden. Wir haben da zunächst einen nach unten und nach den Seiten geschlossenen Behälter für das Öl, meist von Glas oder Milchglas angefertigt. Dieser trägt oben einen metallenen Aufsatz, aus welchem ein Docht in das Öl hinabhängt. Der Aufsatz hat eine schlitzförmige Höhlung, den Dochtkanal oder die Dille; durch diesen zieht sich der Docht in die Höhe und an seinem oberen Ende ragt er in die Luft; dort verbrennt das aufgesogene Petroleum. Der Dochtkanal ist in den meisten Lampen entweder eben oder so gekrümmt, daß sein oberer Rand einen Kreis bildet: danach unterscheidet man Flachbrenner und Rundbrenner. Bei den Flachbrennern geht der Docht als gerader Streifen in die Höhe. Bei den alten Öllampen wurden die Rundbrenner meist so gebaut, daß der Dochtkanal einen Zylinder bildete, so daß man den hohl-zylindrischen Docht über ein Holzpflöckchen hineinstopfen mußte. Bei den neueren Petroleum-Rundbrennern ist eine bequemere, aber, wie sich zeigen wird, auch etwas gefährlichere Konstruktion vorwiegend: der Dochtkanal ist an seinem untern Ende ein etwas gekrümmter Schlitz, aus dem der Docht als einfaches Band heraushängt; nach oben krümmt sich der Kanal immer mehr, so daß die Längsränder dieses Bandes immer näher aneinander treten und der Docht, indem er hinaufrückt, sich allmählich kreisförmig zusammenlegt. Wenn nun die Lampe brennt, so verschwindet das Öl allmählich aus dem Behälter; es bildet sich also über dem Öl ein Raum, der sich teils mit Luft, teils mit Petroleumdämpfen füllt. Die Luft dringt infolge des äußern Luftdrucks durch den Dochtkanal ein, auch wenn der Docht sehr dicht schließt.

Gut raffiniertes Petroleum soll nun zwar bei mittleren Temperaturen so wenig brennbare Dämpfe liefern, daß die über demselben schwebende Dampfschicht sich gar nicht entzünden läßt. Aber wenn alles im Handel befindliche Petroleum so beschaffen wäre, so würden überhaupt keine Explosionen vorkommen. Wenn wir uns überhaupt mit explosionsfähigen Lampen beschäftigen, so müssen wir voraussetzen, daß entweder das Petroleum schlecht oder daß die Erwärmung, welche ihm der Brenner mitteilt, hinreichend ist, um es zu erheblicher Verdampfung zu veranlassen. Die Erfahrung zeigt ja leider mit Sicherheit, daß eines von beiden oft genug der Fall ist.

Brennbare Dämpfe, mit Luft gemengt, bilden nun explosive Mischungen; wenn sie an irgend einer Stelle angezündet werden, so pflanzt sich die Entzündung mit großer Geschwindigkeit durch das ganze Gemisch fort, und die schnell entstandene Hitze dehnt die Verbrennungsprodukte so aus, daß sie einen plötzlichen, gewaltigen Druck gegen die sie einschließenden Wände üben: sind diese nicht stark genug, so werden sie zerschmettert. Den anscheinend leeren, mit Luft und Dämpfen gefüllten Raum (Dampfraum) über dem Öl des Behälters hat man demnach, was seine soziale Annehmlichkeit betrifft, ungefähr so anzusehen, als ob er mit Schießpulver gefüllt wäre. Gelangt ein Funke hinein, so zersprengt das entzündete Gemenge den Behälter, entflammt dabei auch das Petroleum, und dies sorgt für die weiteren Folgen. Im allgemeinen wird die Explosion um so schwächer sein, je kleiner der Dampfraum im Behälter ist; denn wenn das entzündliche Gemenge nur gering an Masse ist, verliert die Verbrennung und der durch sie ausgeübte Stoß an Heftigkeit.

Die Frage ist nun die: unter welchen Umständen kann das Gemenge im Dampfraum mit einer Flamme in Berührung treten, so daß Explosion stattfindet? Da sind, wenn wir vom Zerschmettern der brennenden Lampe durch äußere Stöße absehen, von vornherein folgende Antworten möglich: 1. Der Besitzer will die Lampe speisen, während sie brennt. Er schraubt den brennenden Docht ab, hält ihn brennend neben den Behälter, wo möglich so dicht, daß der Docht unten noch im Steinöl hängen bleibt, und gießt aus der herbeigeholten Ölkanne frisches Petroleum zu. Dadurch werden die vorhandenen Dämpfe aus dem Innern des Behälters verdrängt, steigen in die Luft, kommen mit der Flamme des Dochtes in Berührung, entzünden sich; die Flamme pflanzt sich rückwärts bis in die Lampe und bis in die Ölkanne fort; Lampe und Kanne fliegen in die Luft und übergießen den Besitzer und die zuschauende Familie mit ihrem Inhalt. Die Methode wird noch hier und da angewandt; sie fordert jährlich einige Opfer. Wir haben uns hier nicht mit derselben zu befassen, da es gegen sträflichen Leichtsinn kein anderes Schutzmittel gibt, als „daß man ihn vermeidet". Wir setzen also voraus, daß die Lampe, um die es sich handelt, so lange sie brennt, nicht willkürlich geöffnet werde. Dann sind noch folgende Möglichkeiten zu berücksichtigen. 2. Der Brenner ist zu niedrig gebaut und erhitzt den oberen Teil des Behälters, weil die Flamme von diesem nur durch ein kurzes Messingstück getrennt ist. Daß der Behälter durch die bloße Wirkung dieser Erhitzung platzen sollte, kann nicht wohl vorkommen; die Gründe dafür lassen wir beiseite. Wohl aber könnte er indirekt zum Reißen gebracht werden. Macht man nämlich mit der Lampe Bewegungen, bei denen das Öl ins Schwanken gerät, so schlagen die Wellen desselben gegen die erhitzten Teile des Glases und kühlen sie plötzlich ab. Dadurch kann bekanntlich ein sprödes Glas zerspringen; zugleich würden sich an der Sprungstelle reichliche Petroleumdämpfe bilden, weil ja dort das Öl erwärmt worden ist; diese steigen auf, entzünden sich an der Flamme und setzen dann den Inhalt des zersprungenen Gefäßes in Brand. Die Wahrscheinlichkeit, daß der Behälter auf solche Weise zum Springen gelange, mag wohl dadurch etwas vergrößert werden, daß an der meist erhitzten Stelle der Metallaufsatz im Glase festgekittet ist: Glas zerreißt leichter an Stellen, wo ein fremder Körper an ihm befestigt ist. Dennoch glaube ich, daß die soeben genannte Ursache nur einen verschwindend geringen Beitrag zu den wirklich vorkommenden Explosionen liefert. Erstens nämlich ist die Erhitzung, welche der Behälter erleidet, bei den meisten Lampen so gering, daß sie keine Gefahr des Zerspringens herbeiführt; zweitens sind die Risse im Glas, welche durch plötzliche aber nicht sehr starke Abkühlung entstehen, fast immer so fein, daß ein heftiges Entweichen von Dämpfen durch dieselben nicht stattfinden kann. Auf alle Fälle mag man aber die Wahl solcher Lampen vermeiden, welche ihren Behälter stark erhitzen. 3. Das brennbare Gasgemisch des Dampfraums kann durch eine an der brennenden, unverletzten Lampe gegebene Öffnung mit der Flamme in Berührung treten und sich an dieser entzünden. Hier sind zwei Unterfälle zu unterscheiden:

a) Bei jedem Rundbrenner umschließt der Docht und der Dochtkanal einen zylindrischen Hohlraum. Es gibt nun noch heutzutage Lampen, bei denen dieser Hohlraum nicht nach unten geschlossen ist, sondern eine Öffnung hat, durch welche man von der Mitte des oberen Dochtkreises aus direkt auf das Petroleum hinabblicken kann. Bei derartigen Lampen steht also der Dampfraum durch einen stets offenen Kanal mit der

Flamme in Verbindung. Für sie läßt sich, wenn sie mit schlechtem Petroleum gebrannt werden, überhaupt keine Sicherheitsmaßregel angeben; sie können jeden Augenblick explodieren, weil das Feuer immer mit der Pulvertonne in Kommunikation ist; sie sollten gesetzlich oder polizeilich verboten und der etwaige Verkäufer wegen nachlässiger Gefährdung von Menschenleben belangt werden. Jedenfalls kaufe man nie ein Exemplar, dessen innerster Hohlzylinder nicht nach unten vollständig verschlossen ist.

b) Wenn die Lampe den soeben bezeichneten Konstruktionsfehler nicht hat, so kann sich immer noch im Dochtkanal eine Öffnung bilden, durch welche der Dampfraum in Verbindung mit der Flamme gelangt. Das wird offenbar der Fall sein, wenn der Docht zu klein ist, so daß er seinen Kanal nicht vollständig ausfüllt. Dies tritt öfter ein, als man wohl denkt, und ich glaube, es ist die Hauptursache der Explosionen, bei welchen die Lampe ohne jedes vorherige Anzeichen aus ruhigem Stehen oder nach leichter Bewegung zerfliegt. Es ist zugleich diejenige Ursache, die sich bei einiger Aufmerksamkeit vermeiden läßt, die uns also hier vornehmlich beschäftigt.

Wir bemerken dabei noch folgendes: Schließt der Docht allerseits dicht an, so wird die Luft, welche sich im Dochtkanal abwärts schleicht, um den sich entleerenden Dampfraum zu füllen, nicht leicht in den genannten Kanal gelangen, ohne am obern Ende desselben mit der Flamme in Berührung gekommen zu sein; sie wird also wenig unverbrannten Sauerstoff mit hinabbringen, d. h. sie liefert im Dampfraum ein wenig entzündliches Gemenge. Läßt aber der Docht einen größeren Hohlraum im Kanal frei, so steigt durch diesen unverbrannte, gute Luft hinab, und gerade die macht das Gemenge im Dampfraum sehr entzündlich; es vergrößert sich also mit der Wahrscheinlichkeit der entzündenden Berührung zugleich auch die Gefährlichkeit des Brennmaterials.

Wie nun ein schlecht schließender Docht wirkt, das mag die Aufzählung meiner Versuche klarstellen:

Ich erhielt eine der Lampen, von denen im Eingange die Rede gewesen ist, in dem Zustande, in welchem sie nach der zweiten Explosion beiseite gestellt war. Sie hatte einen Rundbrenner, und die Inspektion ergab sofort, daß der Docht seinen Kanal nicht ausfüllte. Er war zu schmal: der obere Rand desselben reichte nicht aus, einen Kreis zu bilden, sondern ließ von dem Kreise des Dochtkanals einen etwa $1^1/_2$ mm breiten Bogen frei. Durch den nicht ausgefüllten Raum stand also das Innere des Petroleumbehälters in freier Verbindung mit der Luft, bezw. mit der Flamme. Ich zündete die Lampe an; nach etwa einer Viertelstunde zuckte eine gelbliche Flamme in den Behälter hinab und die Explosion ging vor sich; die Lampe blieb unverletzt; aus der Öffnung am Austritte des Dochtes fuhr ein Rauchstrahl mit zischendem Puff empor, der die Flamme ausblies.

Nun wurde die Lampe warm gestellt, so daß der Behälter sich auf etwa 50° erhitzte, und die Lücke absichtlich auf 3 mm vergrößert. Jetzt konnte man die Explosion durch Annäherung eines brennenden Zündhölzchens an die Lücke sofort herbeiführen; das explosive Gemenge von Dampf und Luft ließ sich an dieser Stelle unmittelbar anzünden, wieder mit dem Erfolg eines heftig emporgeworfenen Rauchstrahls.

Hierauf ließ ich den Docht aus der Lampe nehmen und setzte einen neuen, größeren ein, der den ganzen Dochtkanal dicht füllte. Die Lampe brannte sofort ganz ruhig bis zur Erschöpfung des Petroleumvorrats.

Dann wurden andere Dochte probiert, die mehr oder weniger nahe den Kanal verschlossen. Wenn ein Raum von $^{2}/_{8}$ mm oder mehr frei blieb, trat stets innerhalb zweier Stunden Explosion ein. Unterhalb dieser Grenze waren die Ergebnisse unsicher, bei weniger als $^{1}/_{4}$ mm Zwischenraum trat keine Explosion bei ruhender Lampe ein.

Doch gelang es mir einmal, eine solche hervorzurufen, indem ich bei $^{1}/_{4}$ mm Abstand den brennenden Docht rasch hinabschraubte. Dieser Versuch ist lehrreich, insofern er erklärt, wie gerade durch das Hinabschrauben des Dochtes eine Explosion eintreten kann. Erstens nämlich werden dadurch bei einem Rundbrenner die obern Zipfel des Dochtes auseinander gezogen, so daß der Zwischenraum zwischen ihnen vergrößert wird, zweitens wird ein Stück des Dochtes in den Behälter hinabgedrückt, also die entsprechende Menge von Luft und Dampf aus dem Behälter herausgepreßt. Diese entweicht durch den Zwischenraum, kommt mit den Resten der Flamme, die am obern Rande des Dochtkanals durch ölgetränkte Schmutzteilchen noch einige Zeitlang unterhalten werden, in Berührung und vermittelt die Entzündung.

In dem Falle meiner Versuche stützt sich also offenbar die ganze Möglichkeit der Explosion darauf, daß der mangelhaft schließende Docht im Dochtkanal einen Raum frei ließ, durch welchen das brennbare Dampfgemenge des Dampfraumes sich direkt an der Flamme entzünden konnte. Und daraus ergibt sich die erste einfache Regel:

Man sorge für hinreichend dicke und breite Dochte, welche den Dochtkanal vollständig verschließen; dann wird man eine Hauptursache der Explosionen fortgeschafft haben.

Dies vorausgesetzt wollen wir nun die Frage, wie man eine Petroleumlampe löschen soll, etwas näher erörtern. Sehr allgemein wird von Fachmännern, die über Petroleumbrennen schreiben, die Vorschrift gegeben: „Du sollst deine Lampe nicht ausblasen. Statt dessen soll man die Flamme durch Herabschrauben und Ersticken töten". Die Flamme der Petroleumlampe tötet man am besten durch Ersticken; das ist richtig, und es ist bequem ausführbar vermittelst der Vorrichtung, die sich neuerdings vielfach an amerikanischen Brennern (namentlich Duplexbrennern) findet: zieht man an einer Schnur, so fahren zwei federnde Doppelklappen in die Höhe, legen sich über den Docht und trennen somit den Docht von der Luft; die Flamme erlischt augenblicklich. Wenn aber die Lampe diese Vorrichtung nicht hat, so wird man es meist schwierig finden, sie durch Ersticken zum Verlöschen zu bringen; dann sollte man also nach dem obigen das Licht nicht durch Ausblasen, sondern durch Herabschrauben löschen.

Soweit es sich um Flach- und Mitrailleusenbrenner handelt, ist diese Vorschrift ziemlich indifferent; wenn man sie aber auf die meist verbreiteten Rundbrenner anwendet, so halte ich sie für falsch und gefährlich. Die durchgehend richtige Vorschrift heißt vielmehr: Schraube nie eine Lampe bis zum Verlöschen herab, sondern lösche sie durch leises Blasen von oben.

Um die Richtigkeit dieses Satzes darzutun, müssen wir 1. die relative Ungefährlichkeit des Ausblasens von oben, 2. die Gefährlichkeit des Herabschraubens beweisen. Das soll nunmehr geschehen.

1. Das Ausblasen. Betrachten wir zunächst die normal brennende Flamme. Aus dem erwärmten Docht steigt ein Strahl von Petroleumdampf empor. Derselbe befindet sich in der Mitte des gläsernen Schornsteins (Zylinders) der Lampe. Der Schornstein unterhält einen kräftigen Luftzug nach oben, er saugt also von unten reichlich atmosphärische Luft ein und diese vermischt sich in der Flamme mit dem Petroleumdampf; der letztere verbrennt, indem seine Bestandteile sich mit dem Sauerstoff der Luft vereinigen. Es entsteht ein stark erhitztes, glühendes Gemenge von Kohlensäure und Wasserdampf, in welchem noch glühende Kohlenteilchen schweben; das ist eben die Flamme. Der aus dem Docht zutretende Petroleumdampf entzündet sich immer wieder an der schon vorhandenen Flamme; deswegen brennt sie weiter, wenn sie einmal angezündet war. Am obern Ende derselben entweichen die etwas abgekühlten, nicht mehr glühenden, aber immer noch recht heißen Verbrennungsprodukte, Kohlensäure und Wasserdampf, steigen in dem Zylinder in die Höhe und treten aus dessen oberer Öffnung ins Freie. Das regelmäßige Brennen der Lampe beruht wesentlich auf der Regelmäßigkeit des Luftzuges im Schornstein. Wird dieser Luftzug mäßig verstärkt, so tritt so viel Sauerstoff ein, daß der vorhandene Petroleumdampf auf einer recht kurzen Strecke schon vollständig verbrennt; die Flamme wird kleiner, aber heißer, also leuchtender; wird er mäßig geschwächt, so tritt zu wenig Sauerstoff

ein, der Petroleumdampf muß längere Zeit mit dem Luftstrom in Berührung bleiben, ehe er verbrennen kann, die Flamme wird größer, aber weniger hell, mehr rotglühend.

Das Ausblasen besteht nun darin, daß man diesen regelmäßigen Luftzug in einer Weise stört, welche das Erlöschen der Flamme zur Folge hat. Das kann auf zweierlei Weise geschehen, nämlich a) von unten, b) von oben.

a) Ausblasen von unten. Indem man von unten in die Öffnungen hineinbläst, durch welche dem Zylinder Luft zugeführt wird, verstärkt man den Luftstrom und macht ihn gleichzeitig unregelmäßig. Auf Augenblicke geht die Verstärkung so weit, daß die ganze Flamme vom Docht weggerissen wird; die Dampfteilchen, welche dann von dem Docht aufsteigen, kommen nicht mehr mit der Flamme in Berührung, sondern sind durch eine kalte Luftschicht von ihr getrennt, sie entzünden sich also nicht mehr, das Brennen hört auf. Um die Flamme vom Docht abzureißen, ist eine recht merkliche Stärke des Luftstroms erforderlich. Außerdem wird der Blasende meist dadurch behindert, daß am untern Ende des Schornsteins nicht eine größere Öffnung vorhanden ist, sondern ein Blech mit vielen kleinen Löchern; der Luftstrom prallt zum großen Teil an dem Blech ab. Infolgedessen kann es tatsächlich, selbst für einen Menschen mit kräftiger Lunge, anstrengend sein, einen guten Brenner auszublasen; manchmal gelingt es gar nicht oder erst dann, wenn man vorher den Docht bis fast zum Verlöschen der Flamme hinabgeschraubt hat. Ob es gefährlich sein kann, das hängt von den Umständen ab: füllt der Docht gut schließend seine Dille vollständig aus, so ist es nicht möglich, daß die Flamme, auch wenn sie unter dem Einfluß des Blasens zerstiebt, mit dem scheinbar leeren Raum des Ölbehälters in Berührung tritt; das in diesem Raum enthaltene Gemenge von Öldampf und Luft kann also auch nicht zur Explosion gebracht werden, und das Ausblasen ist ungefährlich. Schließt aber der Docht nicht vollständig, bleibt ein freier Raum zwischen Docht und Dille oder zwischen den beiden Enden des Dochts (bei eindochtigen Rundbrennern), dann ist es möglicherweise gefährlich: denn die heftige Luftbewegung kann ein Teilchen der Flamme durch diesen Zwischenraum hinabpressen, so daß das explosive Gemenge über dem Petroleum des Behälters sich entzündet; oder es kann auch, wenn die Unregelmäßigkeiten der Luftbewegung zufällig eine Druckverminderung über dem Zwischenraum erzeugen, etwas vom gas- und dampfförmigen Inhalt des Ölbehälters durch den Zwischenraum austreten, sich entzünden und somit eine Explosion herbeiführen.

b) Ausblasen von oben. Dasselbe ist zunächst viel leichter, als das Ausblasen von unten. Erstens, weil der Lampenzylinder oben eine einzige, weite Öffnung hat, durch die man bequem eine verhältnismäßig große Luftmenge einblasen kann. Zweitens — und das ist ein wichtiger Punkt — weil, wenn man von oben in die Lampe bläst, der Flamme unmittelbar nicht atmosphärische, sauerstoffhaltige, sondern verbrannte, kohlensäurehaltige Luft zugeblasen wird. Bläst man nämlich von oben in den Schornstein, so bläst man zunächst diejenigen Gase hinab, die schon im Schornstein enthalten sind, das sind die Verbrennungsprodukte. Hierdurch unterscheidet sich das Blasen von oben ganz wesentlich vom Blasen von unten, da letzteres frische Luft zuführt, die Flamme also unter Umständen verstärkt, während ersteres unter allen Umständen erstickend auf sie wirkt. Man kann das Blasen von oben sehr langsam und regelmäßig mit Hülfe eines entfernten Blasebalgs ausführen und dabei genau beobachten, wie sich die Flamme gegen Einwirkungen von wachsender Stärke verhält. Da findet man folgendes: Man blase zunächst ganz schwach, etwa aus zwei Meter Entfernung, so schwach, daß die an die Stelle des Lampenzylinders gebrachte Hand den Wind kaum oder gar nicht empfindet. Dann wird der Luftzug im Zylinder verlangsamt, die Sauerstoffzufuhr von unten erfolgt weniger schnell, die Flamme verlängert sich gemäß dem oben Gesagten, wird aber zugleich rot und schwach leuchtend. Nun blase man etwas stärker, aber immer noch recht schwach; dann wird der Luftzug im Zylinder so weit verlangsamt, daß er kaum noch aufwärts geht. Die Flamme wird nicht weiter vergrößert, sondern verkleinert, aber sie wird dabei sehr lichtschwach, rotbraun und stark qualmend. Sie hat nämlich jetzt so wenig Sauerstoffzufuhr, daß der Petroleumdampf gar nicht mehr vollständig verbrennen kann, ein Teil seines Kohlenstoffs bleibt unverbrannt übrig und wird als rußender Qualm unverbrannt entlassen. Bei vorsichtigem Experimentieren mit einem guten Blasebalg kann man es dahin bringen, daß die ganze Flamme sich auf einen lichtschwachen rötlichen Ring von $^1/_2$ bis $^3/_4$ cm Höhe vermindert, über dem eine schwärzliche Qualmwolke langsam in die Höhe wirbelt. Bläst man nun noch ein klein wenig stärker, so kehrt sich der Luftstrom im Zylinder um; er geht von oben nach unten. Dann sieht man die rötliche rauchende Flamme sich einen Augenblick lang nach unten kehren und hierauf erlöschen; sie muß erlöschen, weil sie sich in einer Wolke ihrer eigenen Verbrennungsprodukte befindet, also keinen Sauerstoff zur Nahrung hat. Dieses letztere findet nun jedesmal statt, wenn man mit dem Munde auch nur leise aus der Nähe der obern Zylinderöffnung in den Zylinder hineinbläst; sobald der Mundwind so stark ist, daß er den im Zylinder herrschenden Luftstrom nur eben umkehrt, sieht man die Flamme sich verkürzen, röten, nach unten schlagen und sofort erlöschen. Das Ausblasen von oben ist demnach leichter als das von unten, weil es die Flamme in ihren eigenen Verbrennungsprodukten erstickt; man braucht dabei die Flamme nicht vom Docht zu ertfernen, sie geht auch ohnedies zugrunde, weil es ihr an Sauerstoff fehlt. Eben deswegen gelingt es ohne jede Anstrengung mit großer Sicherheit, ja, oft gegen den Willen des Lampenbesitzers; mancher wird schon bemerkt haben, wie leicht der kleinste Zugwind eine Petroleumlampe löscht, wenn er nur einen Augenblick lang schräg von oben in den Zylinder hineinwehen kann.

Was nun die Gefährlichkeit des Ausblasens von oben angeht, so ergibt sich aus der vorstehenden Beschreibung: Ist der Docht groß genug, so daß er die Dille vollständig ausfüllt, so ist jede Gefahr ausgeschlossen; denn die Flamme kann dann nicht mit dem Gasgemisch des Ölbehälters in Berührung treten. Läßt aber der Docht einen Zwischenraum, so ist allerdings das Ausblasen von oben nicht gefahrlos, aber es ist doch weit weniger gefährlich als das Ausblasen von unten; denn, wie wir gesehen haben, gehört nur ein schwacher Luftstoß dazu, das Ausblasen von oben zu bewerkstelligen;

von dem ist aber nicht so leicht wie von einem starken zu erwarten, daß er einen kleinen Flammenstrahl durch den Zwischenraum hindurchpreßt. In demselben Sinne wirkt die Verminderung der Flammentemperatur, welche eintritt, sobald der aufsteigende Luftstrom gehemmt wird: wenn ein Flammenstrählchen durch eine enge Öffnung geht, so wird es stark abgekühlt, da es aus großer Nähe mit den Wänden der Öffnung in Berührung tritt. War die Flamme von vornherein sehr heiß, so kann es gelingen, daß das Strählchen auch beim Passieren der engen Öffnung noch glühend bleibt; war aber die Flamme vorher schon geschwächt, so kühlt sich das Strählchen gleich beim Eintritt in die Öffnung soweit ab, daß es zu glühen aufhört, d. h. es erlischt.

2. Wir betrachten nun das Herabschrauben des Dochtes. Solange die Flamme normal brennt, ist das obere Ende des Dochts in unmittelbarer Berührung mit dem untersten Teil der Flamme; es ist erhitzt, das in ihm aufsteigende Petroleum verdampft lebhaft und unterhält eben dadurch die Flamme. Beim Hinabschrauben zieht sich der Docht bis zu einer gewissen Tiefe — in der Regel 2 bis 4 mm — in die Dille zurück; dort herrscht eine niedrige Temperatur als oben am Rande der Dille; infolgedessen hört die lebhafte Verdampfung des Petroleums auf und die Flamme brennt nicht weiter, weil ihr die Zufuhr von Petroleumdampf abgeschnitten wird. Doch tritt das Erlöschen in der Regel nicht plötzlich ein. Erstens nämlich bilden sich, wenn die Flamme einigermaßen lange gebrannt hat, am obern Rande des Dochts kohlige Teilchen; von diesen wird in der Regel ein Schmutzring vom Rande der Dille abgestreift, wenn der Docht sich in die letztere

zurückzieht; die Kohlenteilchen bleiben also dann an der Dille hängen, und da sie mit Petroleum getränkt sind, brennen sie eine Zeitlang weiter. Zweitens: der ganze obere Teil der Dochtführung ist warm; wenn der Docht herabgeschraubt wird, so kommt er in eine Region der Dille, die zwar nicht so heiß ist wie der obere Rand, die aber immer noch eine ziemlich hohe Temperatur hat. Die Verdampfung des Petroleums wird also nicht plötzlich unterbrochen, sondern nur stark verlangsamt. Es steigt demnach noch eine kleine Menge des Dampfes in der Dille in die Höhe und brennt am obern Ausgang derselben als ein kleines blaues Gasflämmchen. Unter Umständen kann die Wärme, welche dieses Gasflämmchen erzeugt, ausreichen, die Verdampfung im obern Ende des Dochts zu unterhalten; dann brennt und schwelt es noch stundenlang weiter. In der Regel geschieht das nicht; die Verdampfung wird unmerklich und das Flämmchen erlischt von selbst nach einer Anzahl von Sekunden oder nach ein bis zwei Minuten.

Dieser Vorgang ist nun gefährlich oder ungefährlich, je nach der Natur des Brenners. Betrachten wir zunächst einen Flachbrenner der ältern Art. Die Dille eines solchen hat von oben bis unten den gleichen Querschnitt und der Docht rückt beim Hinabschrauben einfach senkrecht in ihr abwärts. Schließt also der Docht während des Brennens, füllt er die Dille oben vollständig aus, so ist das auch unten nach dem Hinabschrauben der Fall; auch wenn er hinabgeschraubt ist, versperrt er die Dille vollständig, und das explosive Gemisch im Ölbehälter kann nicht mit dem Restflämmchen in Berührung treten. Bedenklicher ist die Sache, wenn der Docht seine Dille nicht vollständig schließt, sondern einen Zwischenraum läßt. Indem man nämlich den Docht hinabschraubt, verkleinert man den Raum im Ölbehälter; von dem Luft- und Dampfgemenge, welches den obern Teil des Behälters füllt, entweicht also ein entsprechender kleiner Anteil, und entweicht durch die dargebotene Öffnung, d. h. durch den am Docht gelassenen Zwischenraum. Dabei tritt er aber gerade in das noch übrige Flämmchen; wenn also das Gemenge hinreichend explosionsfähig ist, so wird der entweichende Anteil sich entzünden und die Explosion in das Innere des Behälters fortpflanzen.

Ganz wie die Flachbrenner verhalten sich die Rundbrenner mit zwei im Querschnitt halbkreisförmigen Dochten, die in zwei getrennten Dillen auf- und niedergehen. Denn auch bei diesen ist der Querschnitt der Dille von oben bis unten gleich, und wenn der Docht sie oben ausfüllt, so tut er es auch unten. Mitrailleusenbrenner desgleichen.

Wesentlich anders aber steht es um die sehr verbreiteten Rundbrenner mit einem Docht, der erst in der Dille zu kreisförmigem Querschnitt zusammengebogen wird. Ein solcher Docht hat die beifolgend gezeichnete Gestalt.

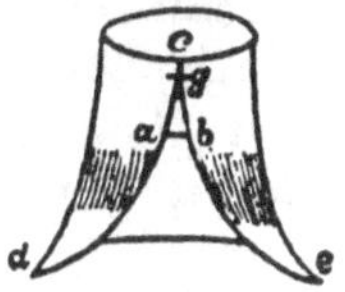

Im Öl liegt er flach, in die untere Öffnung der Dille tritt er mit $^2/_3$ kreisförmiger Krümmung; in der Dille selbst krümmt er sich immer mehr zusammen, bis er oben bei g und c die volle Kreisform hat. Die äußern Kanten des Dochts verlaufen längs den Linien d a c und e b c. Ist der Brenner gut konstruiert, so sollen die beiden Kanten schon in g zusammenstoßen und von g bis c darf zwischen ihnen kein leerer Raum sein. Steht der Docht so, wie er in der Figur gezeichnet ist, so ist er gefahrlos; denn in der Höhe von g bis c ist die Dille vollständig ausgefüllt, der Ölraum also völlig von der Flamme abgesperrt. Schraubt man ihn aber herab, so weichen die obern Ecken des Dochts auseinander. Dies Auseinanderweichen ist meist bequem zu sehen, wenn man den nicht brennenden Docht herabschraubt und dabei von oben in die Dille schaut. Schraubt man z. B. bis zur Höhe von a b herab, so steht die linke vordere Oberecke des Dochtes bei a, die rechte bei b, und zwischen beiden ist ein offener Zwischenraum a b, der leicht 2 mm Weite bekommt. Durch diesen Zwischenraum steht nun das explosive Luftdampfgemenge in Verbindung mit dem restierenden Flämmchen, und deshalb ist die Gefahr einer Explosion sehr bedeutend. Sie kann noch erhöht werden durch den schon oben erwähnten Umstand: das Einsenken des Dochtes in den Behälter preßt aus diesem ein wenig von dem Dampfluftgemisch in die Höhe; dies Gemisch entweicht durch den Zwischenraum a b, entweicht also in die Flamme, entzündet sich dort und überträgt die Explosion auf das Innere des Behälters.

Daß dem so sein muß, sieht man aus der gegebenen Beschreibung; es läßt sich aber auch praktisch nachweisen. Bei einem großen Teil der Lampenexplosionen, über die von Zeit zu Zeit in den Blättern berichtet wird heißt es: „Frau X. löschte die Lampe, und unmittelbar nachher trat die Explosion ein.“ Derartige Fälle gehören offenbar zu der hier geschilderten Kategorie. Man kann sie leicht experimentell herstellen. Eine meiner oben erwähnten Lampen brennt vollkommen sicher, so lange der Docht in die Höhe geschraubt ist; ich kann sie zwanzigmal nacheinander von oben her ausblasen und wieder anzünden, ohne daß etwas Bemerkenswertes eintritt. Ich kann sie aber auch jeden Augenblick willkürlich zur Explosion bringen; dazu ist nur erforderlich, daß der Docht ein wenig schmutzig gemacht und dann 4—6 mm weit hinabgeschraubt wird. Der Schmutz am Docht sorgt dafür, daß ein Restflämmchen übrig bleibt, das Hinabschrauben schafft eine Öffnung, durch welche das explosive Gemenge mit dem Flämmchen in Berührung tritt, und die Entzündung erfolgt. Meist vergehen zwischen Niederschrauben und Explosion 6 bis 10 Sekunden; woraus folgt, daß in der Regel nicht der erste Luftaustritt, sondern eine nachfolgende Strömung die Entzündung vermittelt.

Eine Lampe, die während des normalen Brennens ganz ungefährlich ist, kann hiernach durch bloßes Hinabschrauben des Dochtes in ein sehr gefährliches Instrument verwandelt werden.

Und deshalb scheint mir, daß das Hinabschrauben am besten ganz vermieden wird.

Als Ergebnis der Untersuchung finden wir hiernach folgende Regeln:

1. Kaufe keinen Rundbrenner, dessen Achsenraum nicht nach unten vollständig vom Petroleum abgeschlossen ist.

2. Sorge für Dochte, die ihren Kanal völlig dicht ausfüllen.
3. Schraube nicht herab, sondern blase von oben aus.
4. Bewege die Lampe, auch zum Zweck des Ausblasens, nicht so, daß das Öl in Wellen gegen die obere Wand des Behälters schlägt.

Hat man eine Lampe mit Klappenlöscher, so fällt die dritte Regel natürlich fort; man benutze die Klappen. Außerdem soll man selbstverständlich so gutes Petroleum brennen, wie die Umstände zulassen. Die Gefährlichkeit der Lampen ist durch die Erfahrung so oft und in so peinlicher Weise dargetan, daß es sich wahrlich der Mühe lohnt, sie rationell zu behandeln.

Noch ist ein Wort über die gutartigen Explosionen zu sagen. Petroleumlampen explodieren häufiger als man denkt; die Fälle werden oft nicht beachtet, weil sie glücklicherweise nicht bei jeder Explosion ein Unglück anrichten. Ist der Ölbehälter stark und das explosive Gemisch nicht sehr kräftig, so geht die Explosion in der schon oben erwähnten Weise vor sich: sie schleudert einen zischenden oder puffenden Strahl aus dem Brenner, ohne daß deshalb der Behälter zerspringt. Der Puff bringt die Flamme in der Regel zum Erlöschen, und das ist oft die einzige Folge, die er hat. Wenn aber das geschieht, so sei der Besitzer gewarnt; die schwache Explosion ist ein Anzeichen, daß etwas an der Lampe nicht in Ordnung ist. Erfolgt sie während des Brennens, so bedeutet sie in der Regel, daß der Docht nicht schließt, dann muß ein größerer Docht eingezogen werden; erfolgt sie nach dem Ausdrehen, so wird der Fall ein getreten sein, daß der Docht sich auseinandergezogen hat. Im letztern Fall verbessere man den Dochtschluß und enthalte sich des Ausdrehens. Auch die gutartigste Explosion darf nicht vernachlässigt werden; denn sie hat, wenn nicht eingeschritten wird, die Neigung, sich zu wiederholen, und was heute glücklich ablief, das kann morgen bei etwas anderer Mischung der Gase den Behälter zerschmettern und großes Unheil anrichten.

Es werden gegenwärtig vorwiegend Rundbrenner gebraucht; das Vorstehende dürfte also für viele Haushaltungen zu beachten sein. Einige neuere Rundbrenner haben dicke, weiche Dochte, die man auf der Strecke gc der obigen Figur etwa 12 bis 14 mm lang zusammennähen kann. Das ist, wenn sich's tun läßt, sehr empfehlenswert; denn es macht das Auseinanderweichen der Dochtränder unmöglich; selbstverständlich muß eine neue Naht angelegt werden, ehe die alte ganz abgebrannt ist.